综合性
模块搭建
灵活
居民
弹性
开放性
活跃
保护性更新
温情
骑手
多层次
功能
老龄化
包容
趣味
生机
共鸣
未来
挑战
美好
生态
U0179509
模块化设计
智能
适应性
有机更新
模块组合
家园
中转站
疫情
融入
儿童
青年公寓
HOME
关怀
活力
市集
共享平台
立体
持续
性能
桥下空间
品质共享
景观
村落
自信
和谐
办公
设施完善
创造
感受
情感
渗透
学校
住宅
医疗
老人
场所
协调
安全
篮球场
更新
可变空间
自由
平衡
温度
农村社区
街区
界面
幸福感
交流
多重功能
戏台
游客
连接
市民
围墙
精神
村民
互动

第七届 紫金奖·建筑及环境设计大赛

The 7th "Zijin Award" of Architectural Design & Environmental Art Contest

优秀作品集

健康家园

江苏省住房和城乡建设厅 主编

中国建筑工业出版社

图书在版编目（**CIP**）数据

第七届紫金奖·建筑及环境设计大赛优秀作品集：健康家园 / 江苏省住房和城乡建设厅主编．—北京：中国建筑工业出版社，2022.3
ISBN 978-7-112-27210-5

Ⅰ.①第… Ⅱ.①江… Ⅲ.①建筑设计—环境设计—作品集—中国—现代 Ⅳ.①TU-856

中国版本图书馆CIP数据核字（2022）第042200号

责任编辑：宋　凯　张智芊
责任校对：王　烨

第七届紫金奖·建筑及环境设计大赛优秀作品集
健康家园
江苏省住房和城乡建设厅　主编
*
中国建筑工业出版社出版、发行（北京海淀三里河路9号）
各地新华书店、建筑书店经销
华之逸品书装设计制版
北京富诚彩色印刷有限公司印刷
*
开本：965毫米×1270毫米　1/16　印张：13½　字数：469千字
2022年3月第一版　2022年3月第一次印刷
定价：**120.00**元
ISBN 978-7-112-27210-5
（38992）

序 · Preface

2020年一场突如其来的疫情，给全球带来了新的挑战，也让行业、社会各界充分认识到安全健康是城乡人居环境建设、完善和提升的基本要求。紧扣社会热点和民生关切，第七届紫金奖· 建筑及环境设计大赛以“健康家园”为题，聚焦健康安全和可持续发展，以打造健康宜人建筑和城乡空间、更好满足人民群众对健康和高质量生活环境的向往和追求为主旨，致力以设计推动现实空间改善。

自2014年起，紫金奖·建筑及环境设计大赛已经成功举办了七届，影响力日益广泛，并呈现出鲜明的特点：一是“公众性”，大赛设计创作的对象是与人们生产生活密切关联的人居环境，参赛者以身边场所、身边人群为设计题材，促进了赛事与社会大众的互动交流。二是“时效性”，赛事紧扣社会需求、时代热点，提出应对疫情的人居环境改善的多元举措。三是“未来性”，大赛亦倡导放眼未来，鼓励提出富有预见性、创新性的设计。

从本届大赛作品的情况看，参赛者对大赛主题的理解更加深入准确，视角丰富多元，作品表达既有特色又有创意，立足现实生活同时也顺应时代需求。在尺度上有“大与小”，或围绕城市、乡村、社会等宏大叙事展开系统性思考，或从街道、公交站、菜场等身边场所入手。在概率上也体现了“大与小”，或面向生活日常，让人民群众有更多获得感；或面向小概率突发事件，提出有效预防和应对疫情、洪灾等灾害影响的设计策略。这些精彩的答卷，很好地体现了“设计以人为本、设计服务生活”的办赛理念。

为此，本书将大赛优秀作品汇集成册，让更多关注和热爱设计的读者领略到建筑设计和建筑文化的独有风采，也期待有更多优秀设计作品转变为落地实施的探索实践，为推动城乡空间品质提升和形成建筑文化社会共识做出更大的贡献！

中国工程院院士
东南大学建筑学院教授

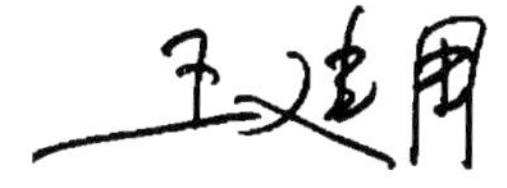

建筑，是人类的庇护所，建筑及环境所构成的城市和乡村空间，是我们共同的家园，承载着生活、工作和休憩等活动，也关系着人们的冷暖和安危。建筑乃至城乡空间的功能与品质，与生命健康和生活质量密切相关。

2020年，中共江苏省委宣传部、江苏省住房和城乡建设厅联合中国建筑学会、中国勘察设计协会、中国风景园林学会共同举办了第七届“紫金奖·建筑及环境设计大赛”。大赛以“健康家园”为主题，既是对党的十九大提出的“实施健康中国战略”决策部署的贯彻落实，也是对突发性公共卫生事件下如何实现有效应对的设计反思和现实响应。

本届大赛受到社会的广泛关注，吸引了320所高校，346个设计机构，6841人参赛，共征集到方案1678项。其中，江苏作品占比57.8%，首次低于60%，大赛全国性影响力持续提升；新建类和更新类作品平分秋色，各占50%，反映了参赛者对城乡存量空间的关注、行业对城市更新与美丽宜居的关注；职业组设计行业骨干群体参赛比例达54.31%（主创人员为30至45岁），体现了大赛的影响力和作品的基本水准，体现了大赛对行业创意创新、青年人才成长的推动作用；学生组本科生参赛比例跃升至60%，反映了赛事在高校的影响力持续提升。大赛逐步融入本科教学中，为教学提供实战平台，成为学生展示创意火花的舞台。此外，大赛还收到来自美国、英国、德国、瑞典、荷兰、意大利、西班牙、澳大利亚、日本、新加坡、韩国等国家的参赛作品。作品类型涵盖居住建筑、公共建筑、公共空间、街区、社区等涉及人民群众日常生产生活与“健康”密切关联的各类建筑、环境及空间。

参赛作品立足设计以人为本、呵护健康、真题实做，作品角度丰富多元，设计表达既有创意创新又充满人文关怀。其中，《多维共生的模式语言》立足于对后疫情时代人与环境关系的新认识，构建系统化模式语言，结合新型乡村服务机构实践项目开展示范性设计；《移动城堡——平疫结合的疗养院设计》运用模块化建造概念，结合疫情时“方舱医院”诊疗工艺和日常疗养需求，实现“平战结合、快速转换”的使用功能；《从“邻避”到“邻附”》将健康教育、邻里交往等公共行为与传统的垃圾分类、中转处理相结合，让被动的消极空间转换为主动的积极空间；《泥涌间·避风塘——水乡聚落的演化》着眼大澳渔村原住民的生活、生产、社会活动的传统规律，构建更具自然和社会适应性的健康家园；《大爷大妈不用抢篮球场啦》将提升中老年人群的生活品质作为设计切入点，营造开放丰富的社区活动空间，很好地回应了“健康家园”的赛题。其中，《多维共生的模式语言》《触手可及的5H城市疗养花园》《街道的生活 生活的街道》等一批作品已落地实施，成为可观可感“健康家园”的现实模样。

本书选取了部分大赛优秀作品，对作品的设计思路、设计亮点等进行了诠释和解读，以期为社会公众与专业人士搭建沟通交流平台，为营造健康舒适人居环境，推动我省城乡建设高质量发展贡献更多新的创意力量。

江苏省住房和城乡建设厅

2021 年 12 月

何镜堂：

我们作为建筑师，最终目的是盖一间好房子，不但要好用好住，为人们提供一个最适宜的生活教育空间，还要给人以美的享受。

王建国：

“健康”的概念其实是广义的，比如更加注重睦邻友好的关系、注重历史文化的传承、注重场地社区的记忆等，这些都囊括在美好人居环境的内涵之中。

李兴钢：

紫金奖大赛我觉得非常有特色，特别强调一种创意，对城市和人们未来生活的发展提出有预见性的、有创新性的设计。

张鹏举：

很多参赛选手正是因为看到了日常生活中，与健康环境相关联的细微的空间环境，或者说是那些不利于健康的消极空间，发现问题，解决问题，更应该是建筑师关注的事情。

冯正功：

学生们虽然年轻，但他们对社会的思考、对环境的思考、对美好生活的憧憬，非常令人感动。

王子牛：

真题实做的出发点非常好，建筑设计行业当前的任务是要把人民对美好生活的向往通过项目落实，大赛选出的优秀作品，在这方面能够起到正向引导作用。

李存东：

紫金奖 建筑及环境设计大赛以设计为引领，更加关注生活与建筑和环境之间的关系，是联结建筑师和公众的一个非常有益的桥梁。

丁沃沃：

我希望随着竞赛的开展，能让全社会了解和关注建成环境的创意和品质对生活的积极作用。

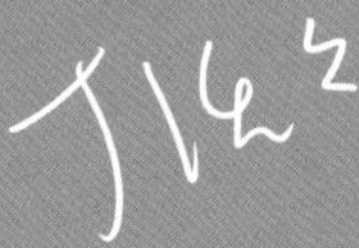

马晓东：

健康家园是非常宽泛的一个主题，规划、建筑、景观以及室内设计都提供了很多创意。

张　雷：

我们的生活空间，我们的公共空间，都要变得更加以人为本、更加健康、更加具有公共开放性。

韩冬青：
“健康”这个主题不仅是建筑师的，更是属于全人类的。从作品的表现来看，每一个创作者都有自己特殊的理解和感受，对于大家共同来营造美好的人居环境特别有意义。

张应鹏：
无论是职业组还是学生组，每年的评审对我来说都是一次很好的学习，这些作品无论是思考得相对成熟的，还是创意刚刚萌动的，都可以从中发现很多亮点。

贺风春：
今年的作品，数量上有突飞猛进的增长，也有质量的提升。能够激发全社会共同关注城市、健康、人居，这个创意大赛达到了它原本的意义。

孔宇航：
这个赛题挺好，促进学术和实践相融合，通过设计语言，去呈现对未来健康社区的思考，很不错的idea。

张　利：
这次题目定义的学术性和时效性很强，从考虑问题的切入点，到采用的方法论，还有导致结果的多样性来说，关注得更具体、更深入、更贴近到生活的细节。

刘克成：
题目很好，要求对当下的事情做出反应，这是一个优秀的建筑学人、学子应该具备的素质，不是活在空中，不是在乌托邦中，就是要关怀我们自己的生活。

章　明：
从新建建筑，到存量建筑的改造和再利用，一个城市既有宏大叙事，也会落地到生活当中的点点滴滴。

郑　勇：
作品涵盖内容丰富，从旧城改造到对未来生活的判断，创意性的作品非常多，范围非常广。

魏春雨：
紫金奖　建筑及环境设计大赛能够激发学生考虑世界深层次的问题，促进设计与社会无缝对接。设计不仅要有广度，更应有深度。

褚冬竹：
学生组有很多非常好的创意，已经非常清晰地把狭义的设计专业问题，跟全球现在共同面对的社会现象很紧密地结合起来。

紫金奖 ZIJIN AWARD
文化创意 CULTURAL CREATIVE DESIGN
设计大赛 COMPETITION

目录 · Contents

紫金奖 ZIJIN AWARD
CULTURAL CREATIVE
文化创意 DESIGN
设计大赛 COMPETITION

评审委员会

何镜堂
He Jingtang

评委会主席

- 中国工程院院士
- 全国工程勘察设计大师
- 华南理工大学建筑设计研究院董事长、首席总建筑师

中国工程院院士,全国工程勘察设计大师,华南理工大学建筑设计研究院董事长、首席总建筑师，华南理工大学建筑学院名誉院长、教授、博士生导师,国家教育建筑专家委员会主任、亚热带建筑科学国家重点实验室学术委员会主任。首届梁思成建筑奖获得者，新中国成立70周年“最美奋斗者”称号获得者。

被先后授予全国建筑设计大师称号、梁思成建筑奖、光华龙腾奖中国设计贡献奖金奖、南粤百杰人才奖等。

长期从事建筑设计、教学和研究工作，提出以整体观、可持续发展观及地域性、文化性、时代性三者并重的建筑创作思想。曾经主持和设计80余项重大工程，获国家、部委及省级以上优秀设计奖30余项。

王建国
Wang Jianguo

评委会主席

- 中国工程院院士
- 东南大学建筑学院教授

中国工程院院士，东南大学教授。兼任中国建筑学会副理事长、中国城市规划学会副理事长、教育部高等学校建筑类专业教学指导委员会主任、住房和城乡建设部城市设计专业委员会主任、Frontiers of Architectural Research主编等。

长期从事城市设计和建筑学领域的科研、教学和工程实践，在现代城市设计理论和方法、大尺度城市设计数字技术方法、建筑遗产保护等领域的研究和工程应用方面取得系列创新成果，得到国内外同行的高度评价。

何镜堂
He Jingtang

· 中国工程院院士
· 全国工程勘察设计大师
· 华南理工大学建筑设计研究院董事长、首席总建筑师

王建国
Wang Jianguo

· 中国工程院院士
· 东南大学建筑学院教授

李兴钢
Li Xinggang

· 全国工程勘察设计大师
· 中国建筑设计研究院总建筑师

张鹏举
Zhang Pengju

· 全国工程勘察设计大师
· 内蒙古工大建筑设计有限责任公司董事长、总建筑师
· 内蒙古工业大学建筑学院教授

冯正功
Feng Zhenggong

· 全国工程勘察设计大师
· 中衡设计集团董事长、首席总建筑师

李存东
Li Cundong

· 全国工程勘察设计大师
· 中国建筑学会秘书长

张　利
Zhang Li

· 全国工程勘察设计大师
· 清华大学建筑学院院长、教授
·《世界建筑》主编

韩冬青
Han Dongqing

· 全国工程勘察设计大师
· 东南大学建筑设计研究院院长兼首席总建筑师
· 东南大学建筑学院教授

修　龙
Xiu Long

· 中国建筑学会理事长

王子牛
Wang Ziniu

· 中国勘察设计协会副理事长、兼秘书长

丁沃沃
Ding Wowo

· 江苏省设计大师
· 南京大学建筑与城市规划学院教授

马晓东
Ma Xiaodong

· 江苏省设计大师
· 东南大学建筑设计研究院总建筑师

张　雷
Zhang Lei

· 江苏省设计大师
· 南京大学建筑与城市规划学院教授
· 张雷联合建筑事务所创始人

张　彤
Zhang Tong

· 江苏省设计大师
· 东南大学建筑学院院长、教授

郑　勇
Zheng Yong

· 四川省设计大师
· 中国建筑西南设计研究院总建筑师

张应鹏
Zhang Yingpeng

· 江苏省设计大师
· 苏州九城都市建筑设计有限公司总建筑师

贺风春
He Fengchun

- 江苏省设计大师
- 苏州园林设计院院长

冯金龙
Feng Jinlong

- 江苏省设计大师
- 南京大学建筑规划设计研究院院长

查金荣
Zha Jinrong

- 江苏省设计大师
- 启迪设计集团总裁、总建筑师

徐延峰
Xu Yanfeng

- 江苏省设计大师
- 江苏省建筑设计研究院总建筑师

孔宇航
Kong Yuhang

- 天津大学建筑学院院长、教授

刘克成
Liu Kecheng

- 西安建筑科技大学建筑学院教授

章　明
Zhang Ming

- 同济大学建筑与城市规划学院教授
- 同济大学建筑设计院原作设计工作室主持建筑师

魏春雨
Wei Chunyu

- 湖南大学建筑学院教授
- 湖南大学设计研究院院长
- 地方工作室主持建筑师

褚冬竹
Chu Dongzhu

· 重庆大学建筑城规学院副院长、教授

刘　剀
Liu Kai

· 华中科技大学建筑与城市规划学院教授

杨　明
Yang Ming

· 华东建筑设计研究总院总建筑师

支文军
Zhi Wenjun

· 《时代建筑》杂志主编
· 同济大学建筑与城市规划学院教授

张玉坤
Zhang Yukun

· 天津大学建筑学院教授

王晓东
Wang Xiaodong

· 深圳大学本原设计研究中心执行主任
· 深圳大学建筑学院研究员

陈卫新
Chen Weixin

· 作家
· 研究员级高级工艺美术师
· 南京筑内空间设计总设计师

祁　智
Qi Zhi

· 作家
· 江苏省作家协会副主席

职业组（一等奖）

作品编号：B120-001898

作品名称：多维共生的模式语言

获奖机构：南京大学建筑规划设计研究院有限公司

获奖人员：窦平平 刘彦辰 杨悦

作品编号：B120-001642

作品名称：移动城堡—平疫结合的疗养院设计

获奖机构：东南大学建筑设计研究院有限公司

获奖人员：罗吉 郜佩君 吴逸 裴峻 王宇 王天瑜

作品编号：B120-001847

作品名称：大爷大妈不用抢篮球场啦

获奖机构：东南大学建筑设计研究院有限公司

获奖人员：李竹 陈斯予 樊昊 殷玥 王嘉峻 杨梓轩

作品编号：B120-001626

作品名称：脚手架革命

获奖机构：东南大学建筑设计研究院有限公司

获奖人员：李美慧 拓展 刘政和 李元章 王贤文

作品编号：B120-001629

作品名称：诺亚方舱

获奖机构：苏州立诚建筑设计院有限公司

获奖人员：李龙 朱晓冬 尹浩 陆雨璐

作品编号：B120-002233

作品名称：浮生·共生—海平面问题的思考

获奖机构：中国矿业大学建筑与设计学院建筑与环境设计工作室

获奖人员：刘振宇 陈阳 褚焱

作品编号：B120-001303

作品名称：围墙5.0—健康社区神经末梢

获奖机构：悉地（苏州）勘察设计顾问有限公司

获奖人员：高天 葛佳杰 童帅 杨天远 王盈媚 钱峰

作品编号：B120-000170

作品名称：楼上楼下—邻里交往空间的重构

获奖机构：中蓝连海设计研究院有限公司

获奖人员：程浩 王莹洁 葛强 王元林 程旭勇 李铭政

作品编号：B120-001466

作品名称：助力复课的Loft教室空间设计

获奖机构：扬州大学

获奖人员：张建新 周晓童 殷杰 马岩 黄烯 李嘉豪

作品编号：B120-001270

作品名称：悦然纸尚

获奖机构：江苏中锐华东建筑设计有限公司

获奖人员：任苗苗

学生组（一等奖）

作品编号：B120-001354

作品名称：从“邻避”到“邻附”

获奖机构：东南大学 东京工业大学
指导教师：/
获奖人员：乔润泽 高小涵

作品编号：B120-000004

作品名称：泥涌间·避风塘—水乡聚落的演化

获奖机构：安徽建筑大学
指导教师：解玉琪
获奖人员：陈彦霖

作品编号：B120-002250

作品名称：生活与生鲜—平疫结合的菜场改造

获奖机构：东南大学
指导教师：徐小东 吴锦绣
获奖人员：吴正浩 白雨 侯扬帆 李孟睿

作品编号：B120-001496

作品名称：仪式的日常

获奖机构：合肥工业大学
指导教师：宣晓东
获奖人员：郑赛博

作品编号：B120-002317

作品名称：分·风·封

获奖机构：华中农业大学
指导教师：邵继中
获奖人员：杨民阁 罗丹 万文韬 张晓思 张煜欣

作品编号：B120-000575

作品名称：微缩城市

获奖机构：福州大学
指导教师：/
获奖人员：石子青

作品编号：B120-001315

作品名称：折屏宴戏—夜宴图情节空间再现

获奖机构：南京工程学院
指导教师：王珺
获奖人员：周俊杰 周欢

作品编号：B120-002277

作品名称：耕耘·迟暮·新生活

获奖机构：中国矿业大学
指导教师：仝晓晓
获奖人员：陈阳 黄一夏 李磊

作品编号：B120-000345

作品名称：共享式青年公寓设计

获奖机构：中南林业科技大学
指导教师：戴向东
获奖人员：林昊玮

健康家园
HEALTHY HOME
绿色健康 品质共享

紫金奖
ZIJIN AWARD
CULTURAL CREATIVE
文化创意
DESIGN
设计大赛
COMPETITION

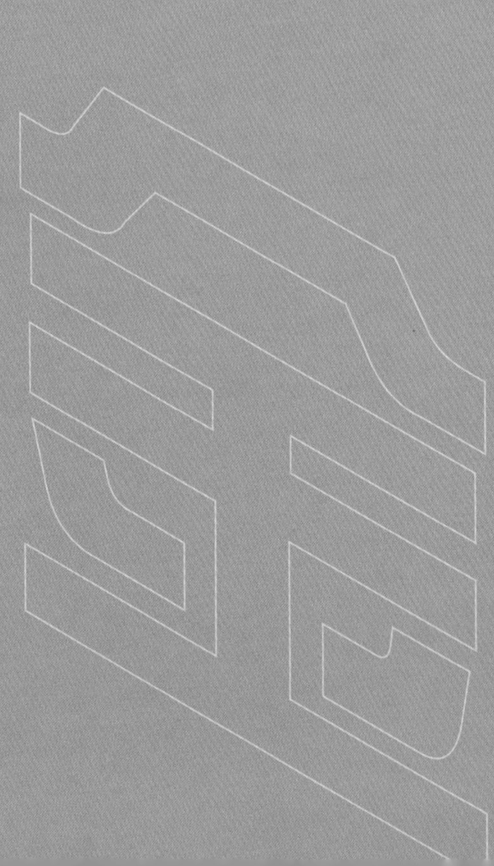

2020
第七届 紫金奖·
建筑及环境设计大赛
The 7th "Zijin Award" of Architectural Design & Environmental Art Contest
优秀作品
一等奖
职业组
院落单元
入户单元
休闲连廊

多维共生的模式语言

设计团队 窦平平 / 刘彦辰 / 杨悦
设计机构 南京大学建筑规划设计研究院有限公司
奖　　项 紫金奖 · 金奖
优秀作品奖 · 一等奖

创作回顾

设计缘起

健康，不仅关乎我们自己的身体，也通过建筑空间连接至周边的环境与他人。2020年，我们深刻体会了这一点。社交疏离、居家隔离……建筑及环境设计能否让这些状态变得积极和愉悦？“健康家园”的命题向我们提出了新的挑战。

设计思路

我们不仅关注解决具体的设计问题，更关注解决问题的方法如何转化为学科知识。希望用扎实的研究和前沿的技术引领设计，让设计从我们的手中诞生，抵达使用者，也抵达同行的设计师，营造多维度和谐共生的健康家园。我们希望用研究探求模式规律，让设计如语言一般灵活丰富。

设计策略

我们的设计策略是用空间引导健康习惯。因此，我们朝着绿色健康的目标，在非常细微的层面进行了精细化设计，我们的创意在于把设计渗透到日常的、细微的层面，又将这些细微的点向上连接成一个有体系的整体。“多维共生的模式语言”这项设计研究，不仅可以由我们来落成实现，同行的设计师也可以通过自己的理解和方式进行应用。

规划 "城"与"乡"的地理整体

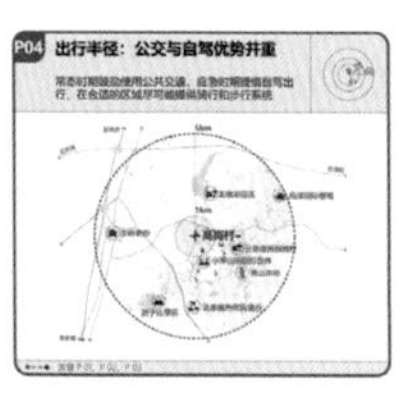

建筑 可应急切换的弹性空间

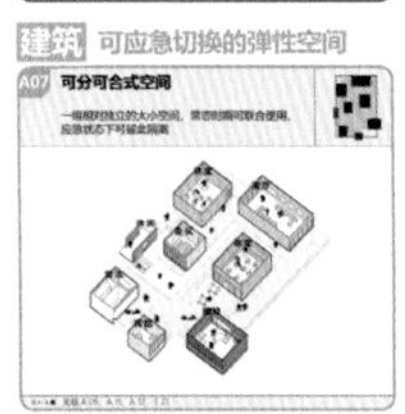

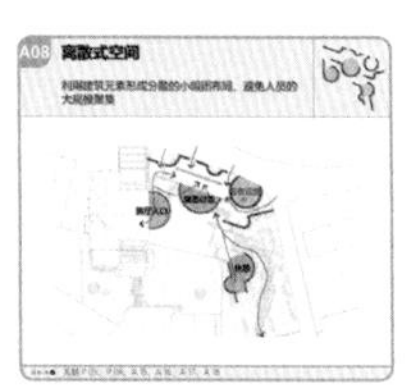

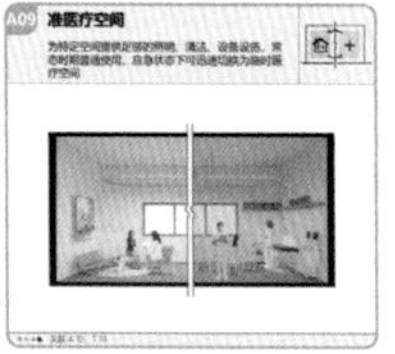

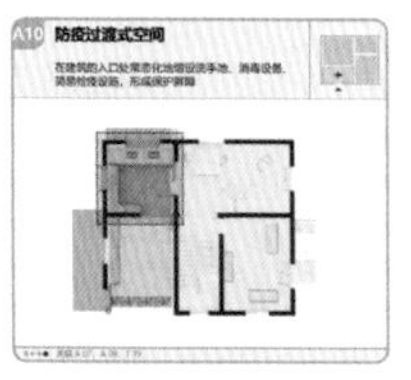

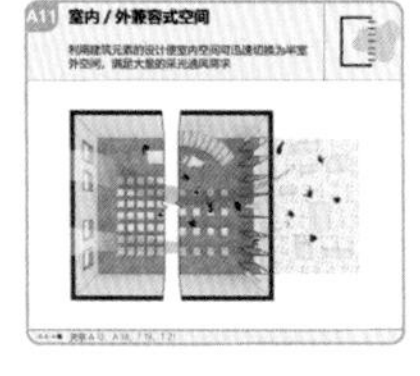

建筑 社交疏离积极化

构造 模块化的轻型建造体系

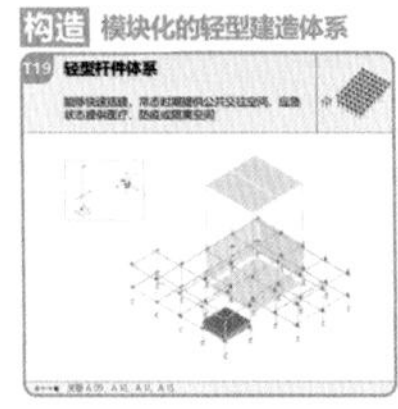

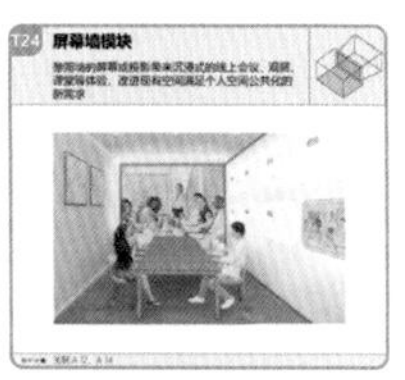

方案亮点

延续经典理论中的模式化思维方式，同时面对当下和未来人居的公共卫生及健康需求，着重于模式语言的空间转化和可实施性。希望小中见大，在新兴技术和生存挑战的双重语境下探讨后疫情时代的健康家园。

在设计上从空间对使用方式的承载和激发作用出发，为当下的行为模式匹配了当下的空间模式，赋予建筑以时代性。并且，模式语言背后的逻辑使得它可以很好地对接数字化处理方式，适宜当下智能化以及人机协同设计和建造。

实地踏勘

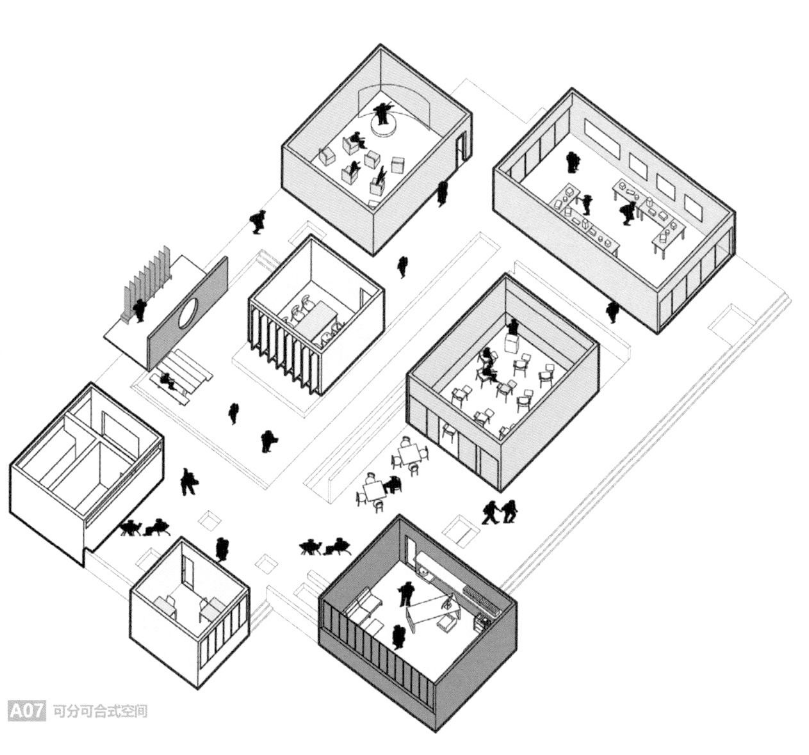

A07 可分可合式空间

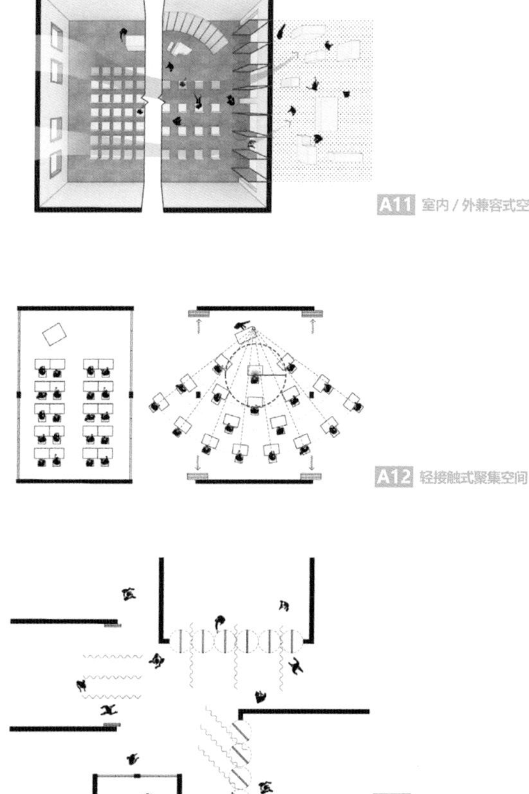

A11 室内 / 外兼容式空间

A12 轻接触式聚集空间

T21 门墙模块

作品解读

Q1 请阐释作品中三个方案的空间模式、策略方法与形式语言之间的关系。

窦平平

A 建筑模式语言非常核心的特征就是针对内部机制的空间模式与外部视觉的形式语言之间的关系。不同的空间模式可以有相同的形式语言，不同的形式语言也可以有相同的空间模式。因此建筑师在应对处理的过程中既可以有章可循，也可以有充分的发挥余地。“多维共生的模式语言”这项设计研究，不仅可以由我们来落成实现，广大设计师也可以通过自己的理解和方式来进行应用。

我们的三个子项目在时间周期上是有先后的，在空间分布上是位于三个不同的地块。因此在策略上，我们一方面针对每个场地的特征进行了设计，同时有意识地采用了不同的形式语言，希望我们提出的方法不要与某个特定的形式偏好建立关联。可以说，在整体上考虑到了设计研究和实验。

Q2 请具体阐述作品在“健康家园”主题下的切入点和创意，以及规划、建筑、建造三个层面之间的关系。

A 我们的切入点是用空间引导健康习惯。因此，我们面向绿色健康的目标在非常细微的层面进行了精细化设计。在规划层面，将“城”与“乡”视为一个地理整体，在某种程度上建立区域内闭环，并且将生产性农业景观化向下渗透到建筑层面。在建筑层面，着重设计了弹性空间、离散式空间、可切换式空间……主动应对被动情形，将社交疏离积极化和舒适化。在建造层面，采用了轻型工业化体系、定制化设计、模块化建造，为向上实现建筑层面的目标提供了落地的基础。

概念阐释

后 2020 全球面临挑战，众多的生态、社会、经济、文化因素牵涉其中，并非建筑师们能够通过直接的空间干预进行应对。然而，空间环境对个体生命体具有不可替代的触媒作用。在“生命 - 环境连续体”的视野下，我们得以小中见大，在新兴技术和生存挑战的双重语境下探讨后疫情时代的健康家园。延续经典著作《建筑模式语言》提出的“模式化”设计方法，我们直面新挑战，在规划、建筑和构造三个层面进行整合性和提升性设计。针对未来人居的公共卫生和健康需求，我们提出并在设计方案中实验性地应用了 24 个“模式”，着重“模式语言”的空间化和韧性。

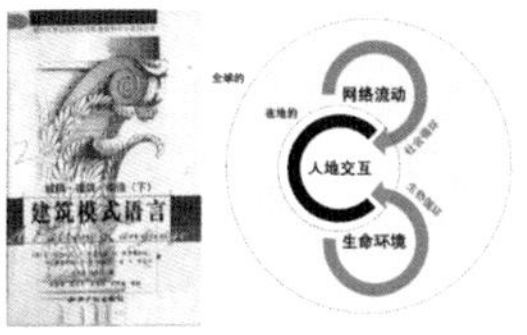

多维赋能

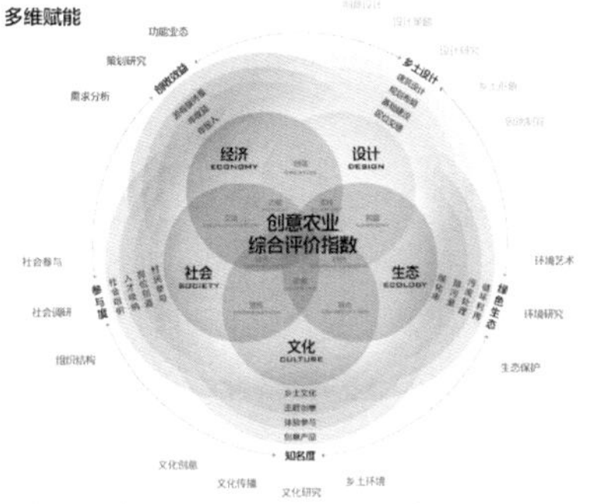

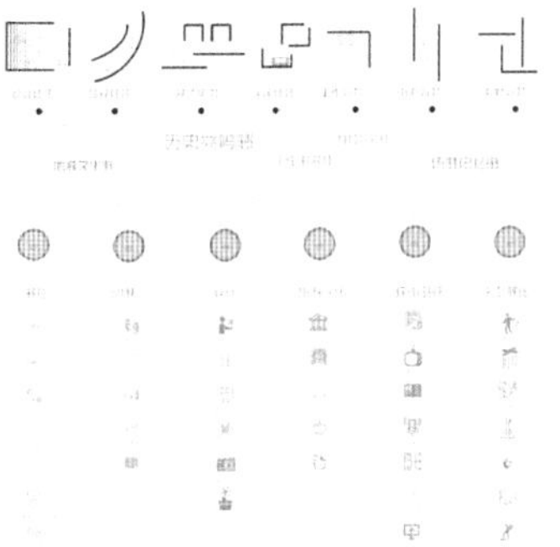

场地现状

项目位于南京市高淳区漆桥镇高岗村，作为南京创意农业研究院乡村赋能中心的工作站，致力于推行创意农业理念，服务于教育、展览、文创工作室、旅居、休憩景观的复合与多样需求，包括三处小型公共建筑。

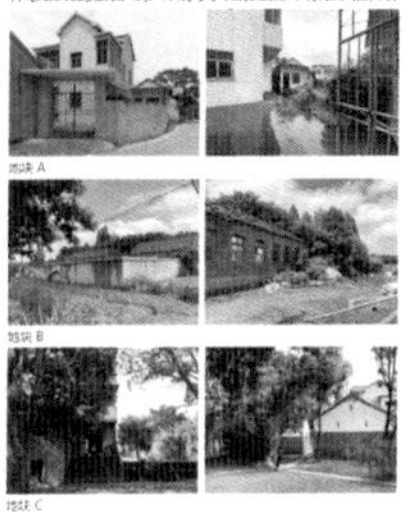

地块 A

地块 B

地块 C

设计策略

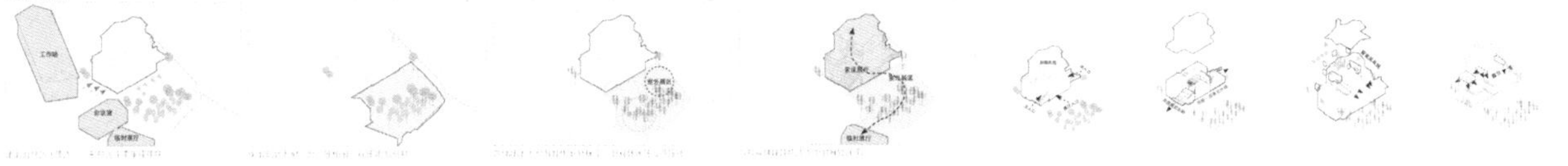

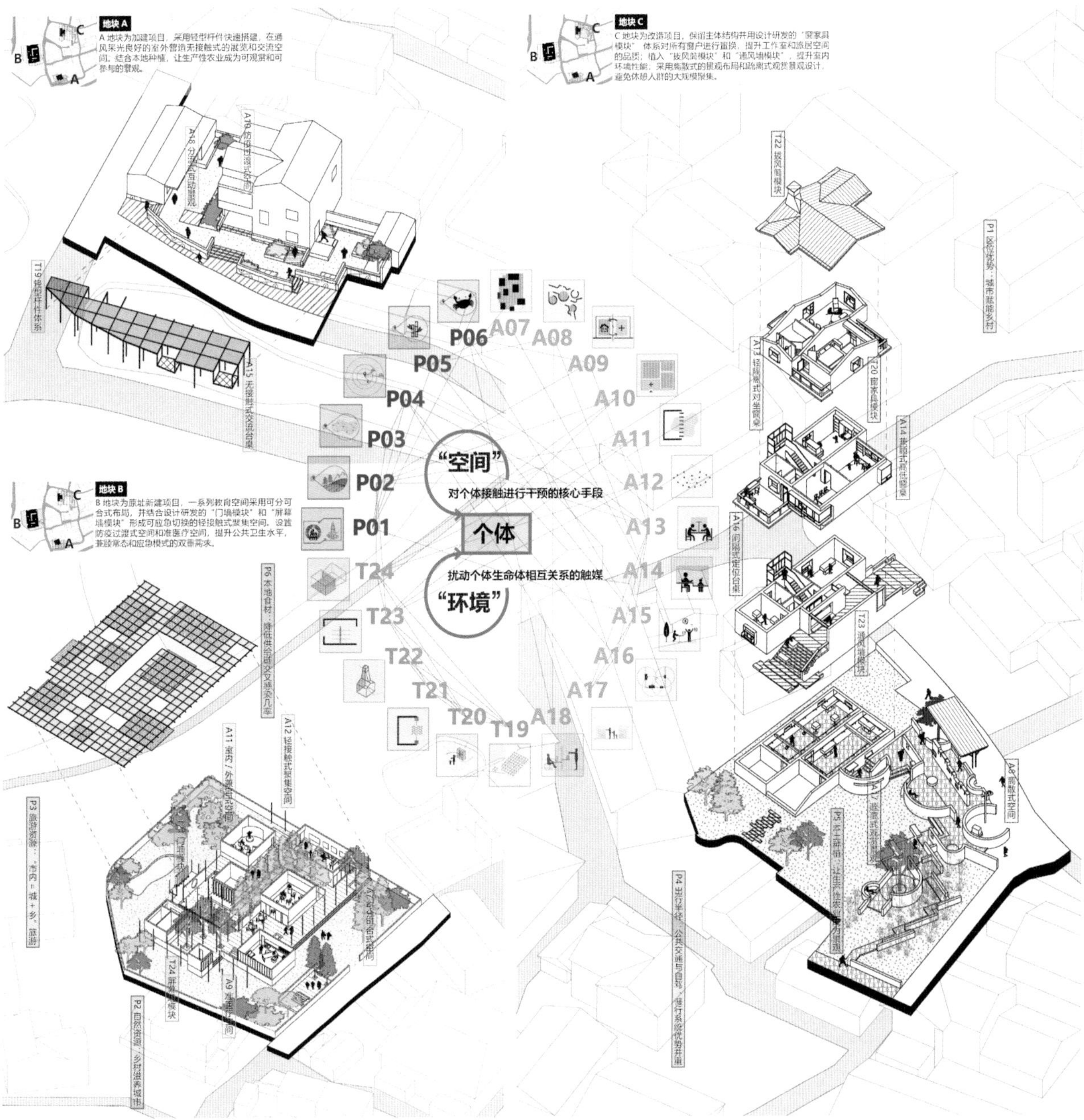

地块 A

A 地块为加建项目，采用轻型杆件快速搭建，在通风采光良好的室外营造无接触式的展览和交流空间，结合本地种植，让生产性农业成为可观赏和可参与的景观。

地块 C

C 地块为改造项目，保留主体结构并用设计研发的“窗家具模块”体系对所有窗户进行置换，提升工作室和旅居空间的品质；植入“拔风筒模块”和“通风墙模块”，提升室内环境性能；采用离散式的景观布局和疏离式观赏景观设计，避免休憩人群的大规模聚集。

地块 B

B 地块为原址新建项目，一系列教育空间采用可分可合式布局，并结合设计研发的“门墙模块”和“屏幕墙模块”形成可应急切换的轻接触式聚集空间。设置防疫过渡式空间和准医疗空间，提升公共卫生水平，兼顾常态和应急模式的双重需求。

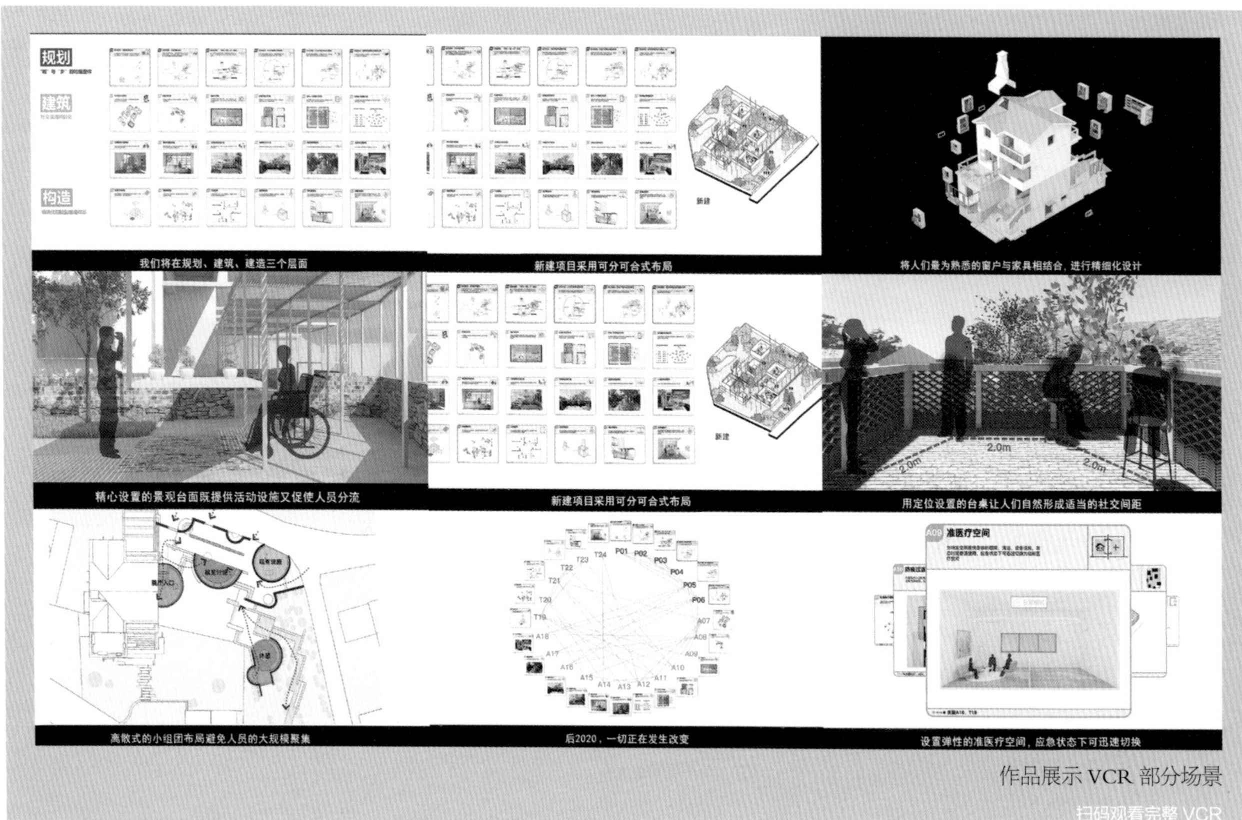

作品展示 VCR 部分场景

扫码观看完整 VCR

评委点评

李兴钢

- 全国工程勘察设计大师
- 中国建筑设计研究院总建筑师

作品立足于对后疫情时代人与环境关系的新认识，构建涵盖规划、建筑和构造三个层面的系统化模式语言，进而结合新型乡村服务机构实践项目开展示范性设计。在设计方法层面回应了疫情对未来人居环境带来的挑战和改变，创造性地提出了“环境-生命连续体”的概念，并进行“离散式空间”“轻隔离式窗桌”“分流式/疏离式景观”等24种模式的空间转译。设计成果充分发挥研究引领设计的优势，突破了常规形式语言的限制，具有系统的创新性和示范性。

移动城堡
——平疫结合的疗养院设计

设计团队 罗吉 / 郜佩君 / 吴逸雯 / 裴峻 / 王宇 / 王天瑜
设计机构 东南大学建筑设计研究院有限公司
奖　　项 紫金奖 · 金奖
优秀作品奖 · 一等奖

创作回顾

设计缘起

抗击疫情如身处战场，此时建筑不仅是人的居所，也是守护人们健康的城堡。考虑到在疫情、自然灾害、战争时，疗养院的老人更愿意选择居家休养，疗养院会产生闲置病房，此时可以通过弹性平面转换快速转变为疾控医院。在后疫情时代，我们希望有一种具有未来适应性的新型医养建筑模式，灵活应对多种社会问题。

设计思路

本项目依托南京“小汤山”2.0，具有医疗资源和永备基础的优势。城堡者，平时居住，战时防御，平时垂直建造以节约用地，疫时可拆解快速形成方舱。项目选址距离主城区二十余公里，四周群山环绕，环境优美，非疫情时适合老人疗养，疫情时与人员密集的城市之间形成自然隔离。

设计策略

本方案希望通过设计结构体系和空间布局上灵活可变的疗养院模式，来应对老年人日常的疗养需求以及平疫结合的功能转化需求。

非疫情期间，针对老人的生理需求，设计了多种疗养病房，以适应不同健康程度的老人；针对老人的心理需求，将最小生活空间以外的弹性空间交给居住者自由支配。整个大楼作为一个可弹性增长的体系，能够应对城市层面上老龄人口增长、城市绿化率降低等问题。

疫情期间，针对本地的传染病防控需求，移动城堡的平面布局可进行平疫转换。针对医疗资源宏观调控的需求，将大楼的单元设计为易于拆装和运输的单元模块，可以迅速支援医疗资源缺乏的地区。单个模块可以在城市中起到临时检测站的作用，而多个模块则可以快速组装成为方舱医院。

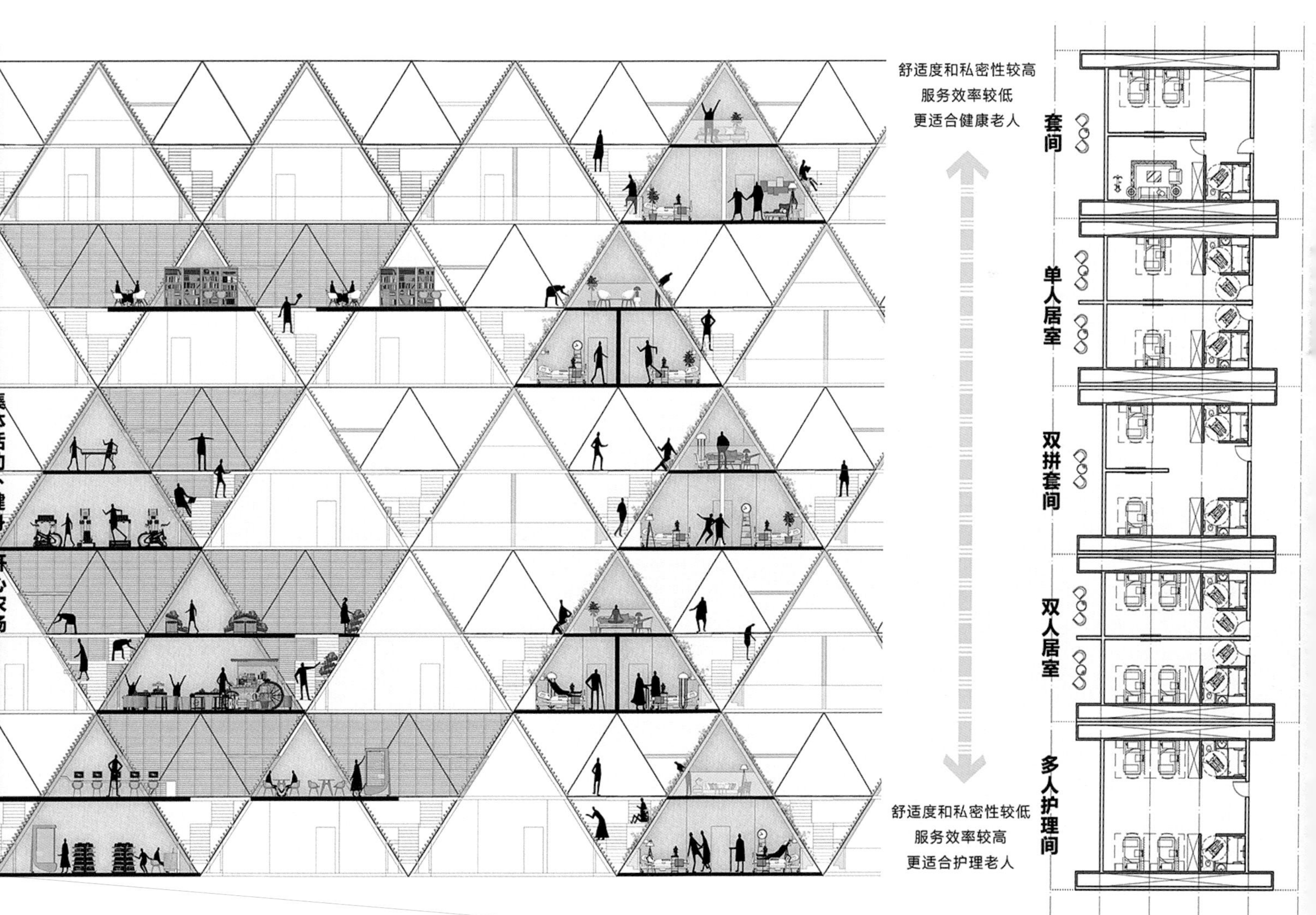

方案亮点

1.“健康”理念

(1)在疫情时期，通过板片划分将功能与流线快速重组，并设置一系列集成功能设备，更为全面地完成医患分流与洁污分流，保证医生的身体健康。

(2)通过病房夹层改造为隔离阳台，保证患者隔离效果的同时关怀他们的心理健康。

2.弹性设计

(1)在老年人的日常使用中，将最小生活空间以外的空间用作弹性布置公共活动，给老人的活动提供了充分的自由度和积极性。

(2)设计成果具有灵活性与未来适应性，能够为多种社会需求提供解决方案。

3.精细设计

(1)在细节设计上降低人们触碰公共设施、机关的概率，如开关、门把手、水龙头等，尽量采用自动感应装置。

(2)对走廊等公共空间进行人性化的考虑，设计促进老年人交流的公共休息空间，如在走道转角设置健身空间。

(3)智能识别自动开关、智能保持水封的多通道地漏、病房模块自带集成设备等一系列智能集成设施共同组成防止交叉感染的机电体系。

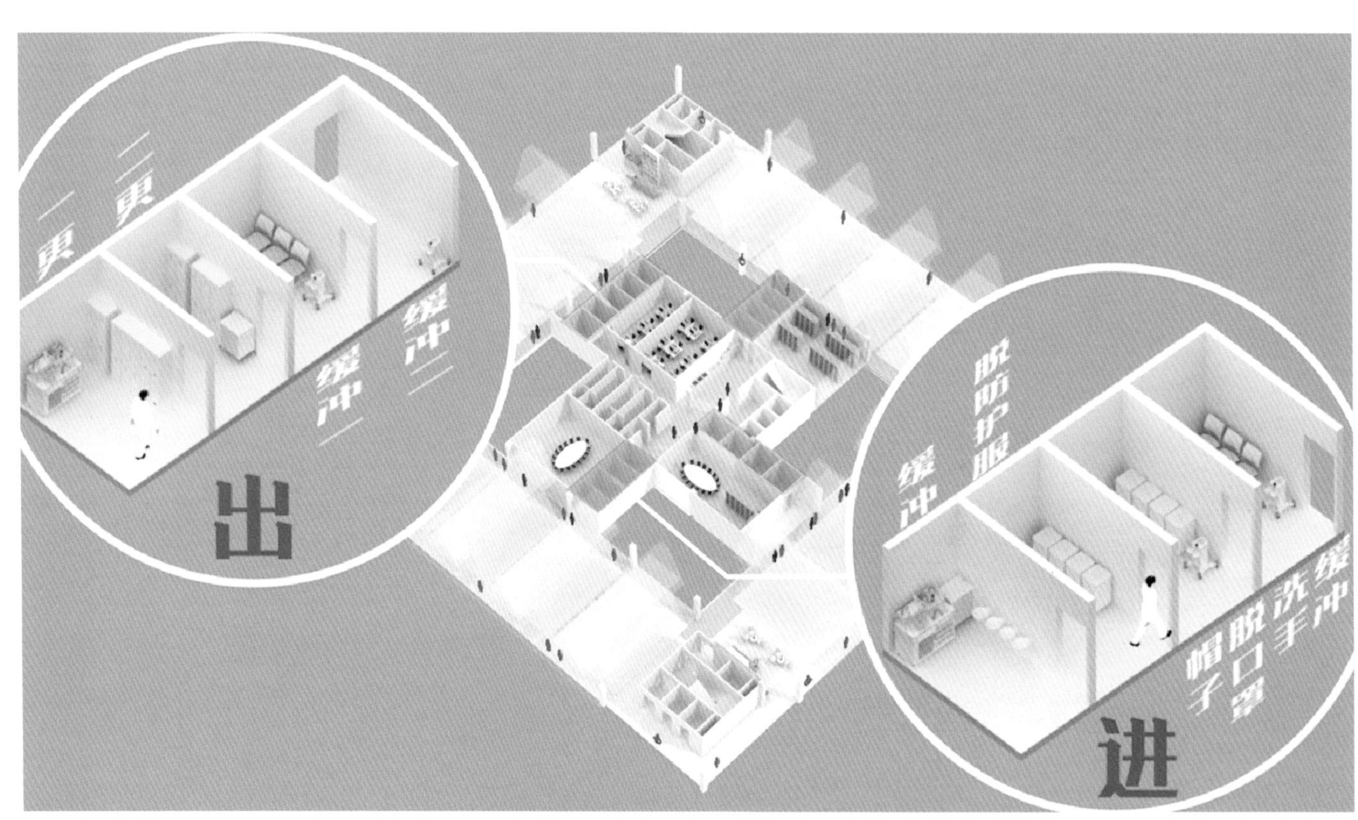

紫金奖
文化创意
设计大赛
ZIJIN AWARD
DESIGN
COMPETITION

金奖
职业组

作品解读

Q1 此次方案创作选题的背景和原因？

殷伟韬

A 建筑模式语言非常核心的特征就是针对内部机制的空间模式与外部视觉的形式语言之间的关系。不同的空间模式可以有相同的形式语言，不同的形式语言也可以有相同的空间模式。因此建筑师在应对处理的过程中既可以有章可循，也可以有充分的发挥余地。“多维共生的模式语言”这项设计研究，不仅可以由我们来落地实现，广大设计师也可以通过自己的理解和方式来进行应用。

我们的三个子项目在时间周期上是有先后的，在空间分布上是位于三个不同的地块。因此在策略上，我们一方面针对每个场地的特征进行了设计，同时有意识地采用了不同的形式语言，希望我们提出的方法不要与某个特定的形式偏好建立关联。可以说，在整体上考虑到了设计研究和实验。

Q2 选择这样的模块化单元进行建筑设计是基于何种考虑？

罗 吉

A 打造一系列智能化的模块单元，既可以满足日常老年人疗养生活需求，也可以应对未来可能出现的突发公共卫生事件。可拆卸和运输的模块单元也便于迅速支援医疗资源匮乏的地区。

选择三角形作为模块单元的形式有两方面原因。第一，病房拆解为单元后很容易折叠成常用货车宽度，方便运输，三角形具有较高的结构强度，有利于快速搭建，这保证了“移动城堡”的可移动性；第二，日常使用时，三角形单元之间的空间可用于弹性布置公共活动，而且开心农场作为公共活动的主要形式，正需要这种梯田的形式来承载。疫情时，这些空间加长了病房之间的隔离距离，使每个病房与自然环境的接触面更大，具有较好的隔离效果。因此，三角形的基本模式不仅是结构体系的一部分，同时它也是功能空间的重要部分。

郜佩君

Q3 方案中日常状态的疗养院设计对老年人这一群体的特别关怀体现在哪些地方？

A 根据不同生理状况的老年人群进行病房单元、疗养室类型的划分。利用语音控制等智能家居技术打造个性化个人空间。便于老人子女远程了解生活状况，提高日常生活的便利度。核心服务筒、急救模块等弹性医疗空间设计保障了老年人的医护需求。

根据老年人的心理需求，结合种植屋面布置了多种类型的公共活动空间，并引入开心农场、跳蚤市场、幸福币体系，不仅提升了生活空间品质，还使疗养院成为具有正向激励感的健康家园。

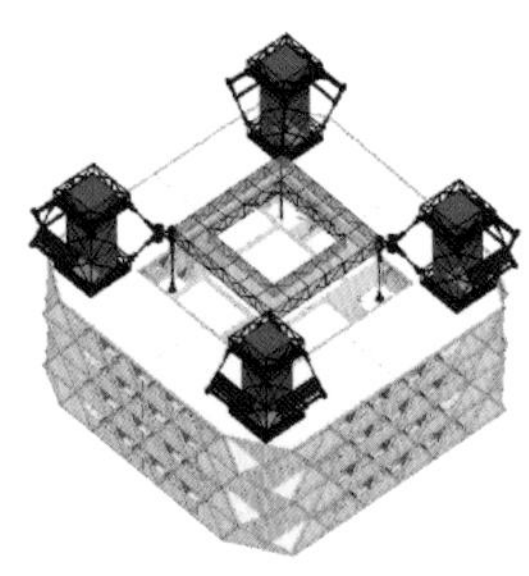

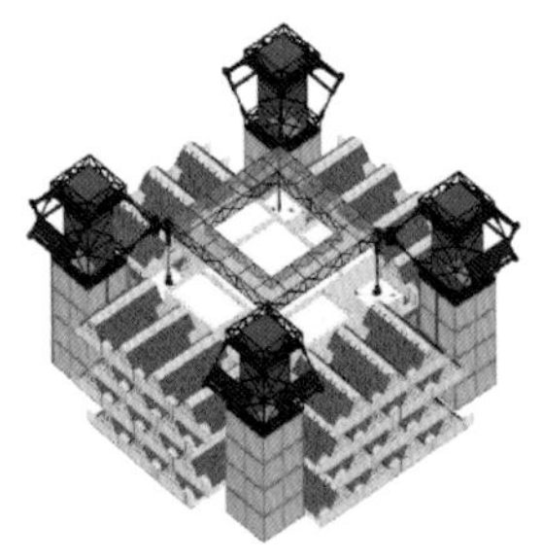

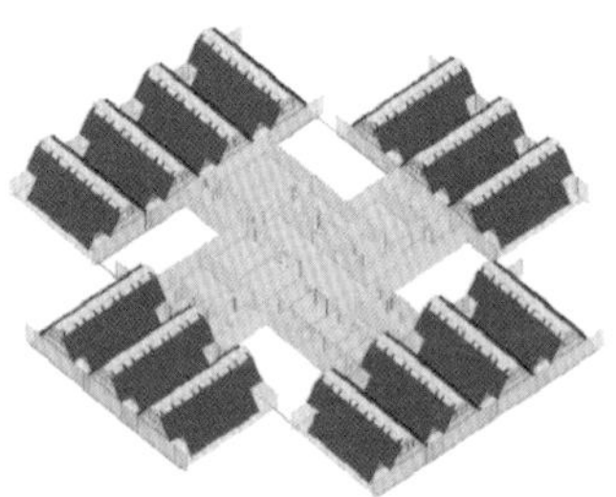

Q4 “平疫结合”在突发疫情之时，疗养院临时调整为应急性疾控医院布局的原理是什么？

吴逸雯

A 本项目依托南京“小汤山”2.0，具有医疗资源和永备基础的优势。利用模块化建造体系给疗养院的功能布局和使用等留有未来可改造的空间余地，以此应对突发状况及新的需求。功能转换后的疾控医院在医患分流、污洁分区、工作区及病房布置等方面均符合传染病医院的防治需求。一系列智能集成设备共同组成防交叉感染的机电体系。

病房可拆解为便于运输尺寸的折叠模块，从而快速支援医疗资源匮乏的地区。特殊的结构和支撑体系，使移动城堡能够在异地城市中快速搭建起来。在不同的环境下，这些模块可以组装成多种形态以适应当地的需求。此外，移动城堡还可以在不可抗力带来的恶劣环境下快速提供大量居住空间。

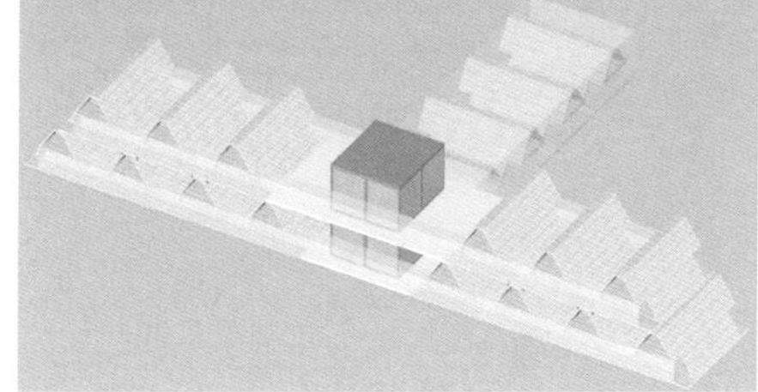

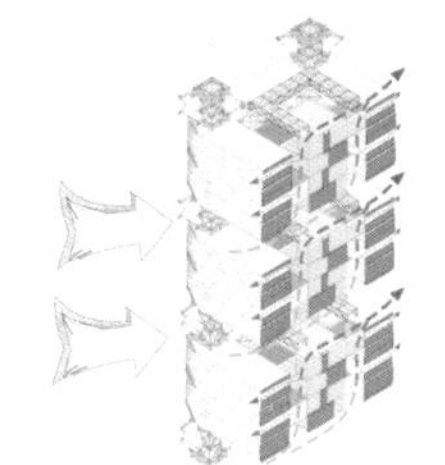

评委点评

王晓东

- 深圳大学本原设计研究中心执行主任
- 深圳大学建筑学院研究员

作品从高密度城市环境在面对突发公共医疗事件时的应急设施需求切入，紧扣竞赛主题。设计运用了模块化建造概念，实现“平疫结合、快速转换”的使用功能，并结合疫情时“方舱医院”诊疗工艺和平时使用时的老人疗养需求，设计了灵活转换的措施。

大爷大妈不用抢篮球场啦

设计团队 李竹 / 陈斯予 / 樊昊 / 殷玥 / 王嘉峻 / 杨梓轩
苏州园林设计院有限公司
设计机构 紫金奖 · 银奖
奖　　项 优秀作品奖 · 一等奖

创作回顾

设计缘起

近年来，频繁的旧城拆建导致老一辈人熟悉的环境在渐渐消失，集体记忆载体的缺失、邻里关系淡薄、脱离社会的失落，引发一系列中老年人心理健康问题。同时，在城市大规模开发的背景下，他们的社交健身场所也不断地压缩，出现了例如"广场舞大妈抢占篮球场"等热点新闻。我们希望用设计的力量去帮助中老年人找回失去的社交空间，创造能留住记忆，充满关怀的健康家园。

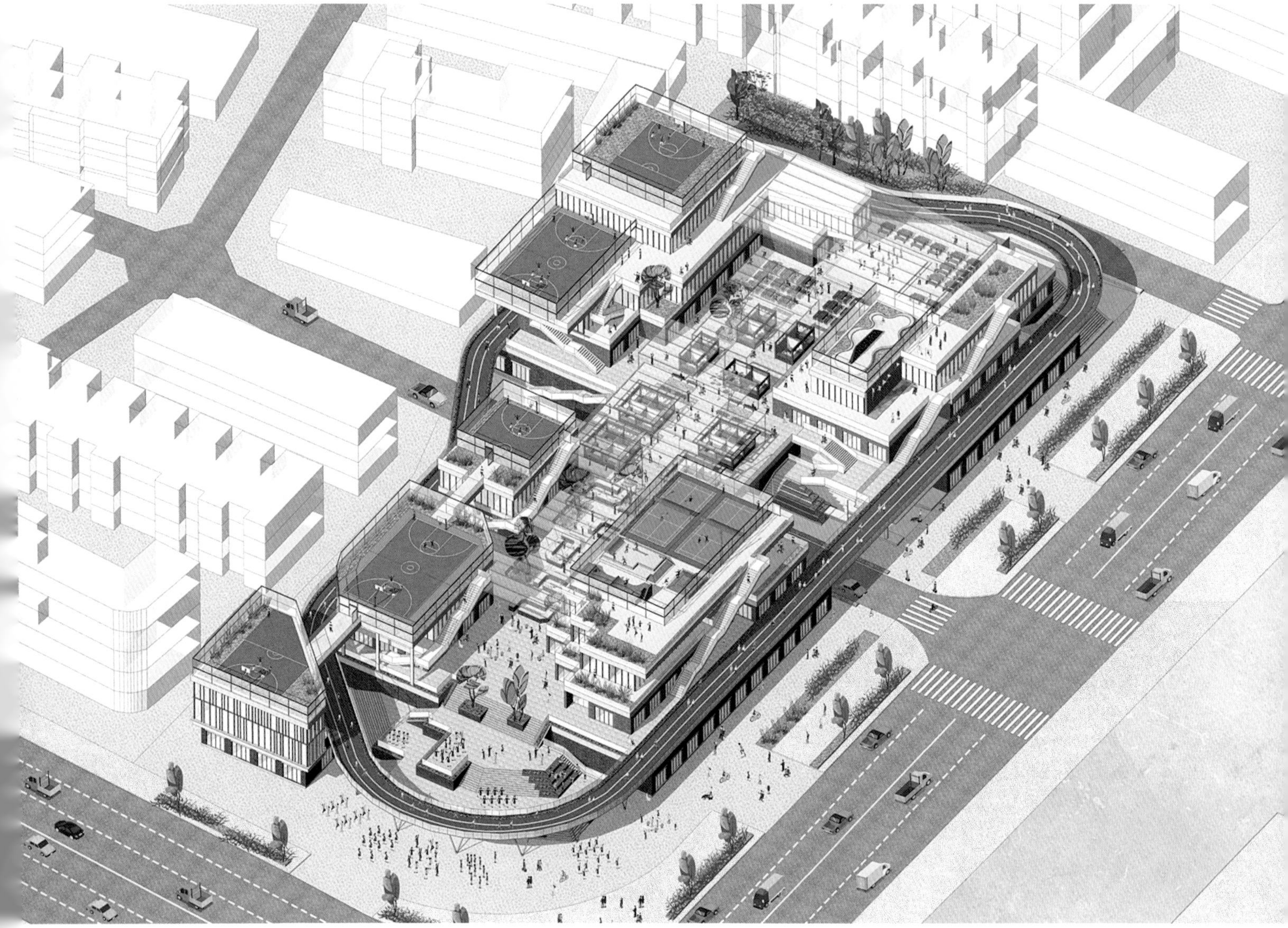

设计思路

通过旧建筑改造，我们将目光聚焦在老旧社区的公共空间营造上，选取了常见的“服贸城”和“建材城”这样的“大盒子”商业作为改造对象。这类建筑柱跨标准，但是采光通风条件差，难以满足当下的消费需求。

我们拆除了部分结构，将原有的庞大体量剥开，通过退台和架空平台，形成跨街区的空中街道，塑造更为开放的社区公共空间。同时在这样的“街道”中植入了菜场、市集、茶楼、剧场等市井功能，并将空中跑道、广场舞台、天台球场等健身场地穿插其中。

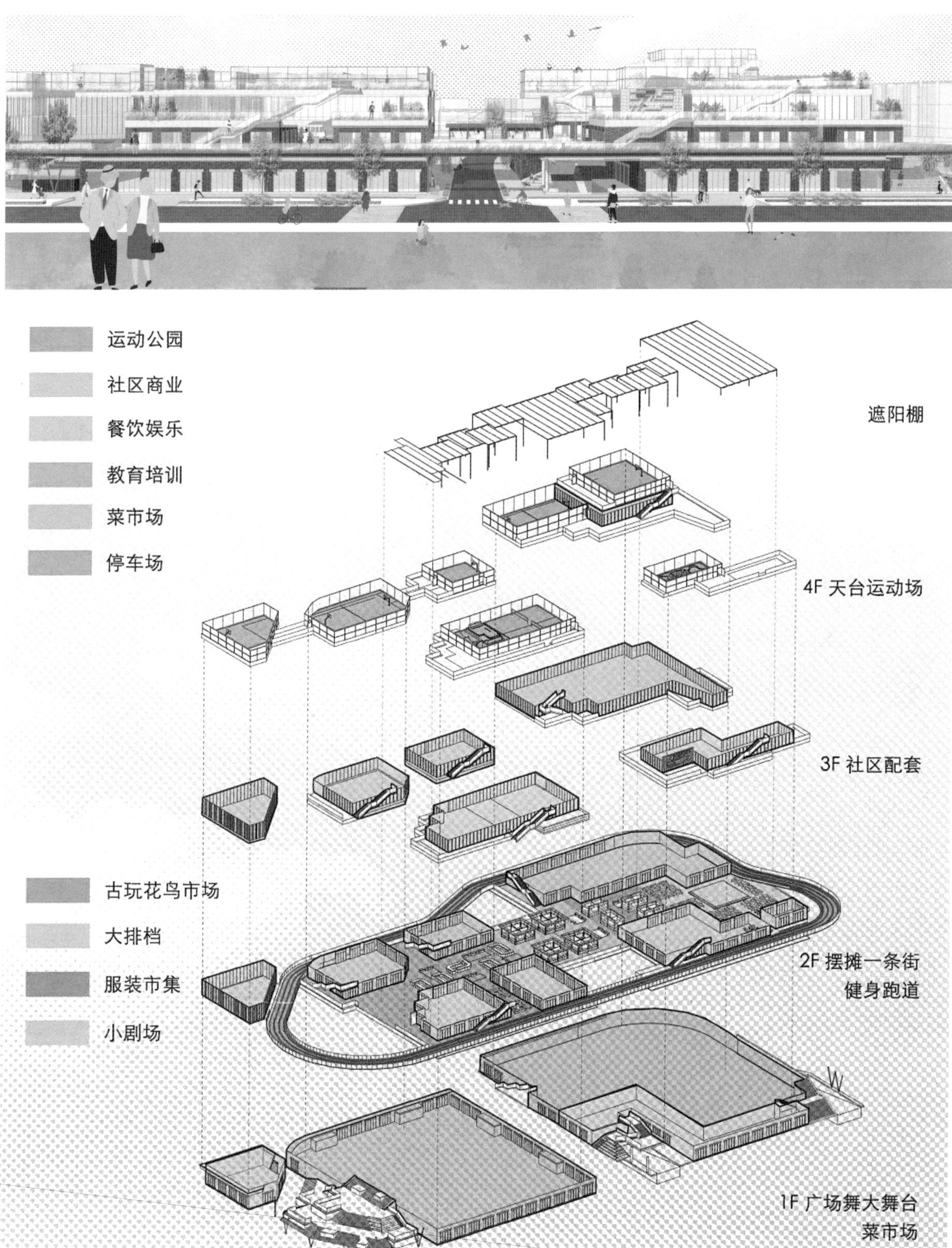

设计策略

中老年人喜欢面对面交流，广场舞、逛集市、喝下午茶等活动既是他们的社交方式也是获取信息的途径，而年轻人体力更加充沛。因此，我们针对不同年龄段人群的社交习惯，采用垂直分层的方式将中老年人喜欢的社交空间集中布置在低层，将年轻人的活动场地按类别分散布置在屋顶，让不同年龄层次的使用者各得其所。

方案亮点

改造方案保留了部分原有结构，通过削切的手法从顶层开始以退台的方式营造面向城市的开放空间，打造活跃的市井街道。利用垂直化功能空间在拥挤的城市中巧妙创造出足够多的健身活动场地，服务于周边社区，提升了社区凝聚力，激发了社区价值。

作品解读

Q1 该建筑在社区中起到怎样的积极作用，在社区中的定位是什么？

陈斯予

A 我们通过设计创造了充足的活动场地来缓解代际矛盾。除此之外，我们还设置了教育培训等服务功能，通过丰富的室内功能涵盖居民一整天的活动，满足其日常所需。最终，我们希望形成一个集康体娱乐、餐饮、培训、日用百货、菜场、集市于一体的社区综合体。

Q2 作品中提到了“重塑记忆场所”，具体是如何实现这一愿景的？

樊 昊

A 我们通过传统街巷空间的营造、退台广场的灵活布置以及花鸟鱼虫市场、摊位等一系列中老年人熟悉的场景设置，将历史记忆、空间形态、文化生活与建筑形式相整合，使中老年人在其中获得更为亲切自在的体验。

Q3 通过这次设计，有什么收获？

殷 玥

A “老吾老，以及人之老”。我们借这个机会关注了父母辈容易被忽视的身心健康问题。通过这次的设计选题，我们也对公共空间有了全新见解，对建筑师所要承担的社会责任也有了更全面的认知。我们以建筑师的视角探索了中老年人深层次孤独感的成因，将提升中老年人生活品质作为出发点，尝试通过生理心理需求多维度叠加的方式来解决出现的社会问题。

作品展示 VCR 部分场景

扫码观看完整 VCR

评委点评

章　明

- 同济大学建筑与城市规划学院教授
- 同济大学建筑设计院原作设计工作室主持建筑师

作品基于对老旧社区中居民的生活状态和生活环境的细致观察，将设计切入点落在提升中老年人群的日常生活品质上，就此提出了可行性较强的改造策略，并形成了一定的系统性思考。具体操作上，通过保留既有结构体系，对老旧商业建筑的封闭型大体量进行削减，营造出空间形式上、使用方式上较为开放、丰富的社区活动空间，也由此回应了“健康家园”的竞赛主题。表达语言上，以色彩明快的插画生动展现了不同生活场景，增强了作品的感染力。

脚手架革命

设计团队 李美慧 / 拓展 / 刘政和 / 李元章 / 王贤文

设计机构 东南大学建筑设计研究院有限公司

奖　　项 紫金奖 · 银奖

优秀作品奖 · 一等奖

创作回顾

设计缘起

选题之时，我所居住的小区正在进行外立面出新，道路变得拥堵，自行车摆放得更加无序，施工工人在窗外走动，脚手架易攀爬导致居民夜间不敢开窗，这些问题都曾在那段时间困扰我。小区楼下往日人声鼎沸的商铺，也因为脚手架变得门可罗雀。那时我想，是否可以进行一些改造，让这个阶段的生活也保持应有的美好。我们希望以脚手架革命为契机，在施工期间为人们提供健康便利的生活。

脚手架革命

非舒适日常营救计划

AM 09:00 施工&营业

PM 12:30 午休

PM 18:00 社交活动

过去的脚手架，
于商家而言，遮挡店招,影响客流;
于居户而言，造成入室隐患,影响日照通风;
于行人而言，遮挡路面,影响行走体验;
于工人而言，只是冷冰冰的施工工具
于社区而言，侵占社区空间;
于城市而言，影响城市美学。

现在的脚手架，
于商家而言，提供店招展示空间，提供交流空间，吸纳客流；
于居户而言，具有夜间闭户功能，保证安全，疫情期间还可作为室外活动平台；
于行人而言，提供艺术品欣赏空间，行走途中还可休憩；
于工人而言，是午休时的体面居所；
于社区而言，是有序停车的设施，是日常活动的场所；
于城市而言，是城市美学的一道亮色。

背景与选址 Background and Location

东南大学

SITE

区位 选址位于南京市玄武区老虎桥32号小区

现状 Present Situation

工人非体面午休

影响行走

遮挡住户

易于攀爬

遮挡店招

侵占社区空间

需求 Demand

2020南京老旧小区改造计划

93个

779栋

216万m

3万人

问题 Problem

居民

商家

工人

社区

城市

采光

通风

噪音

休息空间

自行车道

店招

客流

占道路

策略 Strategy

单元重塑

功能转换

愿景 Vision

健康城市

健康社区

健康人居

设计思路

在老小区改造的浪潮之下，脚手架作为辅助工具，给日常生活带来的负面影响成为不可回避的话题。阻碍交通、影响通风采光、影响底层商家营业等，都是脚手架受人诟病之处。本作品中脚手架的革命性改变体现在其对不同时段生活的适应性，在满足施工要求的前提下，消弭负面影响，转为积极影响。

设计策略

我们的设计策略是在满足脚手架基本功能的基础上，以尽量小的改造，灵活满足施工人员和住户日常生活的双重需求。

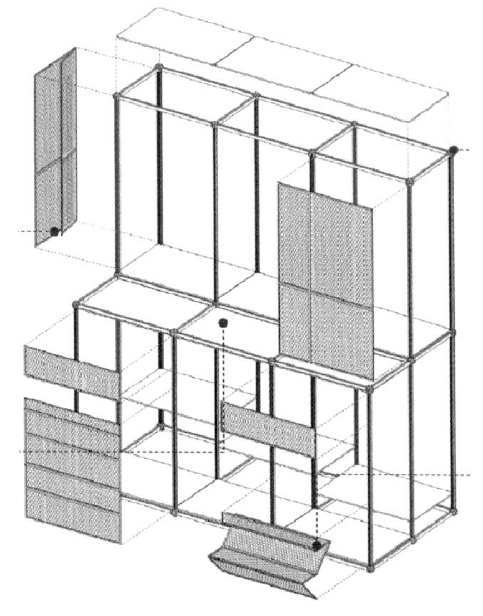

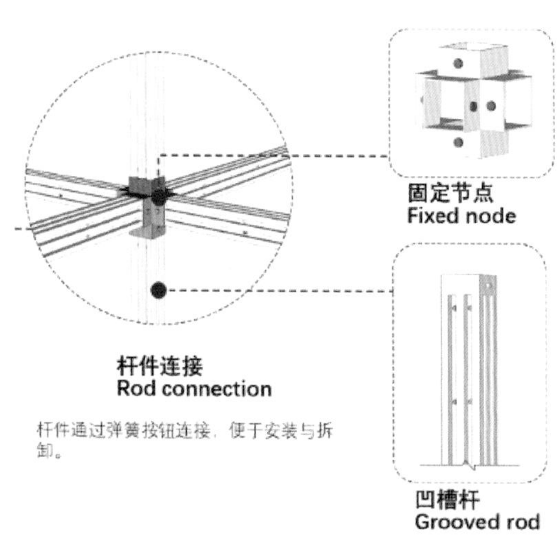

方案亮点

在基本框架的基础上，根据住户、商户、行人、工人等不同群体，设计不同类型的附加面层，并进行节点设计。保证不同模块可以在施工和非施工状态之间灵活转换，以满足不同群体的不同需求。

于行人，利用沿街脚手架设立一定的休憩座椅，面层设置绘画展，以促交流；于商户，防止招牌遮挡，建立外立面招牌挂面，门前利用脚手架形成吧台，吸引人流；于住户，设置脚手架夜间闭户模式，利于通风，益于防盗，若疫情期间施工突然停止，还可在满足防护安全的前提下将脚手架作为室外活动平台；于工人，脚手架午休模块可以同时满足午休和私密需求；于社区，脚手架灵活可拆卸的单元杆件，形成社区活动单元，为老旧小区的社区活动提供空间。

立体拼接自行车棚等设计，将被占用的停车空间还给居民。而对于脚手架材质及色彩的改造，则为城市美学贡献力量。

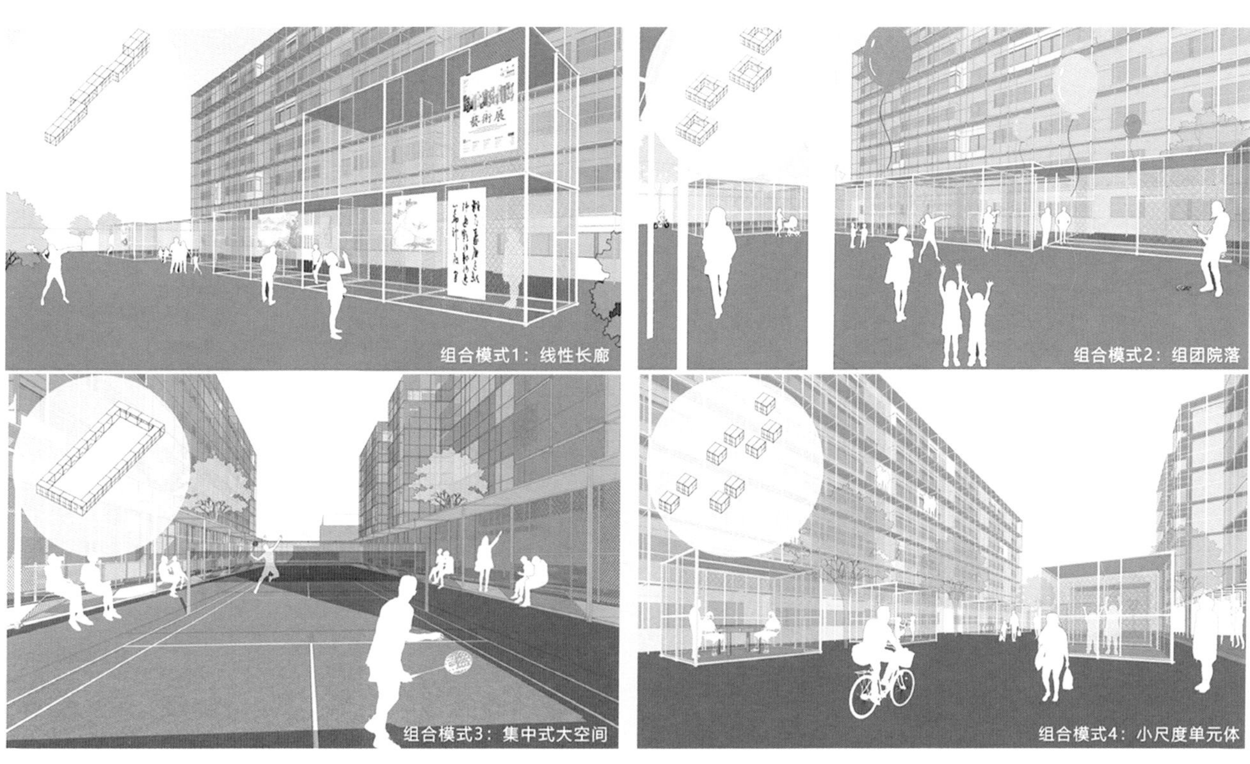

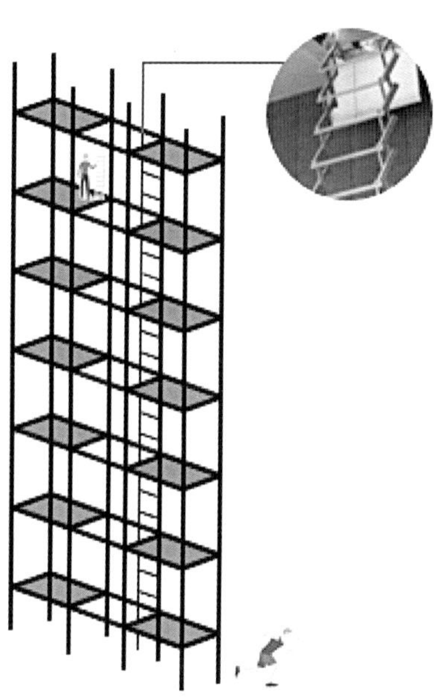

作品解读

Q1 回顾本次设计难点是什么？最后是如何解决的？

李美慧

A　设计难点在于单元脚手架的构造形式以及与各种社区人群需求的匹配。一轮、两轮、三轮的讨论，让我们希望的脚手架形象呼之欲出——既满足日常施工，可灵活拆卸，又能满足不同时段的生活需求，美观安全。在工作间隙进行的脚手架设计似乎在一点点接近我们想要的模样。设计无止境，我们的方案实现了改善健康人居的小小设计理想。

Q2 为什么选择脚手架作为设计对象？

王贤文

A　每一个阶段的健康人居都应受到关注，不能因为脚手架的阶段性特点而忽略其对健康生活的影响。随着人们对人居健康方面的关注度日益提高，脚手架的革命性改造势在必行。

Q3 参与本次比赛，有什么收获？

刘政和

A　通过本次大赛，我们这些设计师有了一个展示自我的机会，借助紫金奖平台的影响力，我们的设计以及对于社会问题的思考能够得到更多人的关注。

作品展示 VCR 部分场景

扫码观看完整 VCR

评委点评

张 雷

- 江苏省设计大师
- 南京大学建筑与城市规划学院教授
- 张雷联合建筑事务所创始人

脚手架是施工现场常见的设施，具有临时性、可变性、模块化和易搭建等使用特征。作品通过分析脚手架在工程建设使用过程中存在的诸多问题，提出了采用不同填充模块面板，定义不同的空间属性，满足多功能使用需要的设计策略。这一理念对于利用城市空间既有要素，变消极为积极，丰富公共空间的构成，具有一定的启发性，特别是在应对疫情等突发状况中，“脚手架革命”具有快速简便和多样灵活的实用可操作性。

诺亚方舱

设计团队 李龙 / 朱晓冬 / 尹浩 / 陆雨璐

设计机构 苏州立诚建筑设计院有限公司

奖　　项 紫金奖 · 银奖

优秀作品奖 · 一等奖

创作回顾

设计缘起

本方案源于设计师的一次火车旅途。在车上，列车员不断提醒乘客戴好口罩，此时的画面和武汉方舱医院里护士提醒患者的画面非常相似。设计师对火车舱体改造进行了深入思考，火车作为一种交通工具，采用的是单元式空间拼接，既有隔离性，又有移动性。当突发传染性公共卫生事件，封城现象一旦发生，医疗物资不足、床位紧张、大量疑似病例急需检测的现象也随之而来。隔离中的城市被按下暂停键，火车站被闲置，火车除了用于救援外，其余功能基本丧失，如何利用火车的舱体空间加以改造和再利用引起了设计师的兴趣。

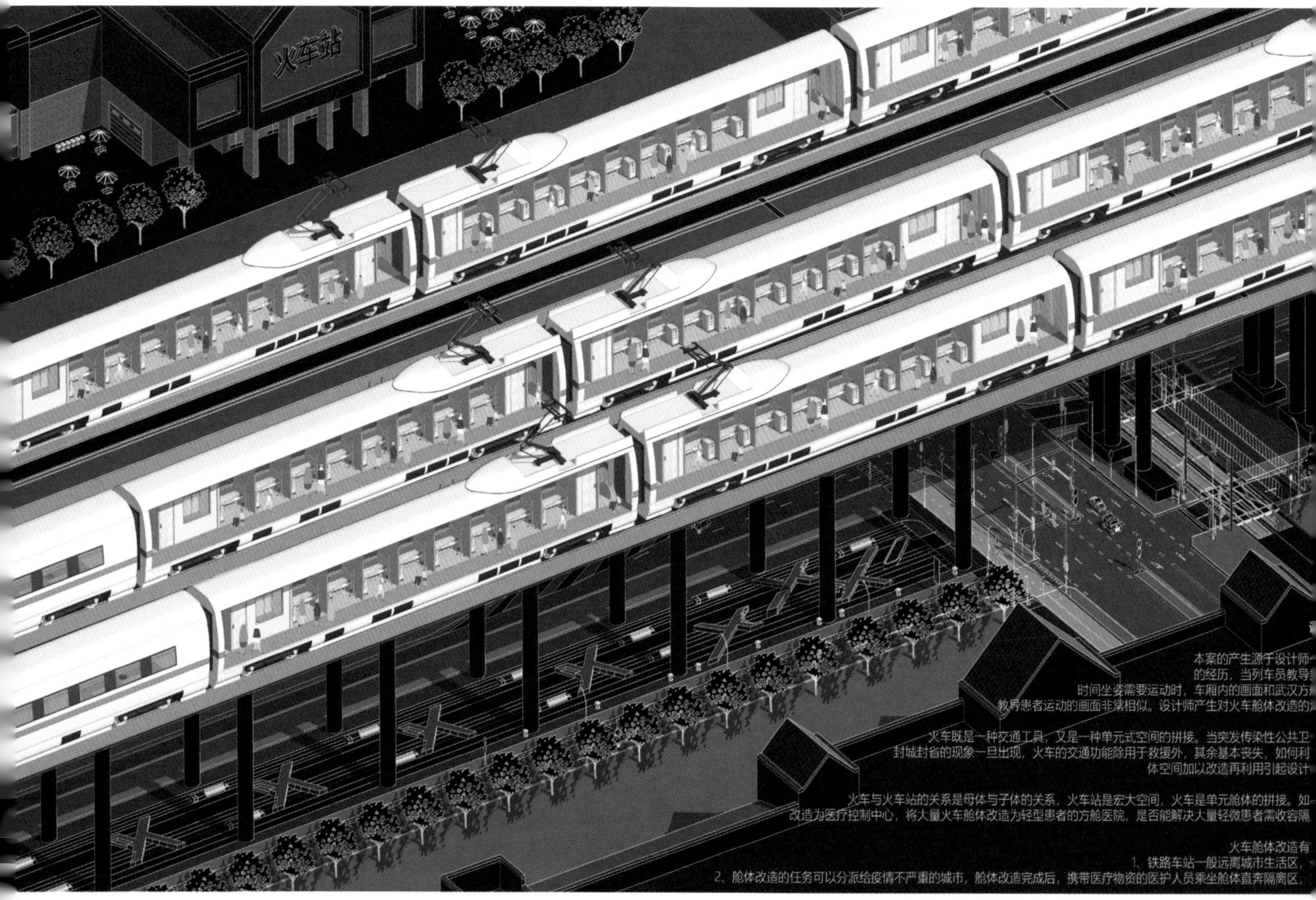

设计策略

火车，是一种单元式空间拼接的交通工具。当疫情突发，大部分交通功能丧失。将火车站的大空间进行合理划分，成为医疗控制中心。将火车舱体改造再利用，就成为收容隔离轻症患者的“诺亚方舱”。改造任务，可以在疫情不严重的城市进行。如同装配式一般，并配备物资。以和谐号动车组为例，每节车厢平均长24米，宽3.3米，高3.8米，自带空调、换气装置、污物收集系统等。根据不同人群对空间的使用需求，车厢可改造为多功能舱。

医疗舱：存放医疗物资、患者病情检测的空间。舱体一侧可全部向上开启，便于医疗物资的快速装卸。

成人舱：供有自理能力的成人患者使用。舱体可布置单廊式隔离病房8间，每间病房配有储物柜、呼叫设备、输液器等。舱体两端有卫生间和护士站。

儿童舱：配有玩具游乐设施，空间色彩和家具尺度贴合儿童的身心需求。

老人舱：配备防滑设施、扶手扶杆、报警系统等。

医护舱：配有“太空睡眠舱”，内置声光唤醒闹钟，自动门帘采用隔音材料，解决医护人员紧张不安的休息痛点。

娱乐舱：设置阅读区、电影区、健身区、桌球区等娱乐设施，让患者在隔离期间保持身心健康。将空间转变，得到珍贵资源，利用火车舱体特有的属性和患者与医护人员的需求紧密结合，构建起一艘能够高速转移、实现多功能单元组合的“诺亚方舱”。

方案亮点

聚焦非常时期下闲置交通空间的再利用。疫情突发时，城市多项功能瘫痪，将闲置的火车加以改造，配备医疗物资和医护人员，形成一列可移动、可组合、可转化的方舱医院。

关注疫情期间不同人群对空间的使用需求。车厢可改造为不同类别的舱体，例如医疗舱、病房舱、娱乐舱、儿童舱、老人舱、后勤舱、医护人员休息舱等。空间具有人性化、多样化、温情化。

构建公共卫生事件下人类生命健康的“保护舱”。疫情期间，多地医疗物资不足、床位紧张、大量疑似病例急需检测，人人自危。诺亚方舱的出现为人类战胜疫情带来希望和信心，为人类的健康家园保驾护航。

作品解读

Q1 请问方舱车厢的建造周期和启用速度是否会快过现有的“火神山”模式？如果用于常备待用，是否需要高昂的维护费用，浪费公共资源？

李 龙

A 我们的诺亚方舱是临时改造而成，希望在疫情过后恢复火车的交通功能，将诺亚方舱送回始发地，将改造舱体恢复为原有模样，可以继续投入运营。火神山模式的速度大家有目共睹，我们相信诺亚方舱的速度不亚于火神山，因为火神山是从无到有的建设过程，而诺亚方舱模式是利用现有空间进行局部改造再利用，而且我们认为火神山模式和方舱模式不是只能二选一，他们可以同时存在，但同时又有所区别，火神山模式是在疫情严重地区集中大量的社会资源进行抢修式建设，而诺亚方舱模式是在不损耗疫情严重地区社会资源的前提下进行异地改造，并携带物资及医护人员驰援疫情严重地区，体现一方有难八方支援的精神，他与火神山模式可以共存，相互依托，为健康家园做出贡献。

Q2 列车作为方舱医院使用时，如何实现负压，又该如何解决通风问题？车站作为母体包含了哪些功能？运行模式是什么？

朱晓冬

A 我们会在每列列车中安排一列车厢作为设备舱，专门处理医疗废气及废物，在隔离舱中利用列车上部原有的空调管道加装专业医疗空气净化装置作为送风口，在列车底部加装带有空气净化装置的排风管道，并用软管接入到设备舱中。控制送风功率小于排风功率，同时在隔离舱前后两端设置缓冲区，使舱内形成稳定负压。经排风系统排出的废气进入设备舱后由专用医学空气净化设备处理后排出。当然这只是我们设计上的初步考虑，具体还需要与专业厂商协商后完成深化设计。

至于车站（母体）和列车（子体）的关系，我们是这样考虑的：车站作为母体，具有舱体调度、大型医疗物资存放、各检验科室、药房药库、出入院管理、医疗档案管理等功能。诺亚方舱作为子体，相当于医院的住院部，而车站作为母体，将火车站的宏大空间进行合理划分，使其成为医疗控制中心，为诺亚方舱提供了强大的后勤保障。火车站与方舱相互依托，成为我们健康的保护舱。

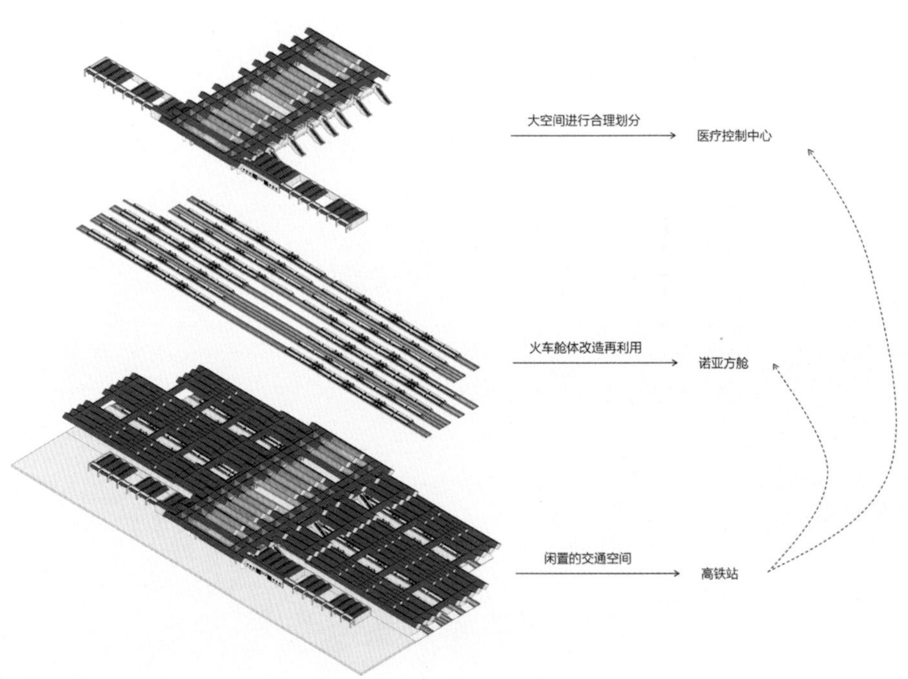

尹 浩

Q3 **当疫情过去了，动车也要消毒、隔离，如何立刻投入营运？**

A　诺亚方舱的优势在于异地改造，我们的车厢是在疫情不严重的城市进行改造，改造完成后，配备医护人员携带医疗物资，驰援疫情严重的城市。在疫情过去后诺亚方舱完成了它的使命，我们对它清洗消毒并确保安全后，将带着支援疫情的医护人员回到始发地，经过二次清洗消毒后进行复原改造，将可再利用的医疗物资送到有需求的医疗机构，把上一次改造拆卸下来的座椅等原有设施重新安装并恢复列车原有的交通功能属性，投入运营。

Q4 **车站远离城市中心，病人如何安全被运送到车厢里且保证不发生次生灾害？**

A　针对这个问题我们分两步进行阐述，第一步病人从社区到火车站，这一过程我们用火车站专业巴士消毒后进行运送，第二步是病人从火车站到舱体，我们在火车站对人群进行区分，将候车厅改造出几条专业通道，人群经过通道到达不同的站台，进入指定舱体，例如老年人通过无障碍通道到达2号站台进入老年舱，儿童通过3号站台到达儿童舱，医护人员通过工作人员通道到达4号站台进入医护人员工作舱等。

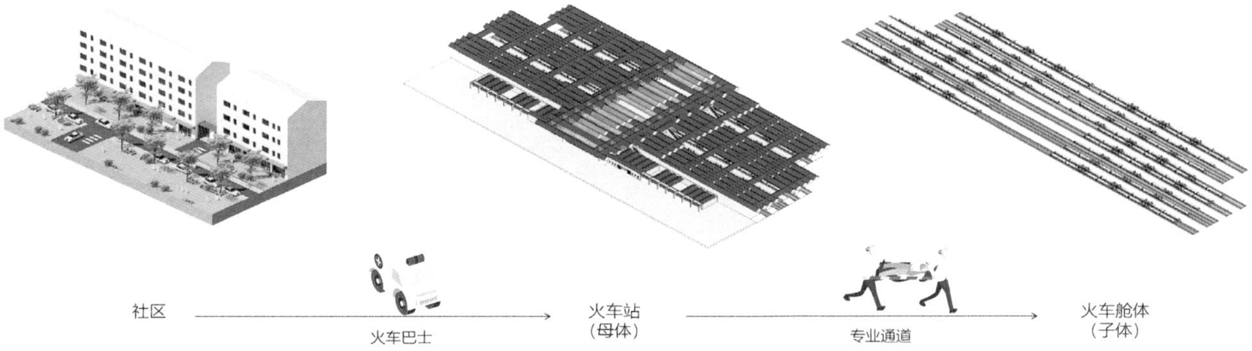

社区
火车巴士
火车站（母体）
专业通道
火车舱体（子体）

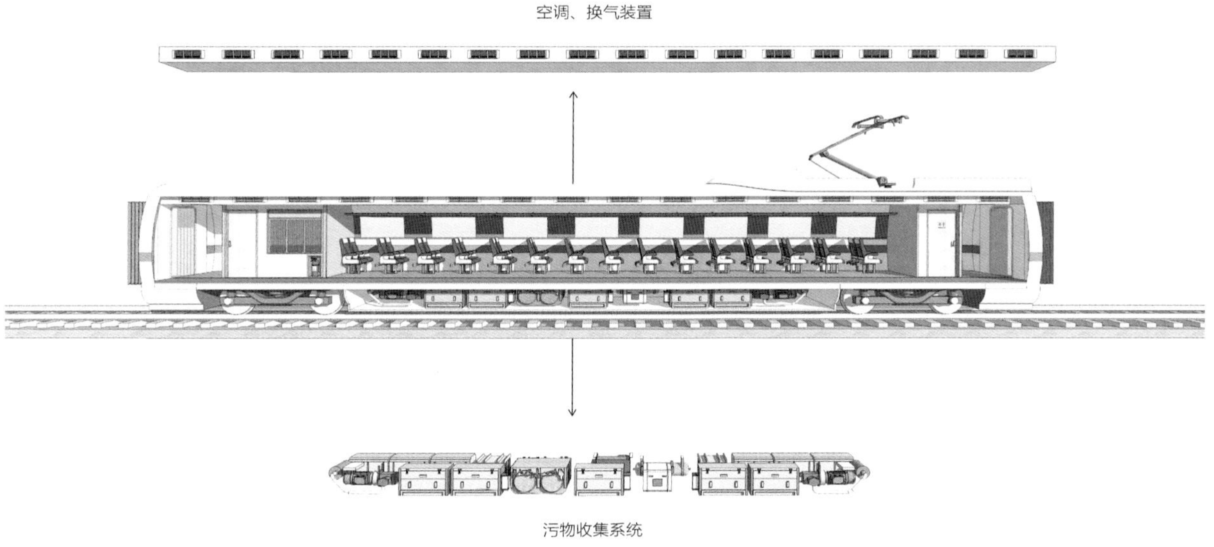

空调、换气装置

污物收集系统

自带空调、换气装置、污物收集系统等

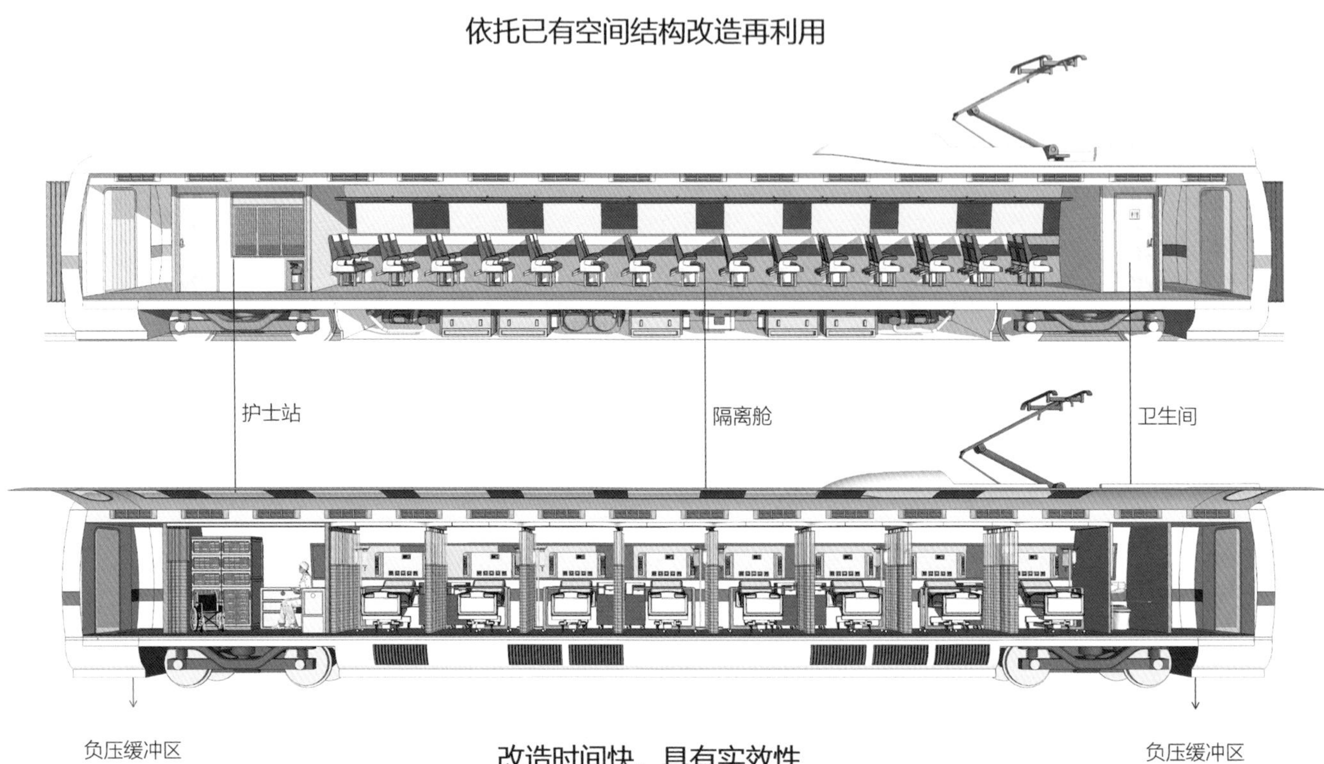

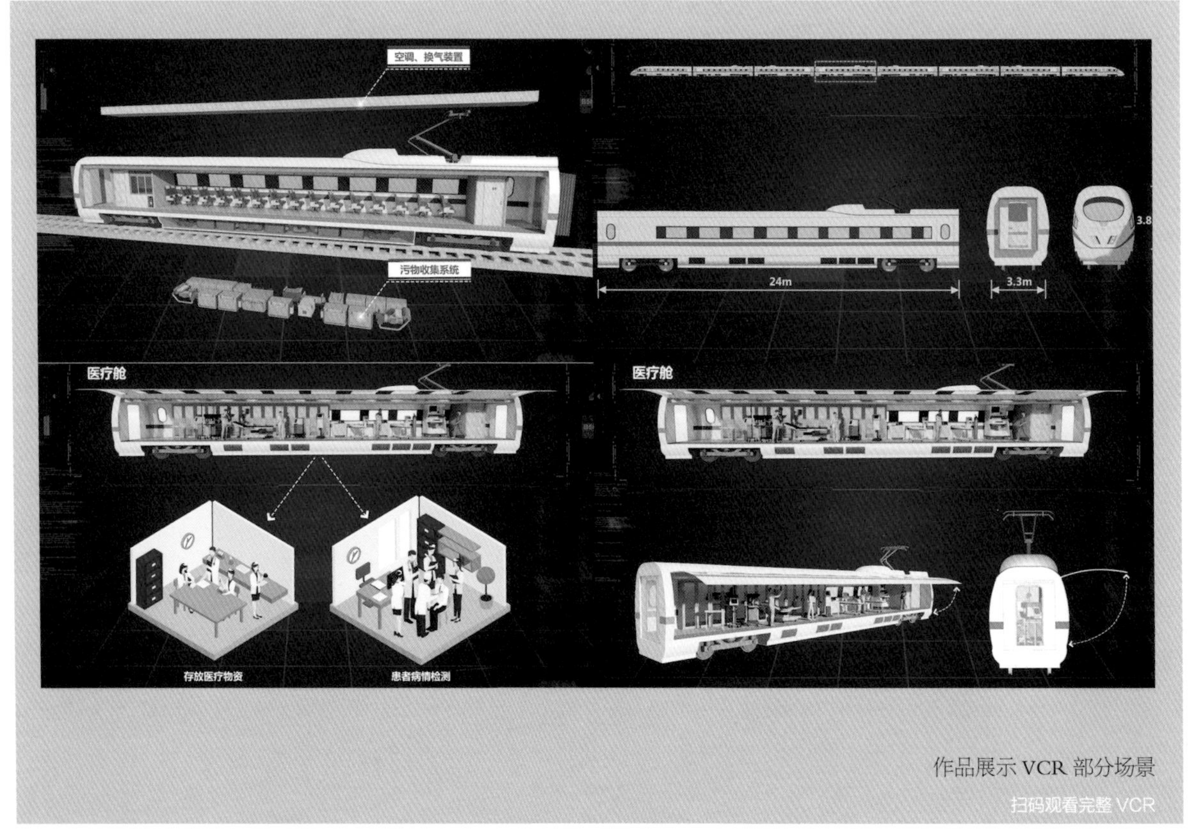

作品展示 VCR 部分场景

扫码观看完整 VCR

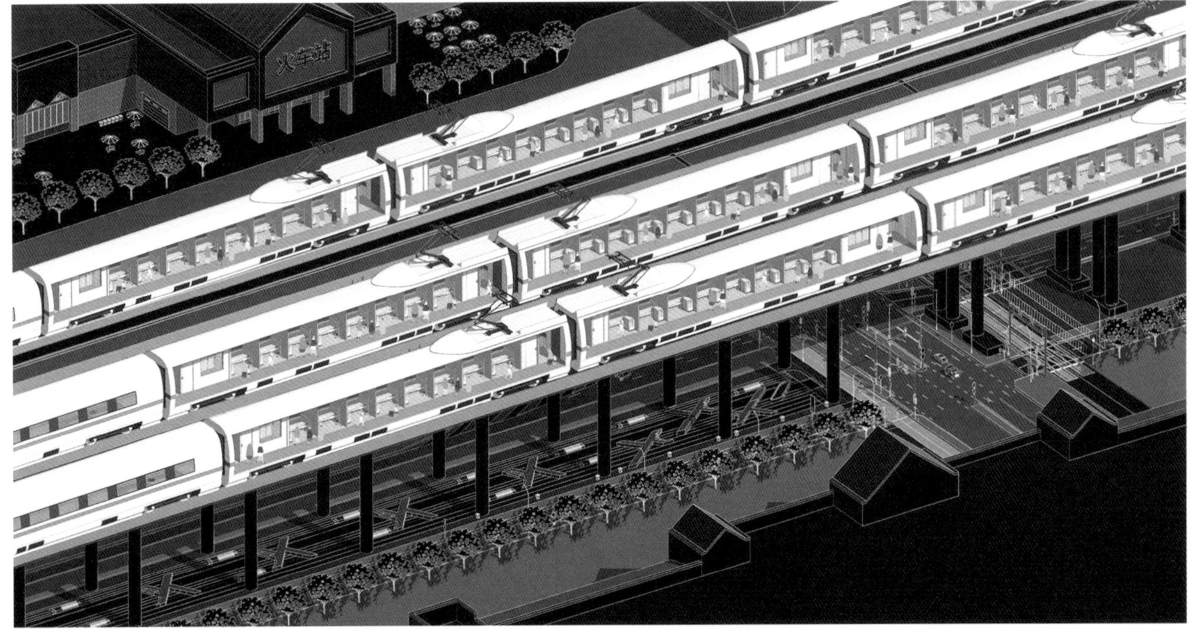

评委点评

马晓东

- 江苏省设计大师
- 东南大学建筑设计研究院总建筑师

作品针对突发疫情下的轻症患者收容隔离问题，提出了将高铁站改造为医疗控制中心，以及将高铁车厢改造为方舱医院的整体构想。设计将高铁站的空间场所、车厢的舱体单元特征和患者与医护的需求紧密结合，构建了具有多种功能单元组合的、较为系统的“诺亚方舱”。创作选题具有现实意义，设计具有一定深度，成果表现较为精细生动。

浮生 · 共生
——海平面问题的思考

设计团队 刘振宇

设计机构 中国矿业大学建筑与设计学院建筑与环境设计工作室

奖　项 紫金奖 · 铜奖
优秀作品奖 · 一等奖

创作回顾

设计缘起

本次设计关注“气候变暖导致海平面上升，沿海城市海洋灾害加剧”这一社会热点问题，试图寻找一种方法优化城市与海洋的关系。设计选取了中国代表性的礁石类海岸线城市——青岛为设计场地。设计过程中，我们始终思考如何优化人、城市与自然的关系，并且考虑城市弹性发展的需要，最终确定以生态改造为主，最大限度保证城市正常运行，更好展现沿海城市这一设计特点。希望我们的设计能够为全球应对海平面上升提供智慧方案。

设计思路

设计采用弹性发展思路，在“自然－城市”之间找到一种平衡，对海洋、海岸、城市三个区域展开思考。在近海区域，设置生态防浪堤；在沿岸区域，建立生态海岸线；在城市低洼地区，对受影响的建筑进行适应海洋气候变化的改造。充分将绿色循环发展理念融入其中，减少人为干预，旨在寻找一种“以生态方式改造城市区域，防御自然灾害”的设计思路，和谐处理人与自然的关系。

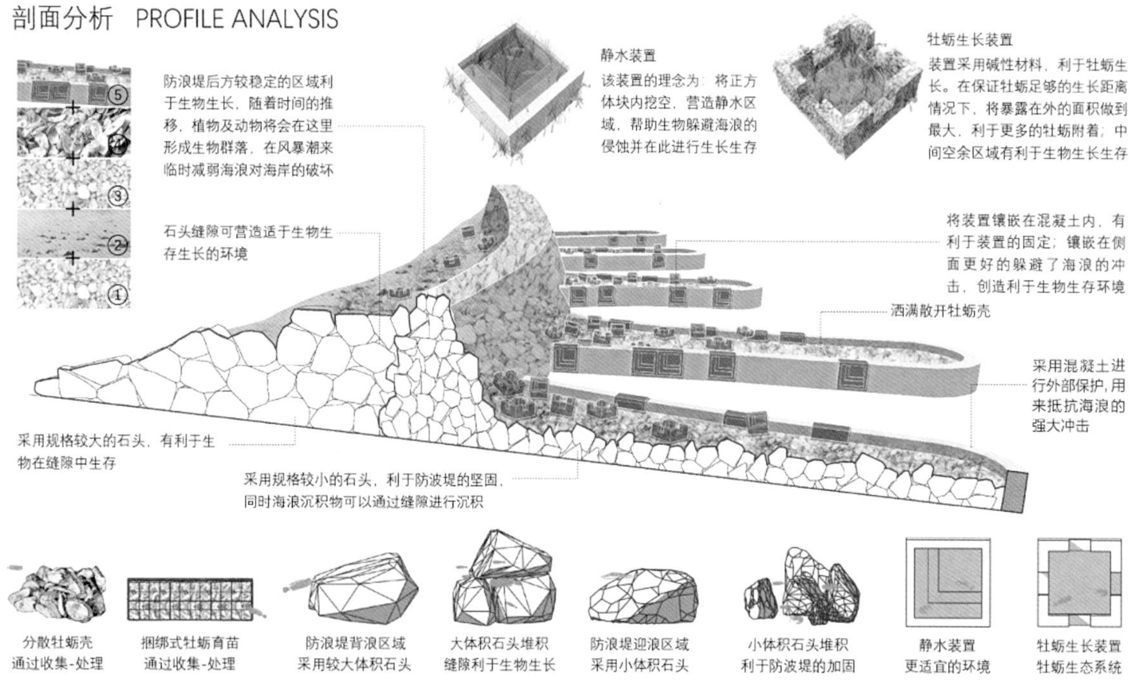

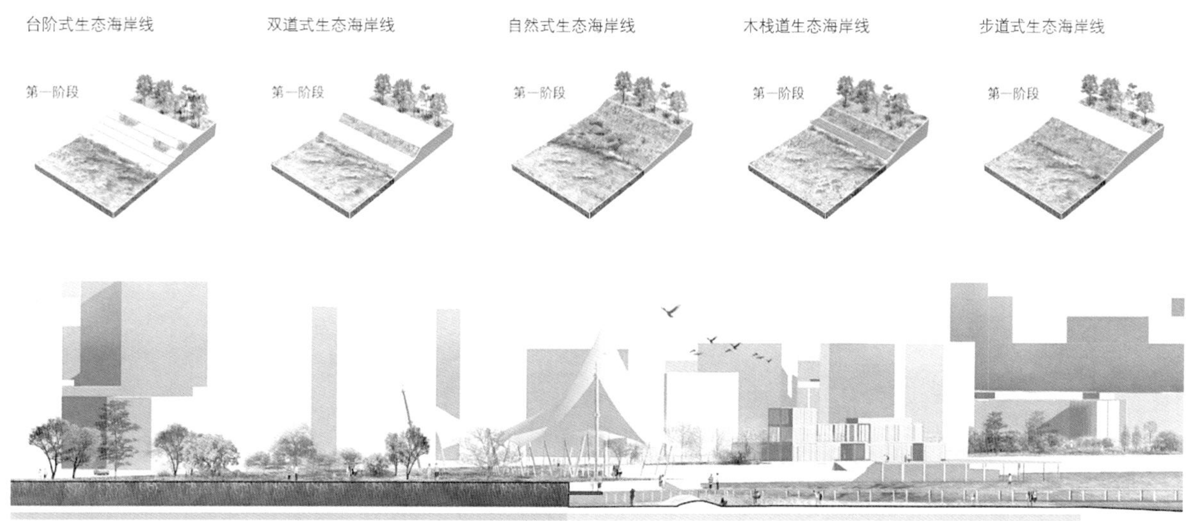

设计策略

方案选取青岛市火车站区域，通过复合性思考方式在“自然－人－城市”之间找到平衡，来应对海平面上升对城市造成的影响。设计针对海洋、海岸、城市三个部分提出了三点不同设计，希望能以小见大，对海平面上升的问题提供解决思路。

1. 在海上建立生态防浪堤。投入了牡蛎生物技术并加入两种装置方便牡蛎生长，运用牡蛎生物技术抵抗大海的力量，并且建立了自然－生物－人类的循环系统。营造浅滩娱乐区，方便市民进行娱乐。该区域的设计旨在对海岸线进行相应的保护。

2. 在海岸线区域，建立生态海岸线。针对当地五种不同海岸线形式进行改造，并且对海岸功能区进行梳理、改造。选取沙滩海岸线形式，加入生态防浪堤公园，充分将海绵城市的理念运用其中，减弱海平面上升对城市的危害以及削弱海洋灾害产生的力量，进一步对城市进行保护。

3. 保护城市低洼区域。选取受海平面影响较大的低洼区域，运用现代施工工艺对既有建筑一层柱网进行相应的保护，主要体现在对柱网进行耐候钢包裹，并以四根为一组，用工字钢进行加固和连接。

方案亮点

1. 设计尊重自然，用自然的力量来进行修复。设计根据地形及海浪方向等现状和基础数据，在区域中融入海洋生物及植物等自然修复系统，在海洋与城市之间形成过渡区，利用防浪堤形成浅水娱乐区及生态海岸线。

2. 在设计中采用复合性思考方式，进行弹性设计。充分在时间维度进行考虑，随着时间的推移，在海水逐渐上涨的过程中，植物及动物将会在防浪堤和城市建筑一层区域形成生物群落，在风暴潮来临时减弱海浪对海岸的破坏。

3. 在设计中尊重可持续发展理念。对青岛本地海洋生物——牡蛎进行思考，建立牡蛎屋，进行牡蛎处理和壳回收，方便循环利用。

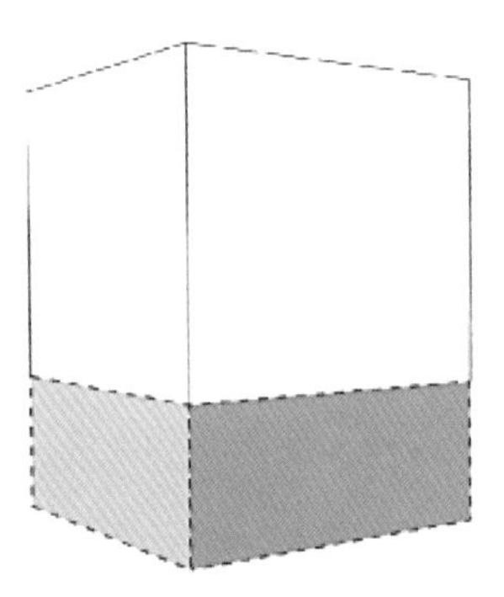

选取海平面上升影响
的建筑一层进行改造

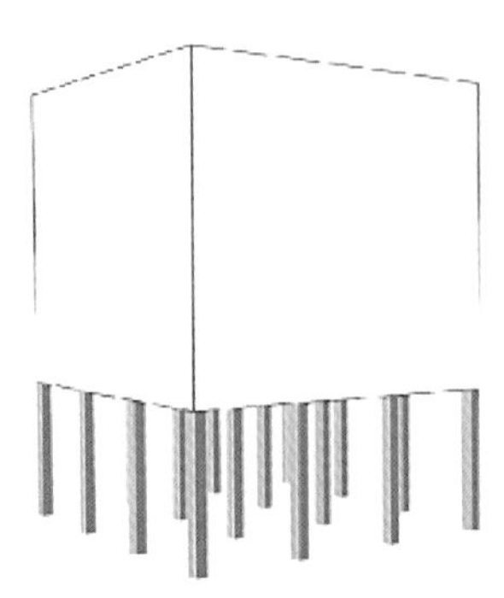

拆除墙体，提取结构
柱网，用耐候钢包裹

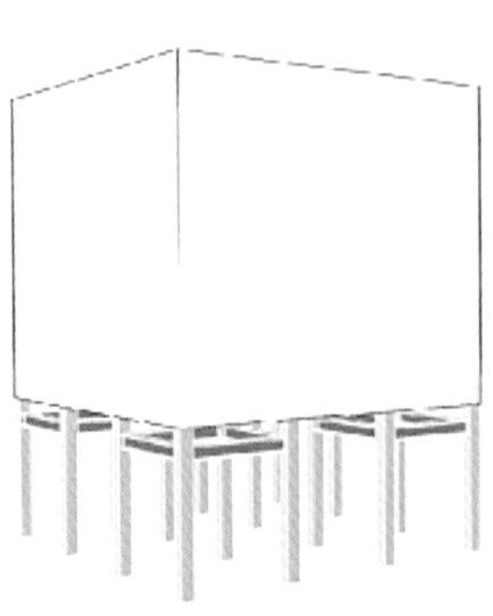

建筑柱网四根成组，
使用工字钢进行连接

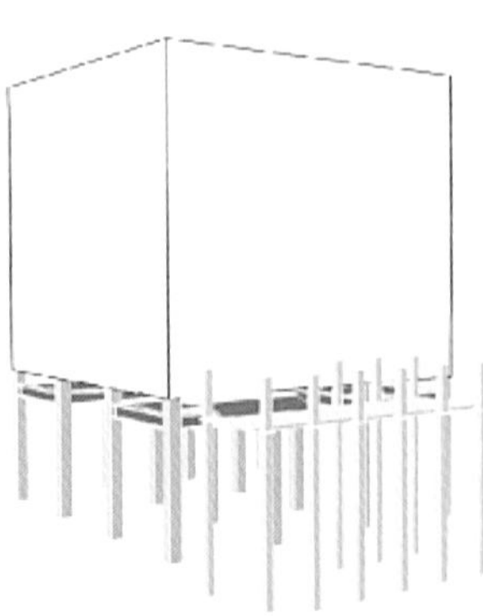

增加二层入口，使用
活性理念随水位改变

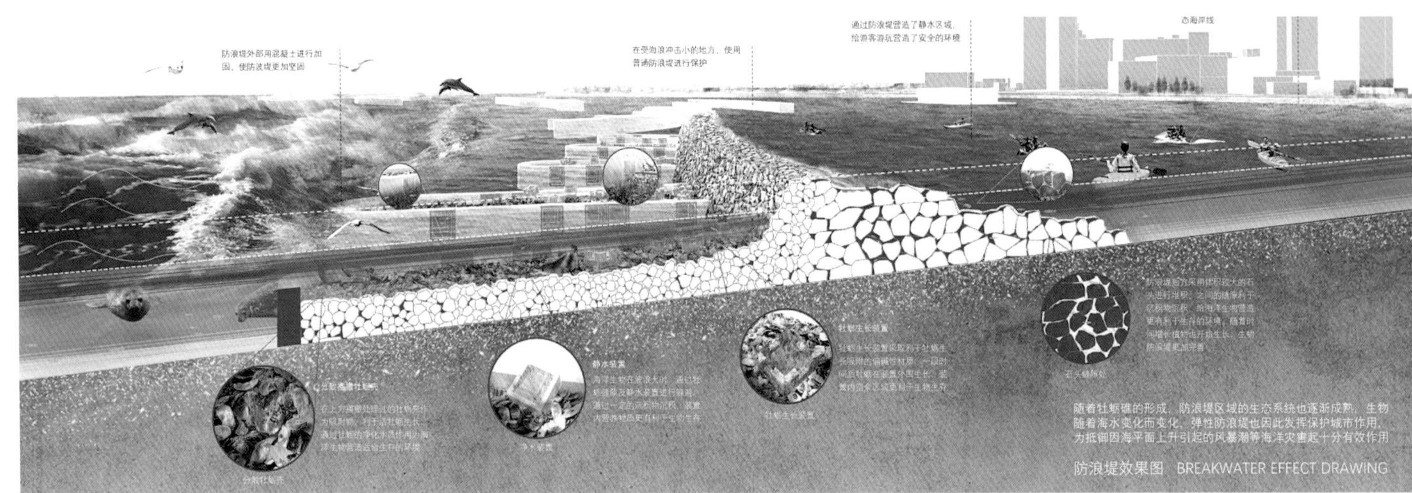

防浪堤效果图 BREAKWATER EFFECT DRAWING

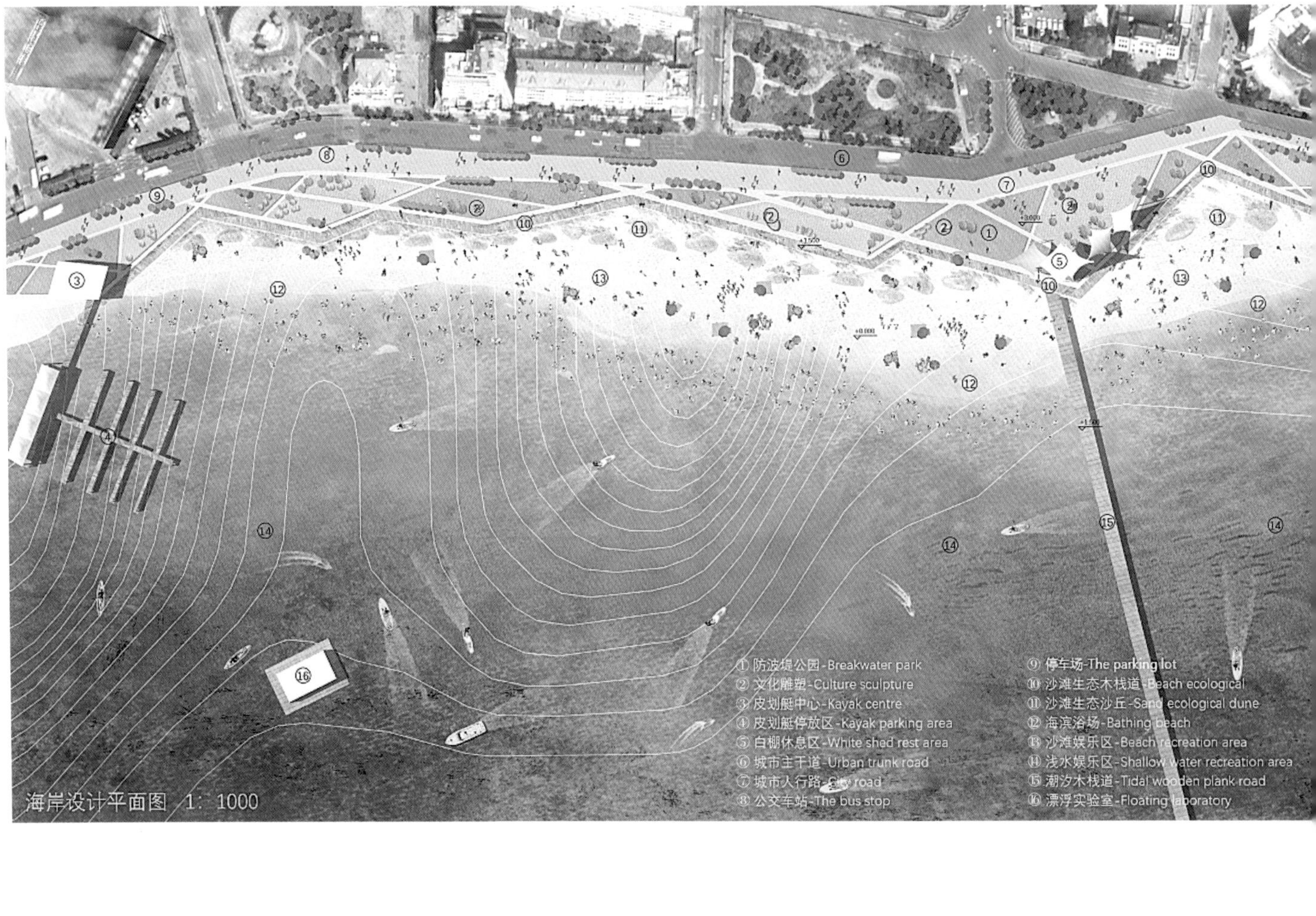

① 防波堤公园-Breakwater park
② 文化雕塑-Culture sculpture
③ 皮划艇中心-Kayak centre
④ 皮划艇停放区-Kayak parking area
⑤ 白棚休息区-White shed rest area
⑥ 城市主干道-Urban trunk road
⑦ 城市人行路-City road
⑧ 公交车站-The bus stop
⑨ 停车场-The parking lot
⑩ 沙滩生态木栈道-Beach ecological
⑪ 沙滩生态沙丘-Sand ecological dune
⑫ 海滨浴场-Bathing beach
⑬ 沙滩娱乐区-Beach recreation area
⑭ 浅水娱乐区-Shallow water recreation area
⑮ 潮汐木栈道-Tidal wooden plank road
⑯ 漂浮实验室-Floating laboratory

海岸设计平面图 1：1000

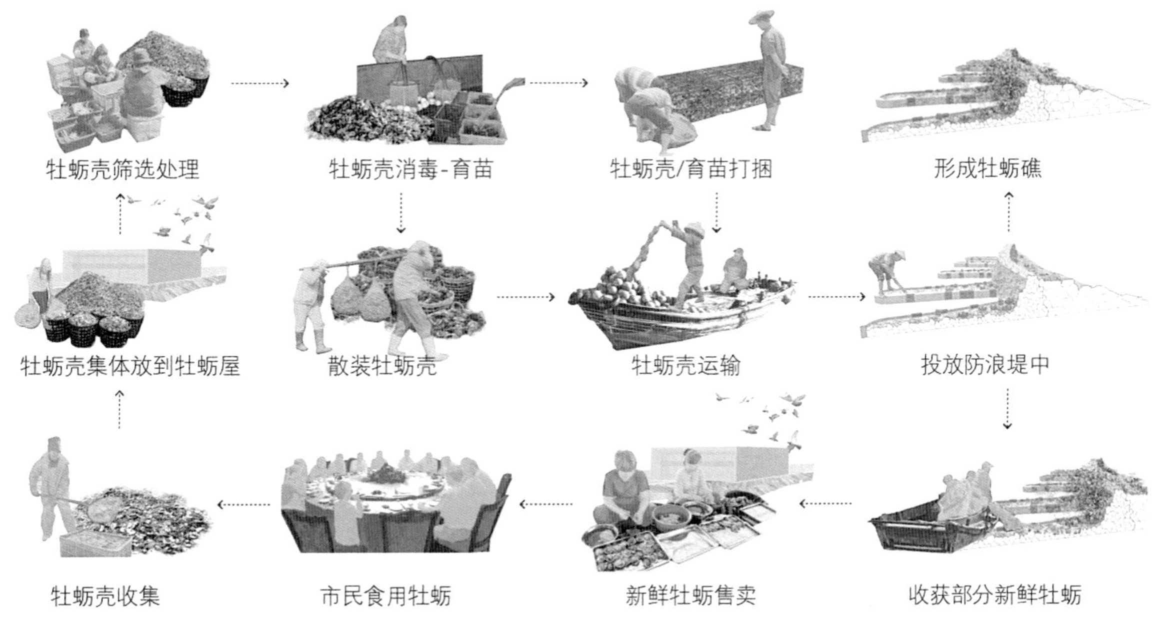

作品解读

Q1 本次作品题目《浮生·共生》颇具新意，能否具体谈谈这一题目是如何确定的？

A 我们是先有的设计思路，再定的题目，在设计中“浮生共生”的理念始终贯穿。这一题目分为两部分：“浮生”其实是一种无奈之举，是由于原有的生存环境受到改变而被迫产生的一种新生存方式；“共生”是我们的希望，地球家园不只人类一种生物，希望所有的生物都能够共生共荣。

刘振宇

Q2 能否进一步解释你们的设计内容如何体现“健康家园”这一竞赛主题？

A 我们始终关注紫金奖比赛，拿到这一题目我们团队就展开了头脑风暴，对设计主题进行解读。我们的设计关注自然灾害对地球的影响，这也是“健康家园”涵盖的范围。地球作为我们共同的家园，她的健康与否影响广泛深远，所以我们选取了海平面上升对现有城市区域的影响这一设计内容，其实就是想唤醒人们改变现有发展模式，保护唯一的地球家园。

Q3 你们的解决方案，是否适用于其他沿海城市？是否具有推广性？

A 我们的解决方案分为三个部分，分别针对近海、海岸和城区空间。通过防浪堤设计减缓海水对海岸的冲刷，通过生态设计与堤坝结合的方式丰富海岸线，通过建筑底层架空留住城市空间三部曲来解决海平面上升对城市生活空间影响的问题。虽然每个沿海城市的地理位置和地理条件不同，但是可以通过这一设计框架，对相应城市提出有针对性的解决方案，所以我们认为是可以起到一定的参照作用，具有一定的推广性。

作品展示 VCR 部分场景

扫码观看完整 VCR

评委点评

贺风春

- 江苏省设计大师
- 苏州园林设计院院长

作品关注人类与海洋“共生”的焦点问题，以生态弹性循环理念为指导思想，通过仿生学技术措施建立起可生长的防浪堤坝，不仅可以减少和降低台风对沿海城市的破坏，同时结合防浪堤公园建设，使之成为具有生产和休憩多功能的生态海岸线。再辅以大胆的“浮生”畅想，提出沿海低洼地区建筑改造方法，以抽空底层墙体、保留柱网、增加平台、植入牡蛎屋等一系列技术措施，营造了一个“人文、生物、城市”三者可持续发展的生态链，对于我国沿海城市的防灾减灾与改造提升具有借鉴作用。

围墙 5.0
——健康社区神经末梢

设计团队 高天 / 葛佳杰 / 童帅 / 杨天远 / 王盈媚 / 钱峰

设计机构 悉地（苏州）勘察设计顾问有限公司

奖　　项 紫金奖 · 铜奖

优秀作品奖 · 一等奖

创作回顾

设计缘起

在新冠肺炎疫情席卷全球的时代背景下，极具中国特色的围墙在基层社区的防疫实践中体现出极大的研究对象。我们从这一广泛存在而又常被忽视的构筑物着眼，尝试从宏观城市意象中的“细枝末节”去实践“健康家园”的理念。方案选择苏州老旧小区东港新村作为设计对象，其存在功能设施老旧、环境景观脏乱、防疫能力不足等问题。通过赋予围墙边缘空间价值，尝试解决现存问题，使社区达到“健康家园”的标准。

设计思路

传统围墙分布广泛、功能单一，结合智能社会5.0的发展趋势，提出围墙5.0的概念。利用围墙的升级来重塑社区面貌，改善居民健康福祉。将原始静态的围墙进行系统化、智能化改造，用不断更新迭代的发展理念去塑造它。信息、能源、水、垃圾等管线系统赋予它动态功能，如“神经末梢”般延伸到社区每个角落，打破“信息孤岛”，将社区单元和城市公共管理系统建立起即时性联系，为社区提供及时多样的功能与保护。

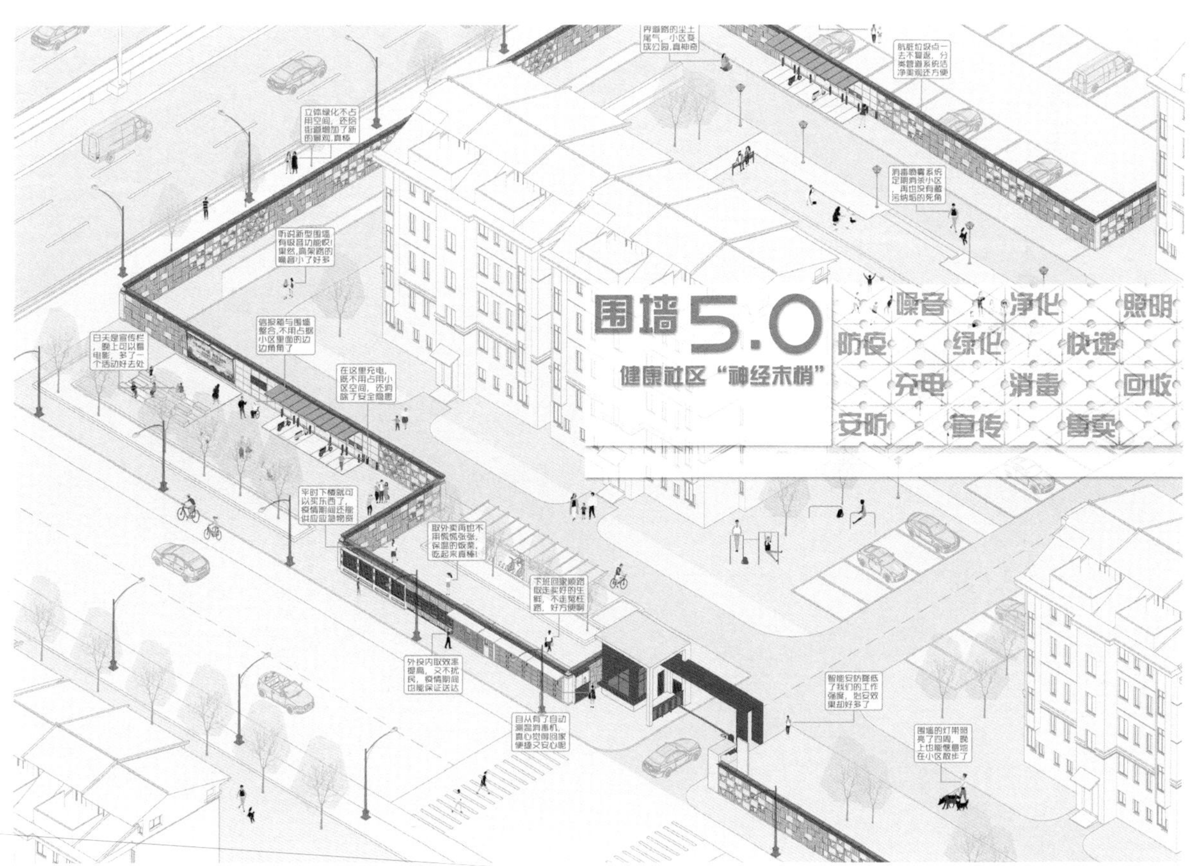

设计策略

本设计以4.5米长的标准围墙墙段作为可重复组合的基本模块。墙基础内部集成了给水管线、通信管线、电力管线等，管线内部的强弱电线路与每个功能模块连接，确保功能模块的通电、通信、通水。抗风柱构建起围墙骨架，保证了围墙结构安全稳固，内设管线通道，侧壁则设有组合栓插孔，线管插孔，用于搭载“X”形结构构件。

墙身主体由“X”形的结构构件组合而成，可搭载生活模块、绿化模块等各种功能模块。墙顶横梁设置了太阳能、照明、喷淋等功能，与“健康家园”节能、宜居、健康的要求相适应。本设计既保留了常规围墙的分隔功能，又使其可以搭载各类功能模块，使围墙由单一的构筑物变为具有丰富使用价值的生活中心。

方案亮点

左传曰：“人之筑墙，以蔽恶也”。围墙的特质与“健康家园”的关注充分契合。数千年间，历经狩猎社会、农耕社会、工业社会、信息社会，围墙迭代发展始终生生不息。今天，它深深融入了中国的城市景观、大众心理、生活方式、社会文化。未来，围墙又将如何继续它的使命呢？围墙5.0是数据终端、互联系统，是深入基层的信息基础设施，是动态升级的信息集成产品。围墙5.0采用预制构件装配，结构安全稳固，功能灵活组合，充分考虑到后期施工改造的安全性、便利性、经济性。我们将其作为解决重要民生问题的突破口和发力点，希望借此引发社会力量的持续关注和投入。围墙5.0，赋予边缘空间价值，开启智能时代篇章。

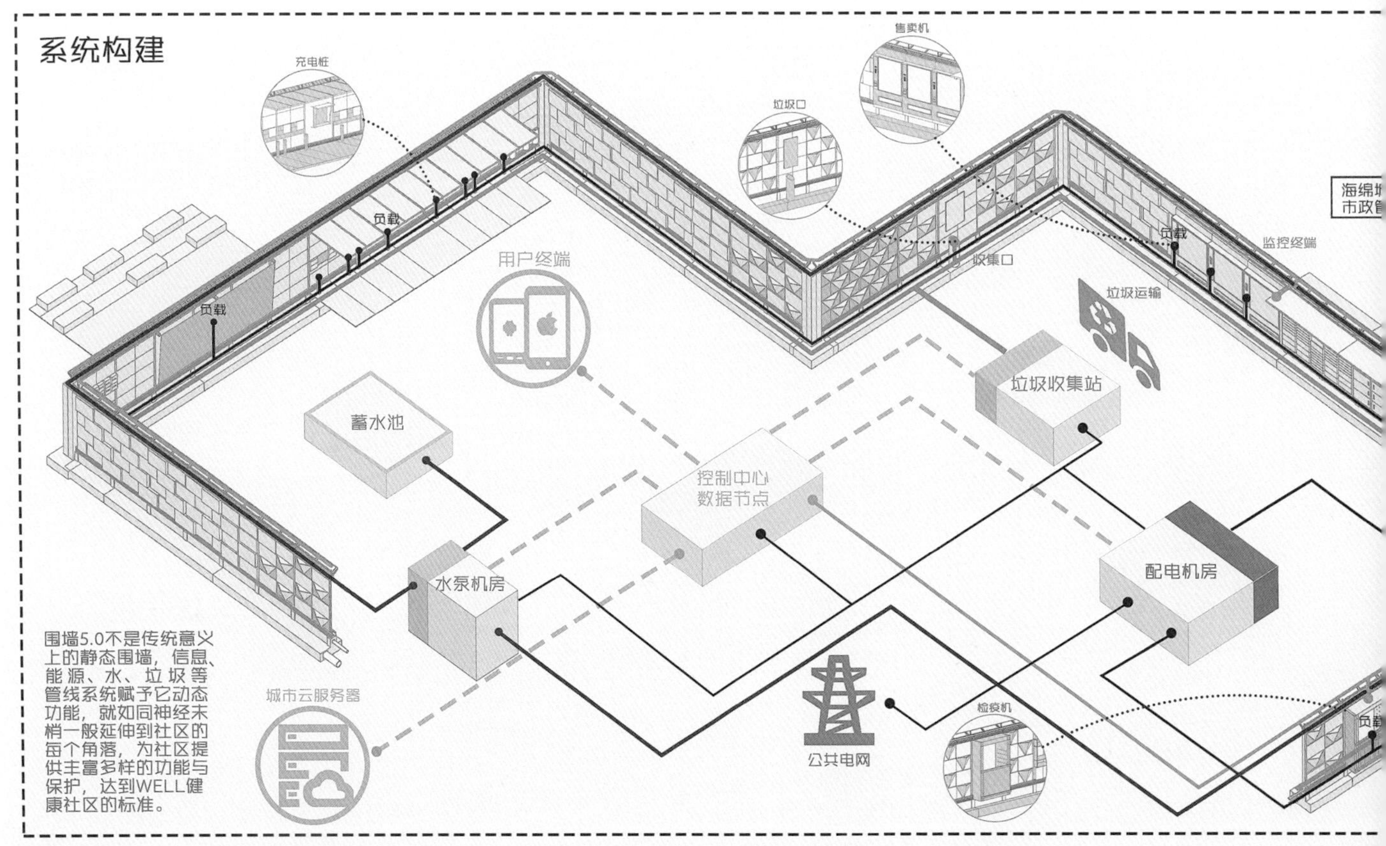

作品解读

高 天

Q1　在设计前期，为什么选择将围墙改造作为设计主题？

A　城镇的老旧小区改造是重大的民生工程，围墙是老旧小区空间跨度较大的元素，作为街道的“第二轮廓线”，是城市品质化建设中的潜在资源。围墙以其“攘外安内”的功能在人居环境中起到重要作用，是健康家园的有力保障。在新冠肺炎疫情中，围墙成了社区抗疫的重要一环，但在此过程中也暴露出了传统围墙单一功能性存在的问题。以此为契机，我们希望通过围墙5.0突破传统围墙的局限性。我们通过预制构件装配形成围墙基本单元，内埋数据、能源、给水、垃圾等管线；设置智能中枢系统，分管消毒喷雾、垃圾回收、清洁能源等系统，统筹控制中心、垃圾收集站、配电机房、水泵机房等实现丰富的功能，全面提升社区的健康标准。

葛佳杰

Q2　选择模块化的结构系统来进行围墙改造是基于何种考虑？

A　围墙与其他建筑元素不同，作为空间的分界线，跨度大但是功能单一，模块化设计的优点是便于围墙内容的组织和调整。随着社会的发展，对于居住空间功能的多样性、适应性的要求日益提高，弹性的模块化结构基于网格拆装，便捷简单，可以根据居民的需求不断更新升级。围墙5.0的设计力求绿色无污染，模块化结构简单的安装程序方便推广应用，能更好地适应城市的改造与发展。围墙5.0不会止步于此，它会适应群众的需求、城市的需要，迭代更新，为智能城市、健康家园贡献一分力量。

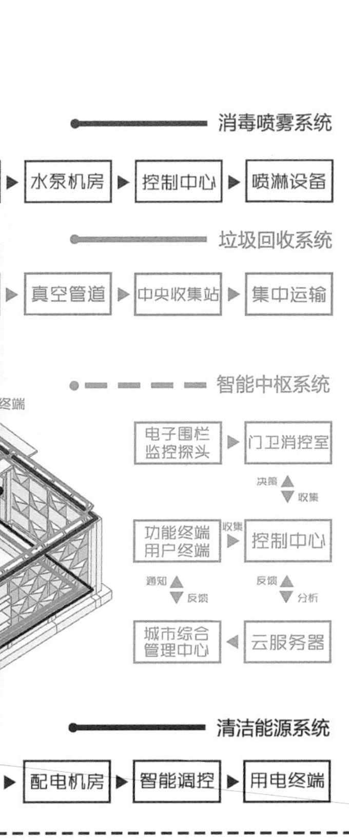

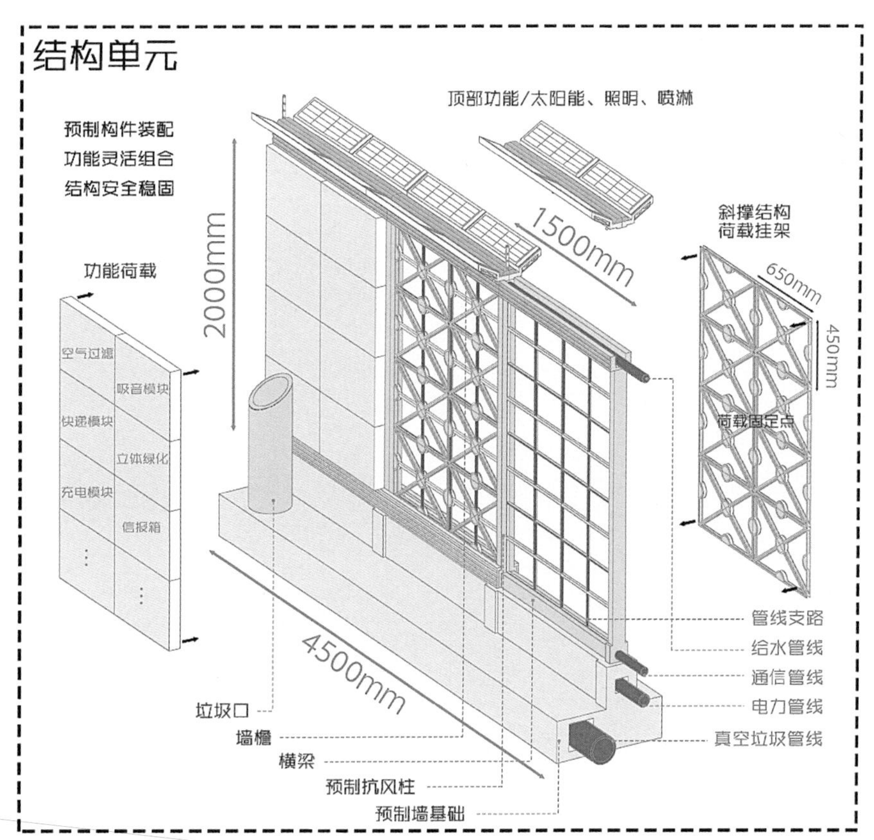

童 帅

Q3 本次设计的作品是“围墙5.0”，针对围墙的未来发展是如何考虑的？

A　我们设想让围墙从一种景观过渡到一个场所，将围墙的性质慢慢从一种分隔变为一种连接与融合，连带着整片社区边缘地带重构为社区的公共空间、交往中心。围墙5.0基于围墙现状，主要从功能层面着手，满足居民生活需求，重塑社区环境风貌，在现有单一围墙的造型上努力实现结构、功能与环境的统一。围墙5.0具有数据收集、结构灵活等优势，为后期的优化升级打好了基础。这仅仅是尚未成熟的第一步，第二步是建立系统的、成熟的围墙体系，第三步是调整为非固定的有限体系，具体问题具体分析，伴随每次融入的新问题，就会有新的调整，避免同一、共质，随时间积累，多元素之间可相互协调与融合。

杨天远

Q4 本次设计场地的选址是如何考虑的？是否具有典型性？

A　设计场地选址为苏州典型的老旧小区——东港新村，共有13个组团，属于高密度居住区，东港新村陆续建设于1980年至2004年，建成时间长、年代跨度大，设施损坏、景观退化、违章搭建等问题普遍存在。这类居住区建造于快速城市化的背景下，普遍存在空间结构不合理、环境品质不佳等先天缺陷以及物质环境衰退、公共空间占用等后天问题。我们以东港新村作为研究对象，针对其围墙进行设计改造，在满足其空间分割功能的同时，为周边居民提供安全便利的服务，为周边环境的修复改善提供助益，使家园更安全、更健康。

王盈媚

Q5 在设计过程中，有什么心得和感悟可以与大家分享？

A　今年的竞赛主题是“健康家园”，我们团队思考了很久。2020年是不平凡的一年，“健康家园”这个主题不仅反应在当下，更要着眼于未来。我们选择围墙这一生活中随处可见的元素，针对如何打造智能时代的健康家园做了深入研究。如何让设计改善生活呢？我们希望以人为本，切实解决那些困扰居民生活的小问题。作为职业建筑设计师，我们秉承设计服务社会的理念，充分考虑作品的落地性，希望用优秀的作品去传达我们的态度，改善百姓生活，服务社会大众。

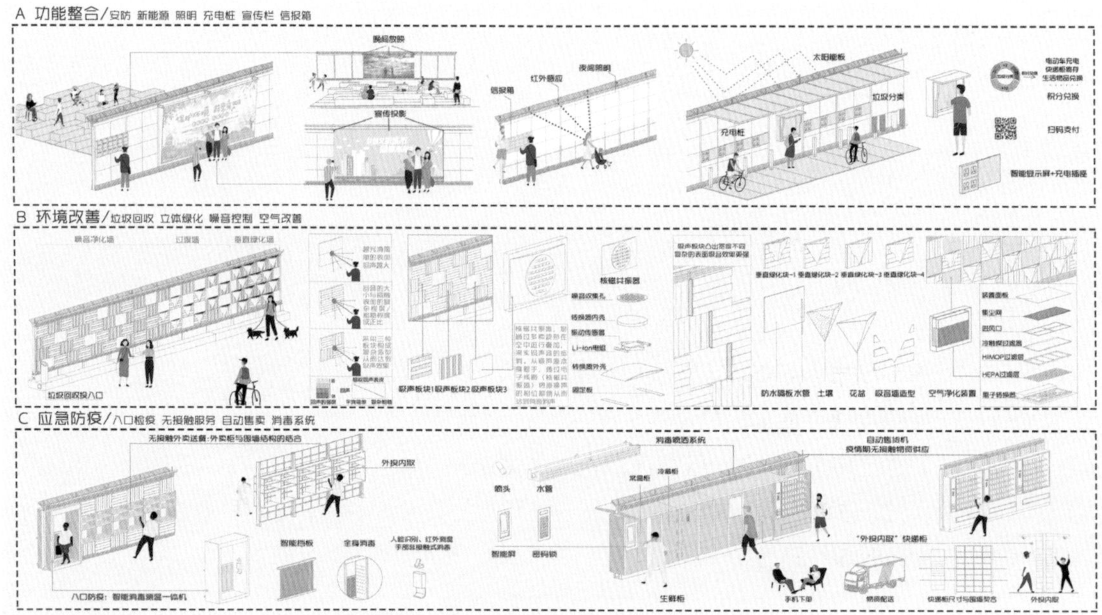

作品展示 VCR 部分场景

扫码观看完整 VCR

评委点评

张鹏举

- 全国工程勘察设计大师
- 内蒙古工大建筑设计有限责任公司董事长、总建筑师
- 内蒙古工业大学建筑学院教授

作品关注“围墙”这一城市中的普遍元素，针对其私密防护等一贯的消极作用，通过赋予更多积极健康的便民职能，力图成为社区与城市互动的边界，从而让传统功能单一且不断载有社会性议题的“围墙”真正具有社会意义。方案善于从城市生活的细微处发现改进的契机，紧贴竞赛主题，挖掘设计潜能，给出了较好的设计策略。

楼上楼下
——邻里交往空间的重构

设计团队 程浩 / 王莹洁 / 葛强 / 王元林 / 程旭勇 / 李铭政
设计机构 中蓝连海设计研究院有限公司
奖　　项 紫金奖 · 铜奖
优秀作品奖 · 一等奖

创作回顾

设计缘起

“不着火不见面，不漏水不相识”是当下高层住宅中邻里关系的真实写照。我们认为，除了地缘性、血缘性的变化以外，“邻里交往空间的缺失”也是导致这一社会现象发生的重要因素。因此，本次设计以邻里交往空间的重构为出发点，努力寻找“家门口的交往空间”。希望我们的设计能够丰富高层住户的社交场所，形成良好的邻里氛围。

设计思路

在众多高层住宅样式中，两梯四户连廊式高层住宅引起了我们的关注，“连廊外的空间，或许可以成为居民日常生活的交汇点”成为本案的切入点。在设计过程中，我们始终围绕“如何植入、植入什么”展开探索。希望在连廊外侧植入不同的空间，赋予空间不同的功能，从而为邻里交往创造出更多的契机。

设计策略

我们将植入的空间分为两类：一类是具有特定用途的场所，如交流情感分享生活的茶室，构建起共同学习空间的阅览室，充满欢声笑语的小剧场等，这类场所可以为居民的交流提供特定的场景。另一类则是无明确用途的场所，孩子们可以在这里嬉戏，家长们在这里随意相遇，甚至可以衍生出专门的绿植区和饲养角，让动植物也融入我们的日常，这类场所可以根据居民交往意愿的变化而发生演变。最后我们将这些盒子间隔地、随机地植入连廊的外侧，让“+空间”真正融入“家空间”。

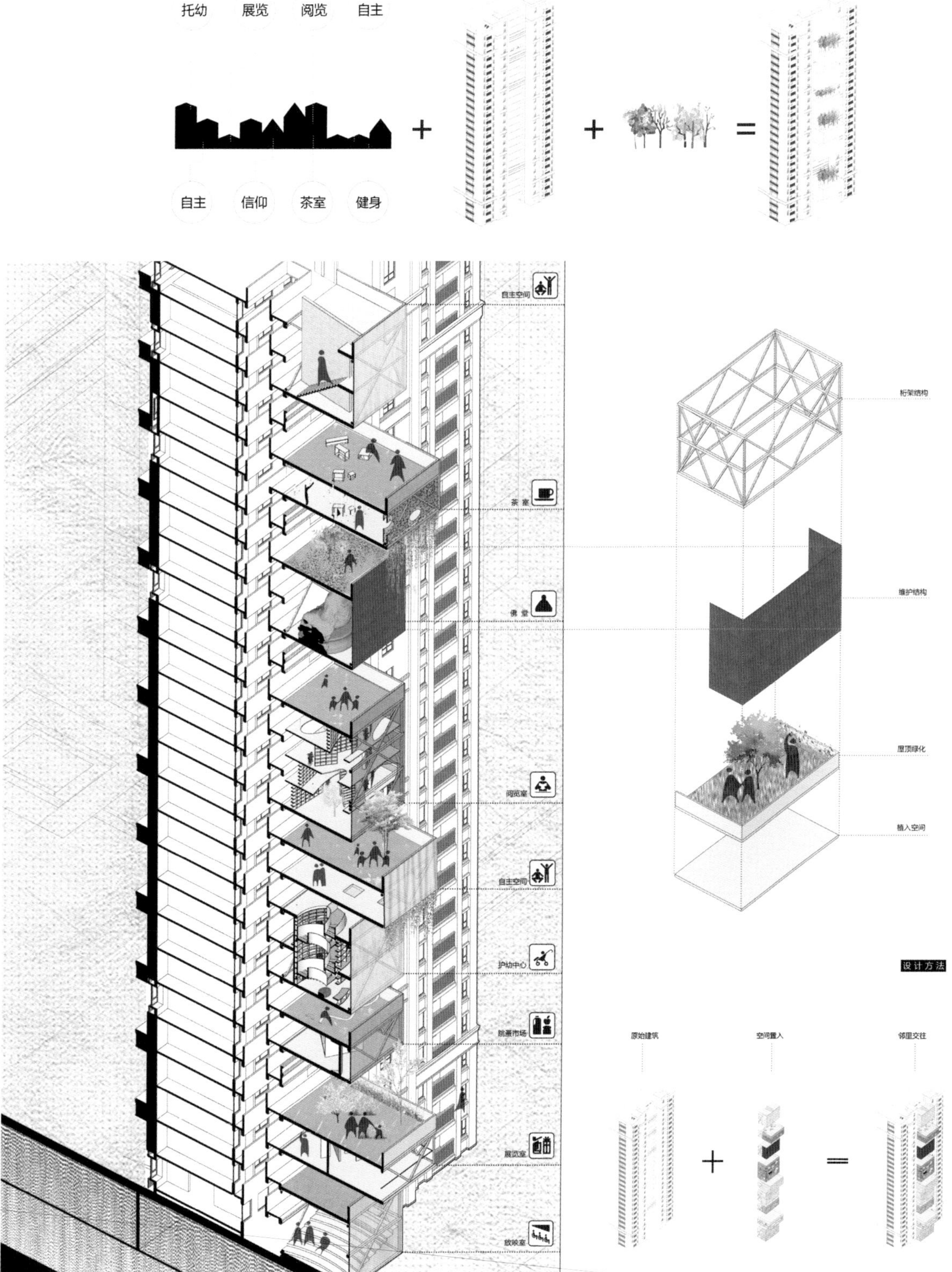

方案亮点

植入连廊外侧的空间，变成整栋楼的“共享客厅”，不同的空间提供不同的场景，丰富了社交场所的场景感。连廊外侧的“＋空间”既是“家空间”的延伸，也是“家空间”的补充，同时家门口的交往空间，缩短了居民的交往距离，提高了居民的交往意愿。

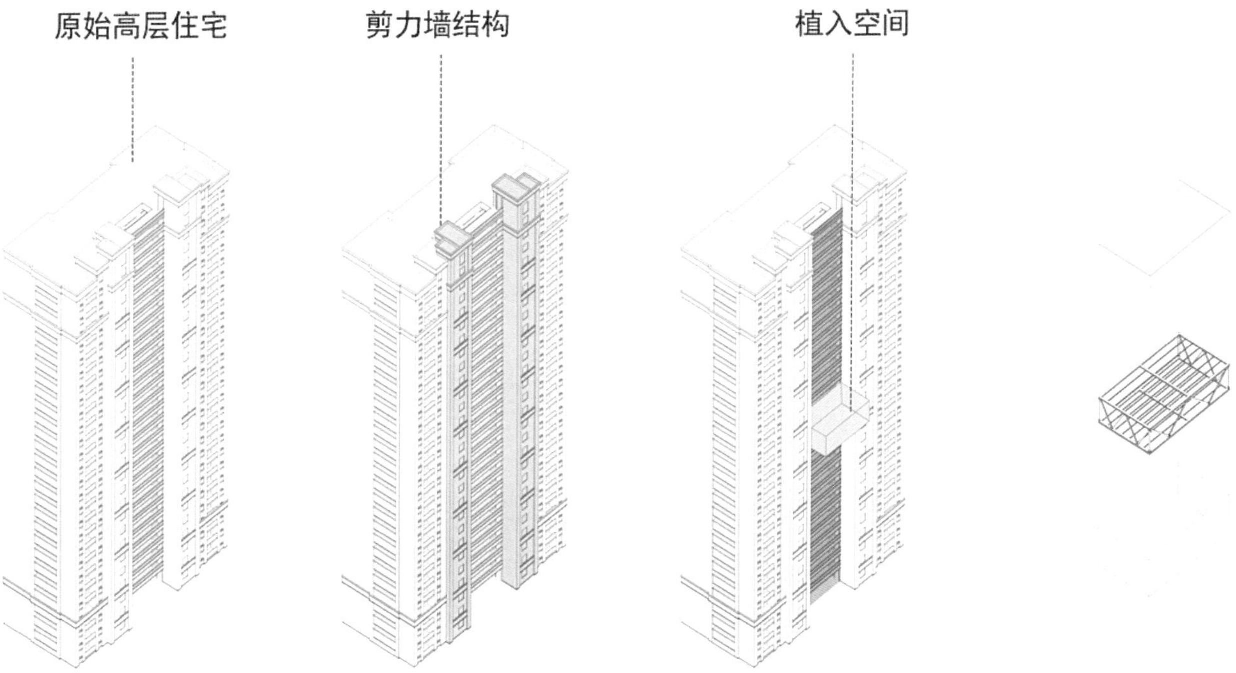

原始高层住宅

剪力墙结构

植入空间

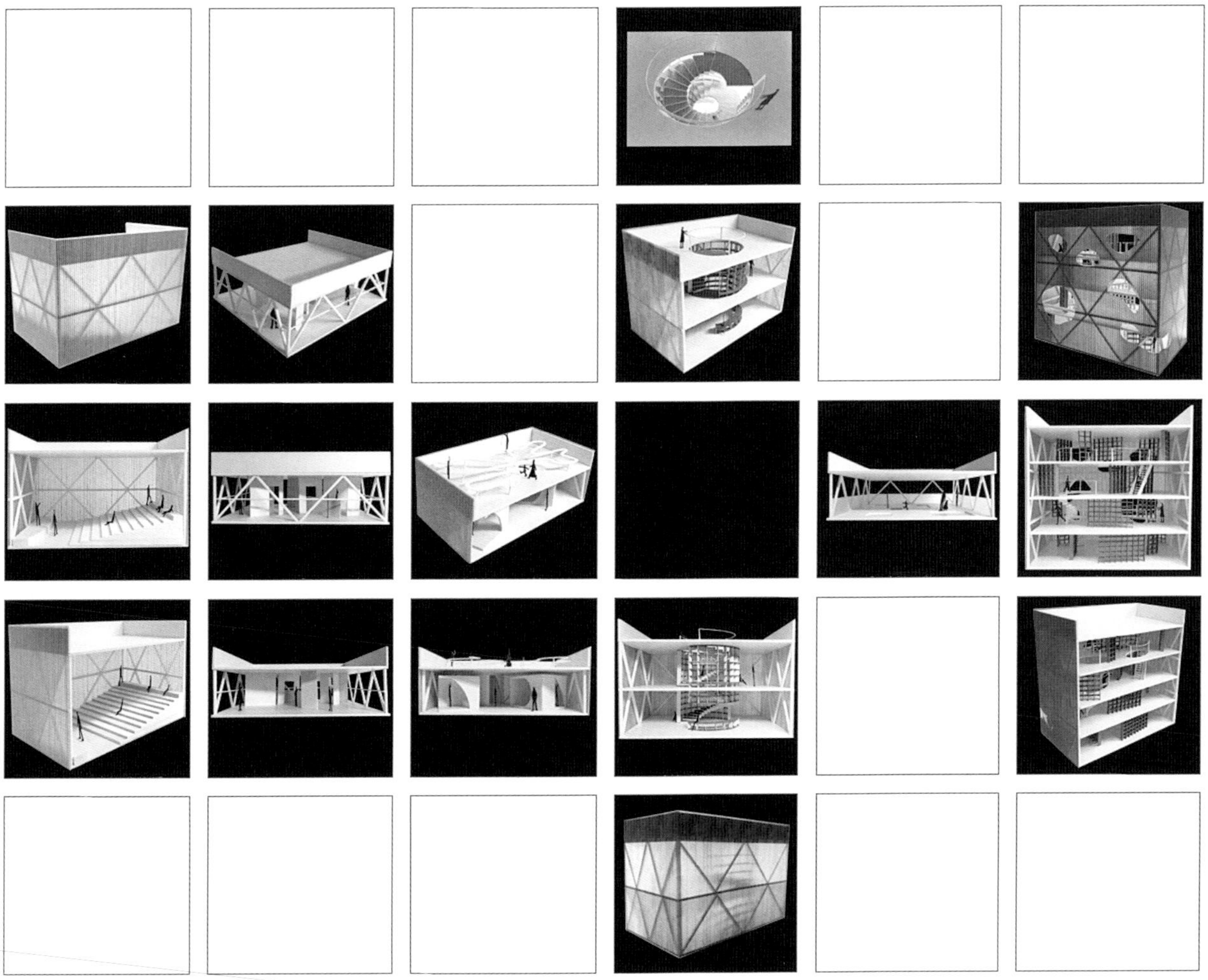

作品解读

程 浩

Q1 为什么将高层连廊式住宅作为设计对象？

A 大部分高层住宅除了必要的联系空间，很少将邻里交往空间纳入设计的范畴。同样，利用连廊借区疏散的“两梯四户高层连廊式住宅”更是如此。因此将其作为设计对象，既是对原有生活空间的补充，也是对当下商业地产的反思。

Q2 邻里关系不完全由物理空间决定，更多的是一种精神需要。当下网络科技发达，如何让邻里需要这些植入的空间？

A 发达的网络技术确实提供了很多交流和倾诉的机会，但对于我们来说，现实中面对面的交流也是必不可少的。特别是需要陪伴的老人和需要相伴的儿童。我们的设计正是以此为出发点，在连廊外侧植入了不同的盒子，从而形成丰富家门口的交往空间。人们在这里相遇，谈论家长里短，分享情感心得，在不经意间，让邻里交往变得更加有温度。我们相信这对于邻里关系和谐发展，有着良好的促进作用。

葛 强

Q3 连廊外植入的部分属于公共空间，如何考虑对附近楼层住户的影响？

A 连廊式高层住宅，因为有连廊及天井的存在，在“采光”“通风”“隐私”等方面不会有影响，所以本次设计主要考虑了“噪声”对住户的影响。为了降低这种影响，我们选择了相对安静的场所，例如展览室、阅览室、托幼中心、茶室等。当然我们也选择了噪声较大的小剧场等。在小剧场的使用上，住户可以根据实际情况协商决定，从而尽可能避免噪声对住户的干扰。

王莹洁

Q4 本次大赛有什么收获？

A 紫金奖建筑大赛为我们提供了一个展现自我的机会，同样也为我们提供了一个宝贵的学习交流平台。本次选题我们尝试从建筑的角度出发，去解决社会问题，这对于重新认识建筑师的社会责任有很大的帮助。

作品展示 VCR 部分场景

扫码观看完整 VCR

评委点评

支文军

·《时代建筑》杂志主编

· 同济大学建筑与城市规划学院教授

现代住宅中邻里交往空间的缺失是影响邻里关系的主要因素之一。该作品以连廊式高层住宅为切入点，在对正常居住生活无太多影响的连廊外侧，通过不同层级的空间构架的穿插与叠加，置入多样可能性的公共交往空间，形成良好的邻里交往系统，达到重塑邻里关系的目的。这既是对健康生活空间的大胆补充，也是对当下商业地产效益至上模式的反思。

助力复课的 Loft 教室空间设计

设计团队 张建新 / 周晓童 / 殷杰
马岩 / 黄烯 / 李嘉豪

设计机构 扬州大学

奖　项 紫金奖 · 铜奖
优秀作品奖 · 一等奖

创作回顾

设计缘起

2020年突如其来的新冠肺炎疫情，打乱了人们原有的生活规律与秩序，人们的行为、观念和生活方式发生了巨大变化。中小学教室是学生在校学习和生活的主要空间。在普通教室课桌间距无法满足防疫距离要求的情况下，如何解决后疫情时代中小学复课的安全隐患成了值得思考的问题。本方案希望能在既有空间里，深入挖掘有限的竖向空间资源，为中小学生构建一个灵活的新型防疫教室，全面助力安全复课。

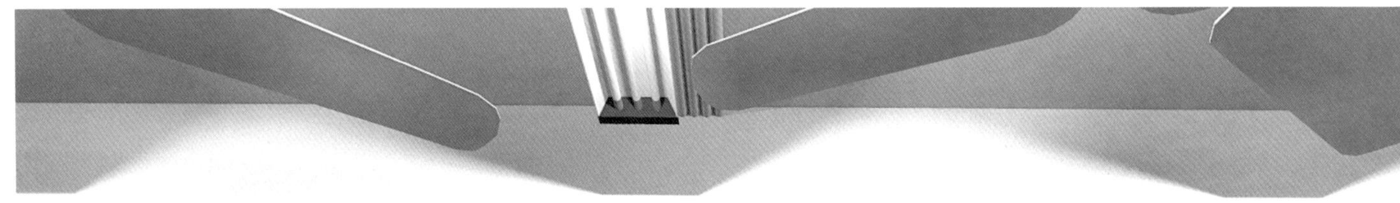

方案亮点

本方案直面疫情下的中小学教室复课现实需求，通过研究既有教室空间与科学防疫要求之间的矛盾，将桌椅排布由传统的二维空间转向三维空间，借鉴loft空间理念，以现代复式空间设计为主要手法，挖掘普通教室的三维空间潜能，努力打造出既能满足原有教室标准人数和规范限制，又能满足现代科学防疫要求的loft防疫教室，为中国中小学安全复课提供技术支撑。

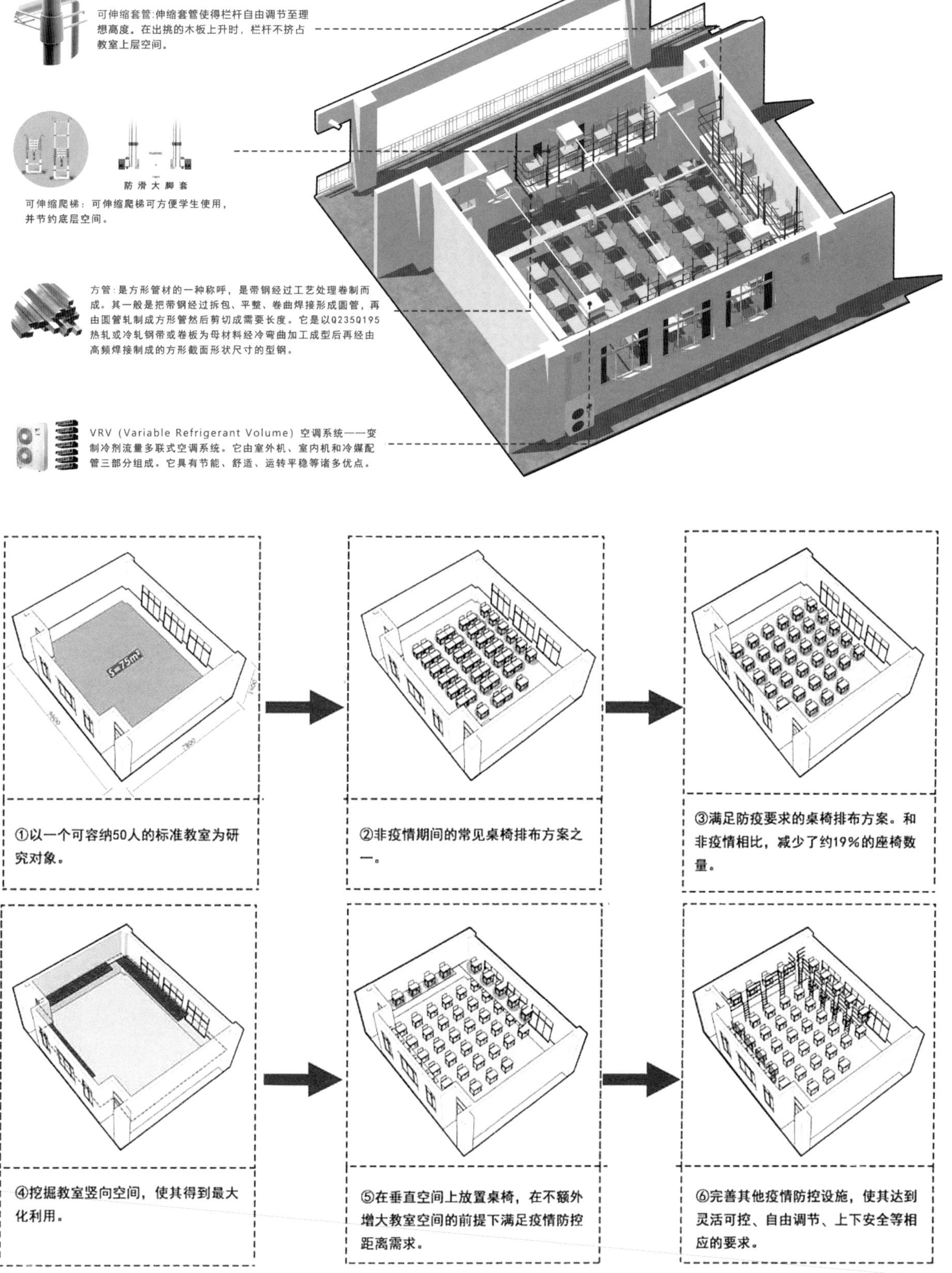

设计策略

本方案希望在教室的原有空间内，通过合理利用竖向空间来满足中小学生疫情时的复课需要。在疫情期间，中小学生可以通过伸缩爬梯登上教室边缘垂直上空的夹层，使用架设在夹层上的座椅，以此确保学生在间距满足安全防疫距离的条件下正常上课。在非疫情时期，架设的夹层向天花板升起，不影响教室空间正常使用。

方案亮点

学校安全复课与一般的公共场所不同，无法依靠减人增距。如何利用现有教室空间，将学生安全有序地排布入内成为一个无法回避的现实挑战。本方案在理性分析原有教室二维空间不足以满足防疫距离的情况下，借鉴复式空间设计理念，在教室内部设计了高架座席，并对上课视线、楼梯安全以及搭建构造做了细致分析，确保了该设计在有效性、灵活性、落地性几个方面都能满足疫后复课的高安全要求。总之，整体方案的亮点在于设计视野由二维转向三维，以此挖掘出教室的竖向空间潜能，创造出立体化的使用空间。

作品解读

Q1 教室上下高度存在一定的安全问题，请问是否可以改变上部空间中课桌椅的形式和学生的写坐方式以改变上下空间的净空高度？

A 如何确保学生的安全是我们在设计之中一直关注的问题。首先，规范要求中小学普通教室层高为4.2米。因此，我们在设计时，保证下部空间高度1.8米，除去0.7米梁高，0.1米构造厚度，上部梁底空间仅剩1.4米，但板底空间会有1.9米，满足大多数中小学生的临时站立要求。其次，在使用时，学生在边缘上部空间和下部空间多以坐姿为主，此时中小学生座高一般为1.4米，可以满足长时间上课功能要求。最后，我们考虑到防疫教室的日常安全，建议对易碰部位构件用软包装材料包裹，并提醒边缘学生课间注意安全，最大限度确保学生安全。此外，中小学生的课桌和座椅一般可调节高度，因此，坐姿不适的同学还可以通过调整桌椅的高度来适应空间的限高。

殷杰

Q2 哪些同学可以到上一层空间去？他们的安全、纪律包括用眼健康该如何得到保证？

A 关于上部空间，原则上同学们在确保安全的前提下都可以上去体验和拍照打卡。不过，鉴于防疫教室边缘上下空间高度受限，因此我们建议在上课时老师一般安排体型较小、身体矫健灵活的同学优先使用。

首先，上部空间在不使用时，必须将防护栏杆及夹层向上升起，保证安全；其次，学校和老师应不断加强安全使用管理提醒，并在易磕碰处贴上明显警示标志、标语。同时，班主任老师应加强教育，并在学生中推选纪律委员来监管引导学生的行为，确保防疫教室可持续安全使用。

经过我们的初步分析，防疫教室中受限空间座位的学生视线与一般教室相同，基本不受防疫设施的不利影响。因此，在防疫教室上课时，同学们的用眼健康能够得到科学保证。由于中小学生课业负担较重，防疫气氛也给学生带来明显的压力，因此建议学校进一步确保中小学生的课间眼保健操和其他体育锻炼的时间，让广大中小学生在防疫期间，身心健康，学业顺利。

周晓童

Q3 **抗疫教室跃层的楼板结构高度及其与主结构的连接方式是怎样的？如何考虑对下方净高和外窗的影响？**

A　第一，跃层楼板结构高度为0.1米，可伸缩钢管及辅助构件与主结构以悬吊方式连接。第二，在非疫情时，跃层向天花板升起，不遮挡外窗，在疫情时，跃层楼板下部空间高度为1.8米，可以满足学生日常生活需要，且楼板悬挑宽度仅为0.8米，对外窗光线影响较小，而外窗上段可正常使用。此外，我们会在教室边缘下部空间安装照明设备，帮助解决光线问题。总之，跃层楼板对下部空间净高及外窗的影响基本得到解决，不干扰学生上课使用。

扫码观看完整 VCR

评委点评

杨　明

· 华东建筑设计研究总院总建筑师

疫情之后的中小学安全复课是件大事，然而学校不像电影院，无法靠减人增距进行防控。如何利用现有的教室空间，让同学们安全复课是很有意思的现实挑战。作品巧妙利用了教室的竖向空间，借鉴Loft模式，在教室内部设计了高架座席，并对上课视线、楼梯安全以及搭建构造作了细致分析，确保创意在有效性、灵活性、落地性等方面满足疫后复课的高安全要求。教室内的空间立体化或可增加日常使用的乐趣，二楼的座席也可能成为同学们争相体验的打卡地。

悦然纸尚

设计团队 任苗苗

设计机构 江苏中锐华东建筑设计有限公司

奖　　项 紫金奖 · 铜奖

优秀作品奖 · 一等奖

创作回顾

设计缘起

电商行业飞速发展，2019年，中国快递件数达到635.2亿件，2020年预计达到700亿件。在这样庞大的数字之下，以木材等为原材料的快递纸箱消耗巨大，给环境带来压力。理想状态下纸箱可完全回收重新利用，然而现实是纸箱回收率不到20%，1吨回收纸箱只能再生0.8吨的新纸箱，同时还需要耗费大量的人力物力。所以现有的快递纸箱回收模式必须有所改变，探索高效低成本的纸箱回收新模式迫在眉睫。

设计思路

从提高回收率、提高纸箱利用率、降低回收成本三个方面入手，高效低成本回收纸箱。通过“利益”“便利”“情怀”“趣味”等方面刺激居民主动回收；探索纸箱新的处理模式，提高纸箱利用率；现场回收、机器操作、简化流程，降低回收成本。

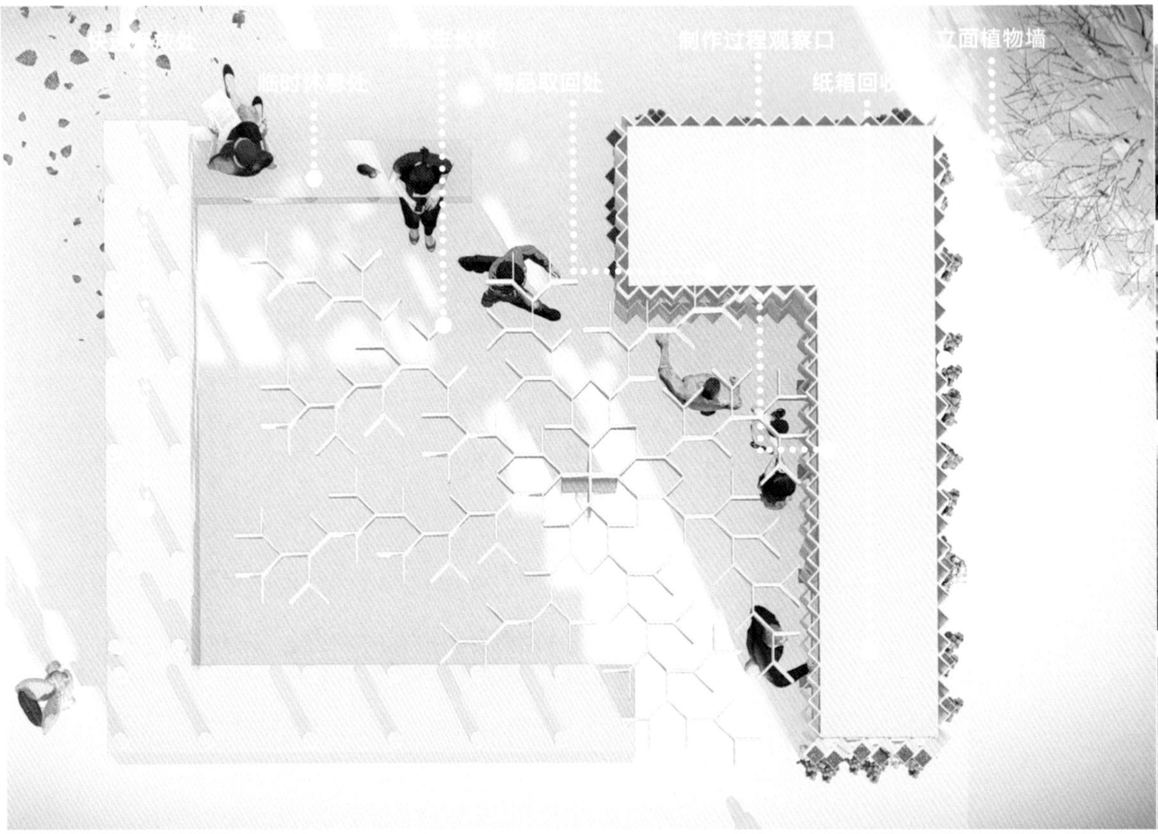

制作过程观察口
立面植物墙 
临时休息处
物品取回处
纸箱回收
建设地点预设

设计策略

根据不同的情况，有针对性地提出多样回收模式，保证每个人都可以选择适合自己的方法，最大限度激发使用者的回收动力。使用者可以通过共享模式、再生模式、兑换模式、捐赠模式、储存模式等多种方式进行回收。

共享模式，是将完整的纸箱折叠保存，快递员送快递离开时可以取走，让纸箱重新进入物流循环，居民也可以取走再利用。

再生模式，是将使用者回收的纸箱加工成新产品：对于未破损的纸箱可以切割成不同的纸箱片重新拼接成为文具、拼图、地垫、凳子、收纳盒等日常用品；对于破损的纸箱可以混合，加上石膏、水泥等材料，浇筑成摆件、花盆、建筑构件等。

兑换模式，使用者可以得到纸箱对应的现金。

捐赠模式，使用者可以根据纸箱的数量为他人捐赠书本、衣物，也可以选择种一棵树，使回收站成为展示社会责任感的新基地。

储存模式，可以积少成多，汇总之后选择其他四个模式，也可以通过家庭账户，你存纸箱，家人得利，成为家庭信息交流平台。

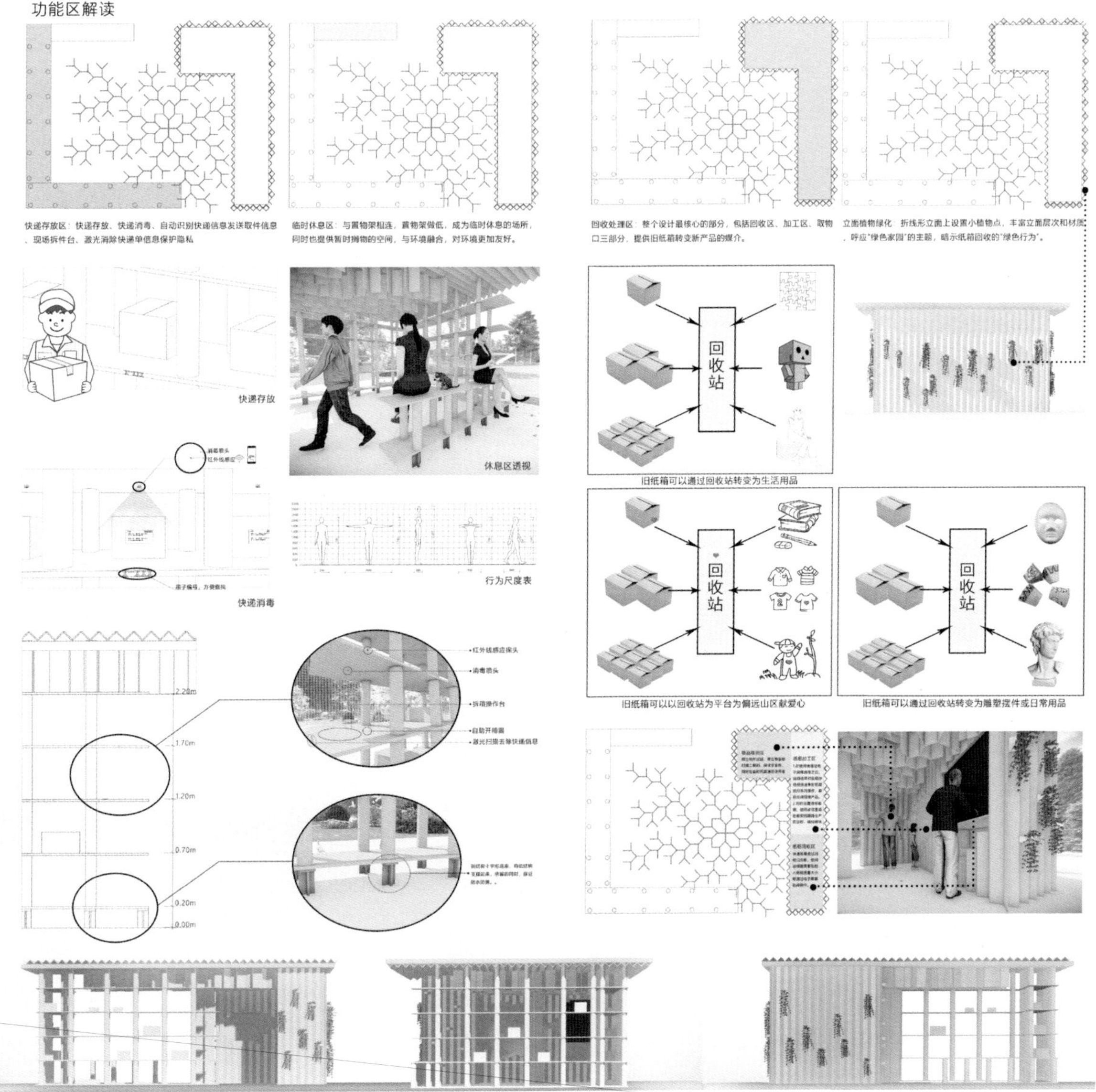

方案亮点

多样回收：多样的回收模式，综合考虑不同人群和不同场景下的选择，尽可能为使用者提供自由便利的选择方式。

高效利用：纸箱可以经过初次切割变成较大的家具、二次切割变成较小的玩具、三次破碎变成摆件等，纸箱多次利用，没有一丝浪费，利用率超过百分百。

装配复制：设计由不同尺寸的四种构件装配组装而成，快速组装、轻松复制，没有建筑垃圾，利于普及，可以让纸箱回收成为一种生活方式，而不再是环保的口号。

丰富功能：除了回收功能，回收站还兼具了学习、休憩、交往等功能，让回收站的功能更加丰富，充满各种可能，尽可能激活回收站的活力。

作品解读

Q1 回收站主要设置在哪些场景，它是如何处理与不同场景之间的关系？

任苗苗

A 为了便利，设计将快递存放功能和回收功能综合考虑，增强回收站的存在感，同时方便使用者回收。因此，回收站可以设置在任何快递密集点，例如居民区、商业办公楼、高校校园内等。同时在设计时，充分考虑了存放区的安全、消毒、便利等因素，回收站可以取代现有快递寄放点。与原有环境的关系处理上，回收站希望以一个开放友好的姿态融入原有环境。敞开的空间布局和立面形式让空间更通透的同时，也让整个设计更加开放包容；立面布置上的景观绿墙和纸质材料原本的木质原色是毫无攻击力的，也是很容易使人放松和让人接受的材质和颜色，在形式上避免突兀。在功能上，在外围设置临时休憩区，为居民提供丰富服务功能的同时，也让回收站具有更多可能，更好融入居民的生活日常中。

Q2 面对疫情，回收站在设计上是否考虑到安全方面的问题？

A　有的。在快递存放区，将每个快递格子进行编号，每个格子上设置自动感应探头，当感应到快递放进去时，自动喷洒消毒液，同时自动扫描快递单信息，并向收件人发送取件信息，编号方便取件人快速找到包裹。同时取件时扫描身份码，未扫描身份码就将快递拿走时，自动报警，方便送件员的工作，保证快递的安全。在出口处设置拆件台，自助开箱器和激光扫描仪可以帮助取件人消除身份信息，避免取件人隐私泄露。拆件台设置在1.2米高处，激光感应开关在1.5米处，方便成年人操作，同时避免小孩子触碰而误伤。

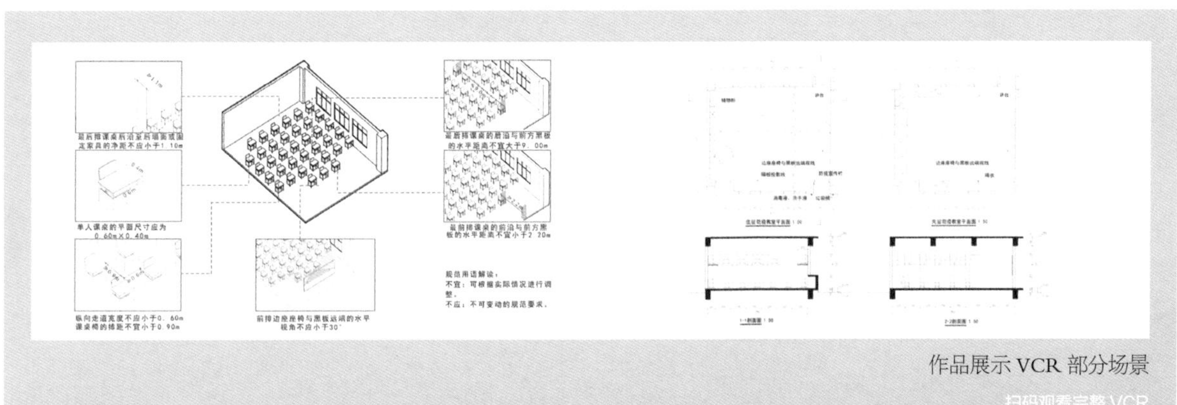

作品展示 VCR 部分场景

扫码观看完整 VCR

评委点评

韩冬青

- 全国工程勘察设计大师
- 东南大学建筑设计研究院院长兼首席总建筑师
- 东南大学建筑学院教授

作品基于对可持续发展环境的内涵理解，回收利用电商时代产生的大量快递包装纸盒，采用装配化轻质建造技术，创造出令人愉悦的快递站。设计创意新颖独特，设计手法细致且充满人性关怀，技术策略具有较强的可行性。该作品从一个独特的视角诠释了“健康家园”的理念与内涵。建议进一步强化关键细部构造的设计，以及对纸质材料如何有效克服遇水受潮、虫害等弊端做出必要的策略性或技术性表达。

紫金奖
文化创意
设计大赛
ZIJIN AWARD
CULTURAL CREATIVE
DESIGN
COMPETITION

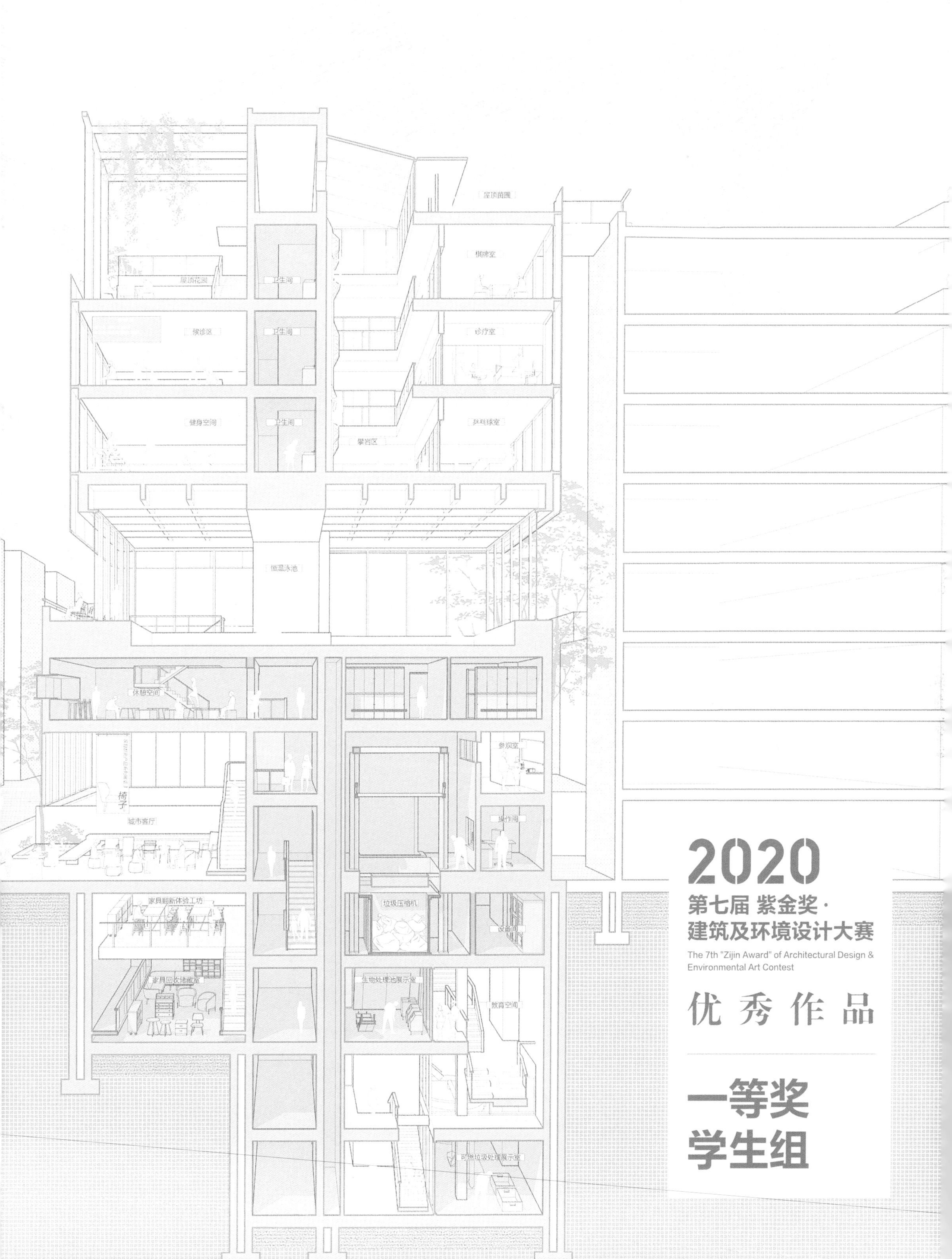

2020

第七届 紫金奖·建筑及环境设计大赛

The 7th "Zijin Award" of Architectural Design & Environmental Art Contest

优秀作品

一等奖
学生组

从“邻避”到“邻附”

设计团队　乔润泽 / 高小涵
设计机构　东南大学 / 东京工业大学
奖　　项　紫金奖 · 金奖
　　　　　优秀作品奖 · 一等奖

创作回顾

设计缘起

在我国，每年约产生1.5亿吨垃圾。垃圾围城，是这个时代要面对的问题。 但我们发现，大多数人垃圾分类意识薄弱，垃圾中转站甚至还受到居民的排斥和拒绝。垃圾中转站成了城市健康与个人健康的冲突点。

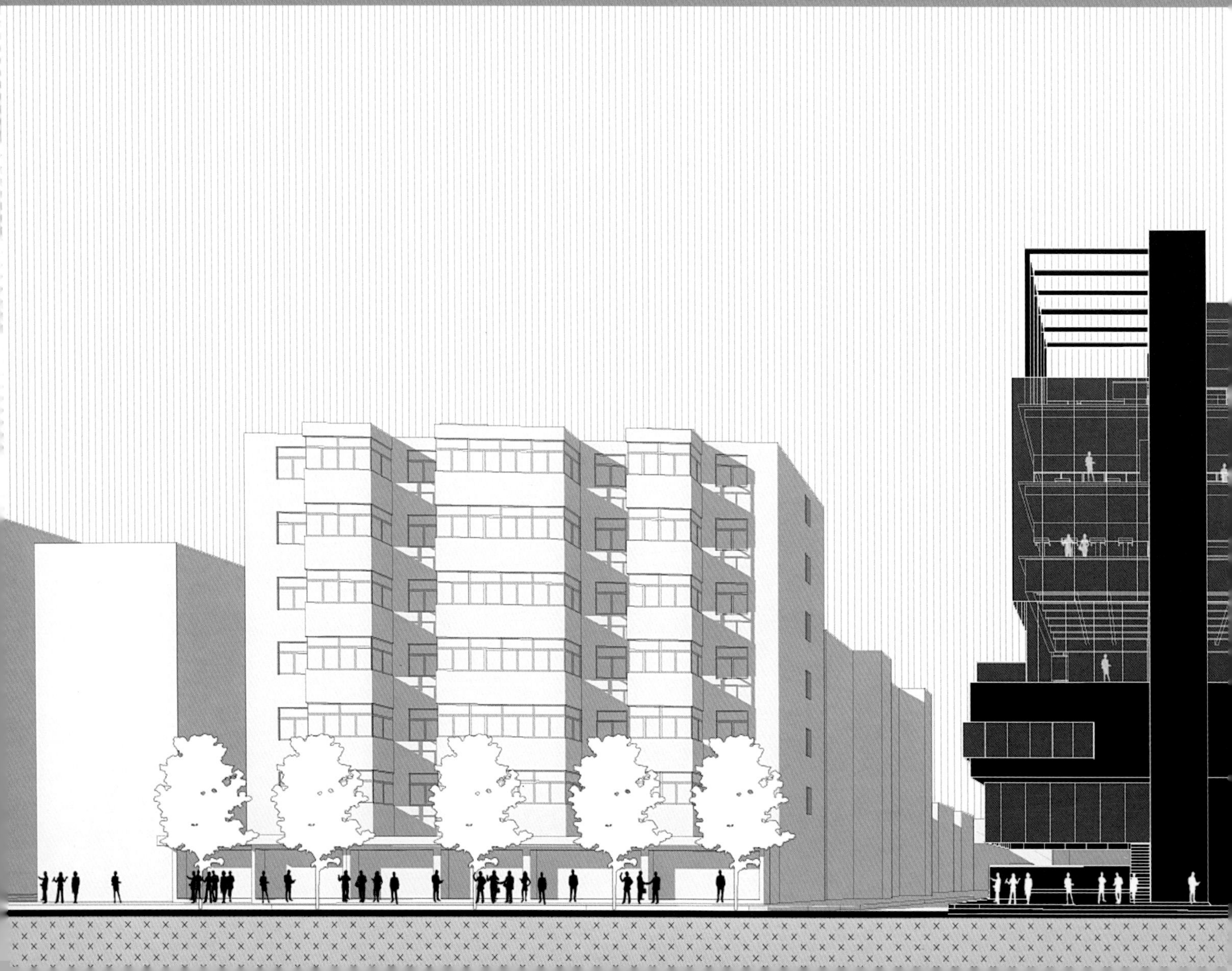

设计思路

既然传统中转站已不再适用，我们不禁设想，是否能建立一种新型的垃圾中转站，既能高效处理垃圾，又能普及垃圾教育，更能丰富社区生活。这个想法逐渐在我们脑海中生根发芽，我们希望能将垃圾中转站改造成人和人交流汇聚的场所，改造成社区中一座小小的灯塔。

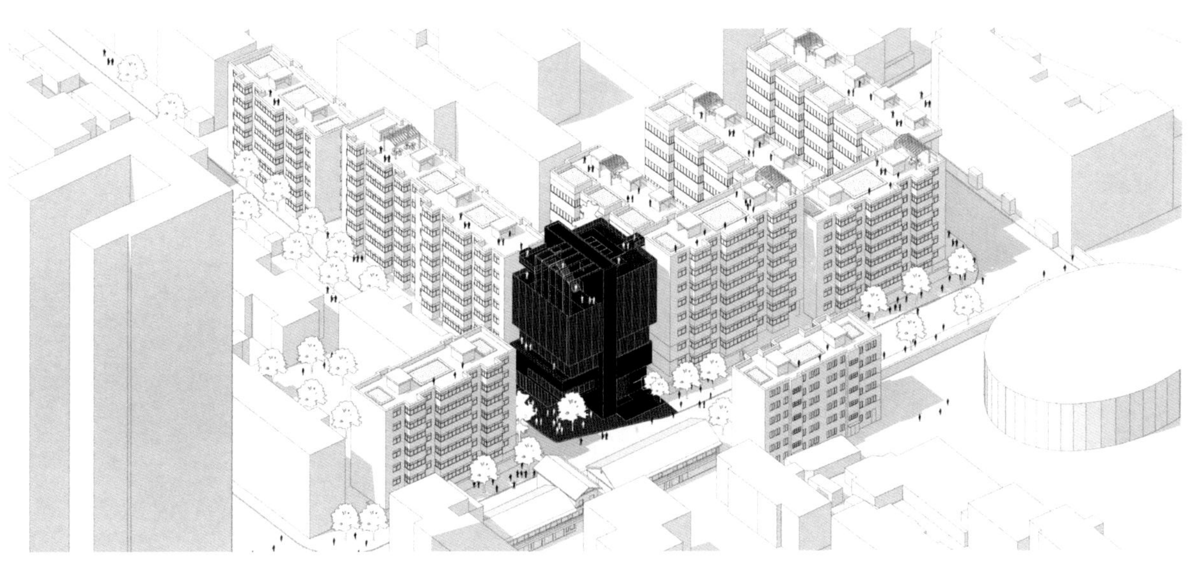

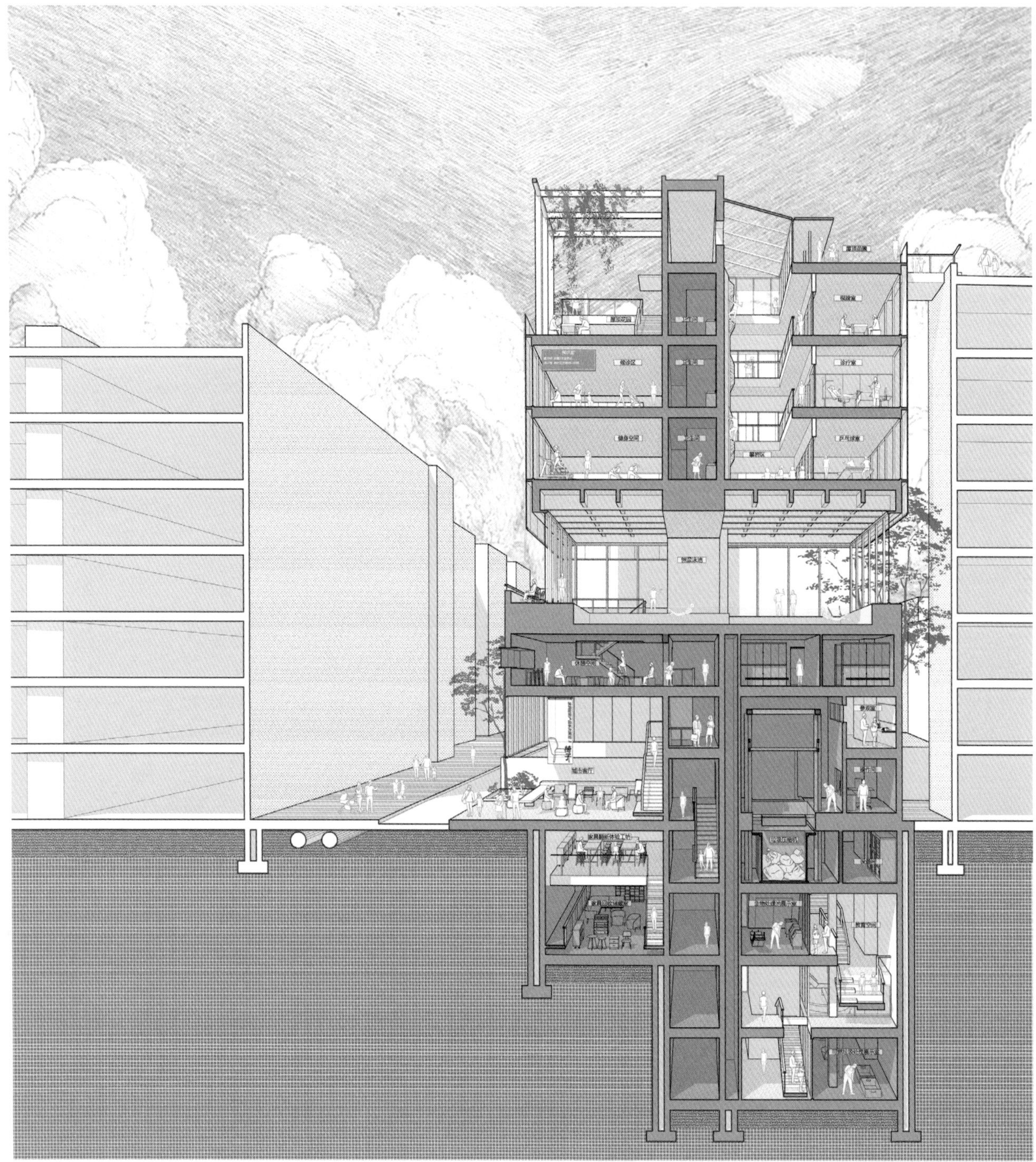

设计策略

我们把目光锁定在南京市麻家巷垃圾中转站。它位于城市核心区，深处居民区内部，周边有丰富的公共服务设施和教育资源。

我们尝试从垃圾分类的基础功能切入，结合教育展示和社区活动，提供了一种垃圾中转站的新原型，从而使垃圾中转站变“邻避”为“邻附”。

为了实现这一构想，我们在地下布置更新升级了垃圾处理功能，地面首层空间开放，上层设置各类健康功能空间，如运动健身、社区门诊、社区中心等。屋顶菜园与周围楼房屋顶形成立体公共空间。整体上实现了城市系统健康与居民个体健康的结合。

方案亮点

作为社区中心，本方案的特殊之处在于，它实现了垃圾处理和社区活动之间的积极互动。比如说，布置游泳池是因为考虑到场地清洁的需求和利用焚烧垃圾的热能；再比如，城市客厅也是因为考虑到废弃的大件家具翻新后，可以用来激活城市空间。

作为垃圾中转站，本方案的新颖之处在于：

一是考虑了垃圾分类之后对垃圾中转站产生的空间上的影响；

二是考虑垃圾中转站如何与社区积极互动，承担了教育功能，提供物质和能量支撑；

三是为未来日趋复杂的垃圾处理策略提供了相应的空间。

新型垃圾中转站带来的不仅是功能上的转变，更是城市场所精神的转变。垃圾中转站将成为社区活力的触发器，为居民的活动提供新的可能：人们可以在这里接受教育、聊天交往、健身运动、放松游戏。

我们相信，那个往日被人嫌弃的垃圾中转站，可以就此焕然一新，从消极走向积极，从“邻避”变为“邻附”。

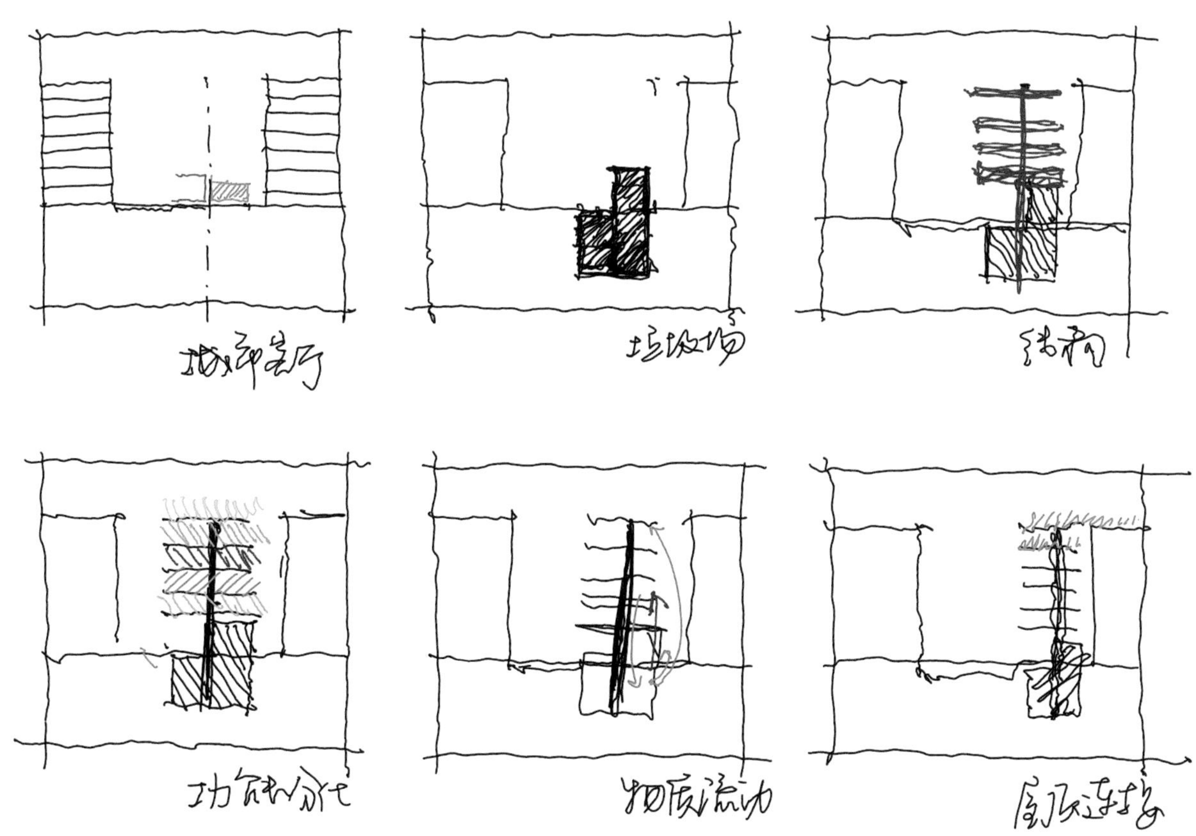

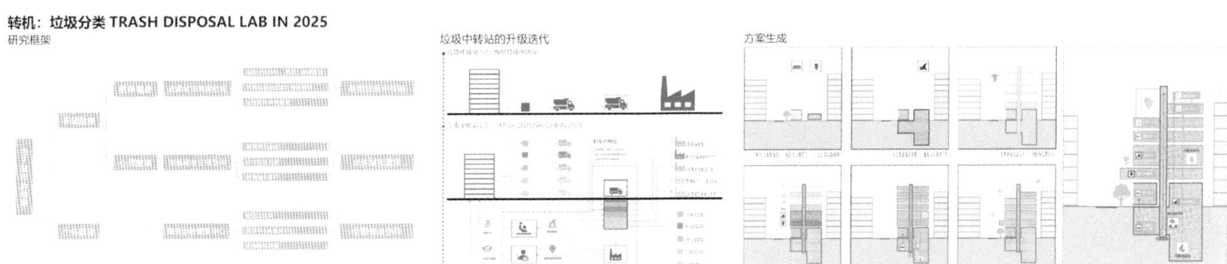

策略一：面向未来——垃圾处理与教育复合系统

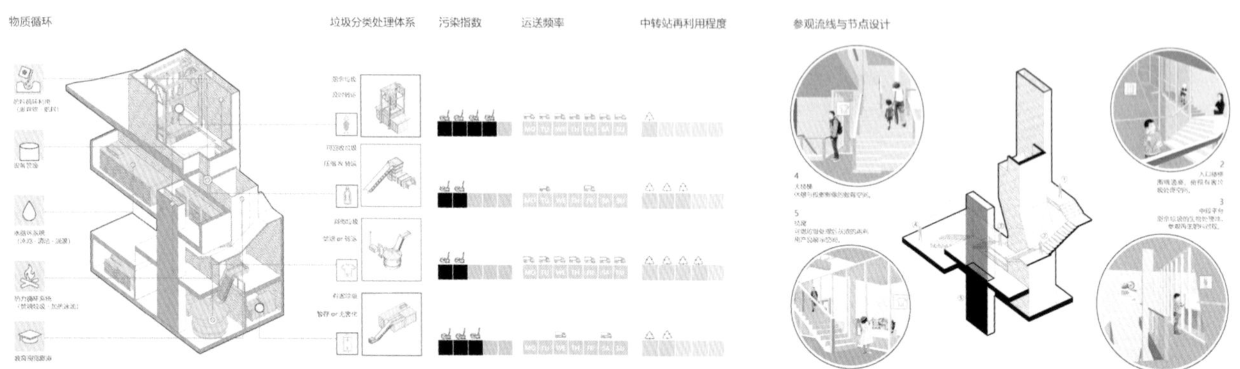

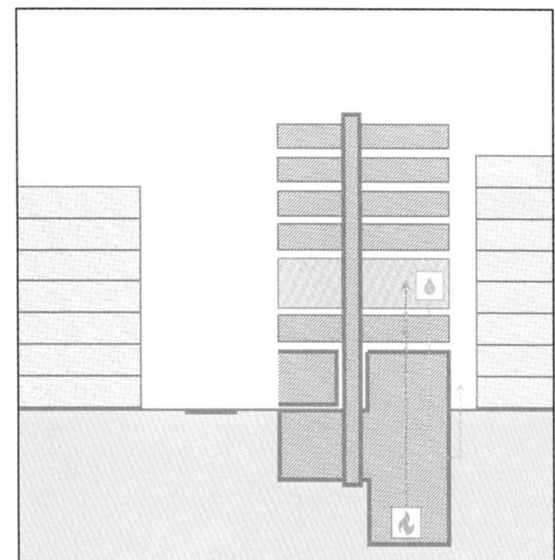

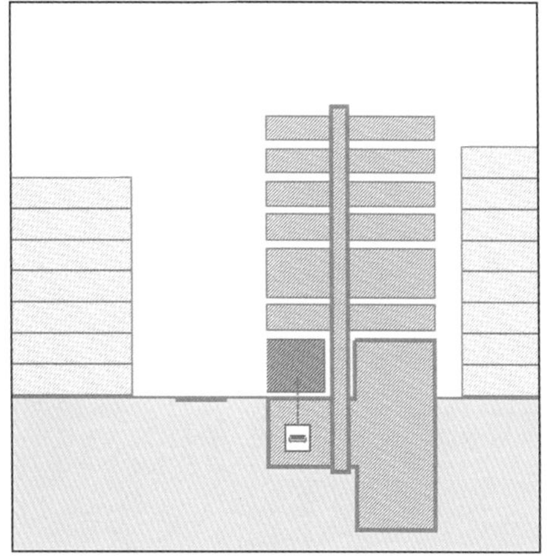

平面：垃圾处理空间与活动空间的混合

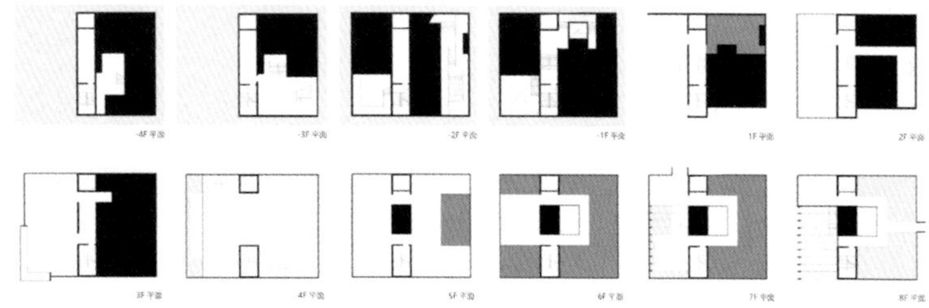

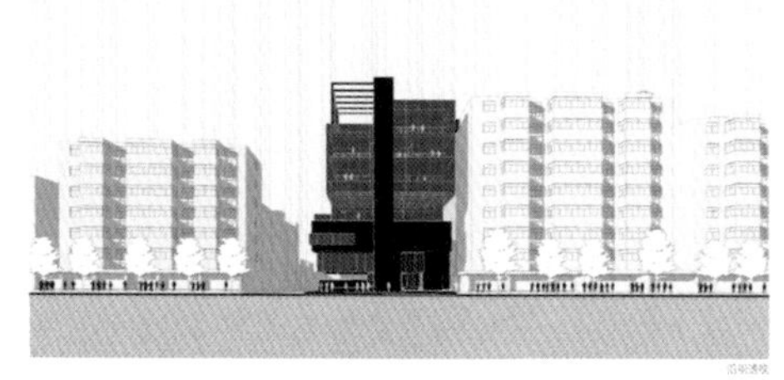

策略二：长幼咸宜——全年龄健康保障系统

漫画故事：放学之后

策略三：立体激活——活动、绿化与技术

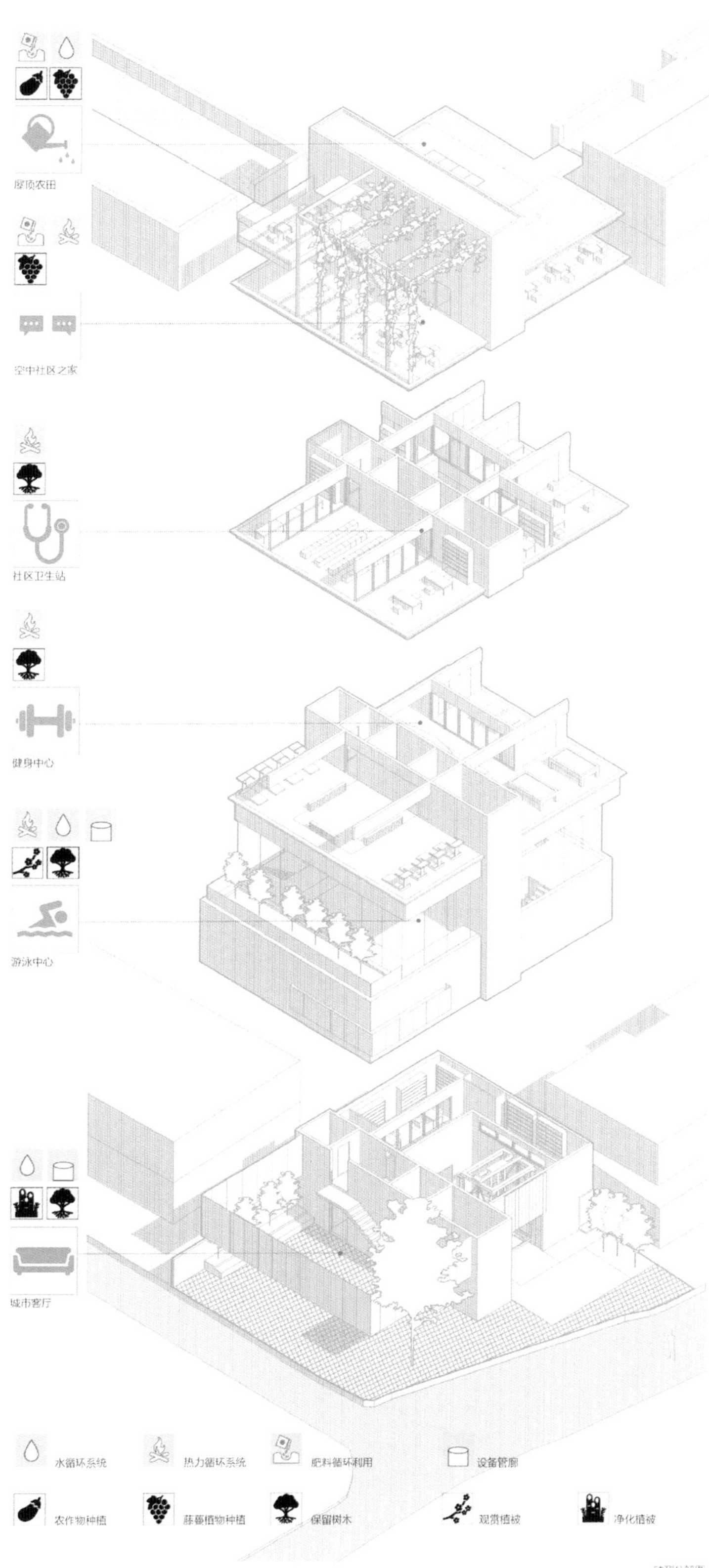

建筑分解图

作品解读

Q1　最初，为什么会考虑选择“垃圾中转站”作为设计对象呢？

乔润泽

A　主要因为两点：第一点，因为它是冲突点，老百姓不喜欢它，城市运转又离不开它。第二点，因为它容易被忽略。我们讲垃圾分类，容易想到前端的分类回收和末端的分类处理，但是中间的分类中转却不容易被看见。

Q2　垃圾中转站是怎样避免“垃圾”对于周围城市环境的消极影响呢？

A　整体上我们针对不同的垃圾类型设置了不同的处理策略，诸如“及时转运”“有限存储”和“微处理”，并设计了相应的空间。在整体空间策略上，我们考虑将垃圾处理部分整个置于地下；在内部空间策略上，我们利用交通筒实现了空间“洁污”的两分。同时，考虑到垃圾站清洁需要大量用水，我们还复合上了游泳池的功能。

Q3　你们的设计可以给周围居民的认知带来什么样的改变呢？

A　首先，我想是对“垃圾中转站”这个场所的认知转变，从“避而远之”到“交往中心”；其次，是可以通过参观等活动，加深对垃圾处理过程的理解，了解到垃圾分类的必要性；最后，就是可以改变人们对于垃圾的基本态度，通过看到垃圾对社区活动的支撑作用，人们可以意识到“垃圾是错放的资源。”

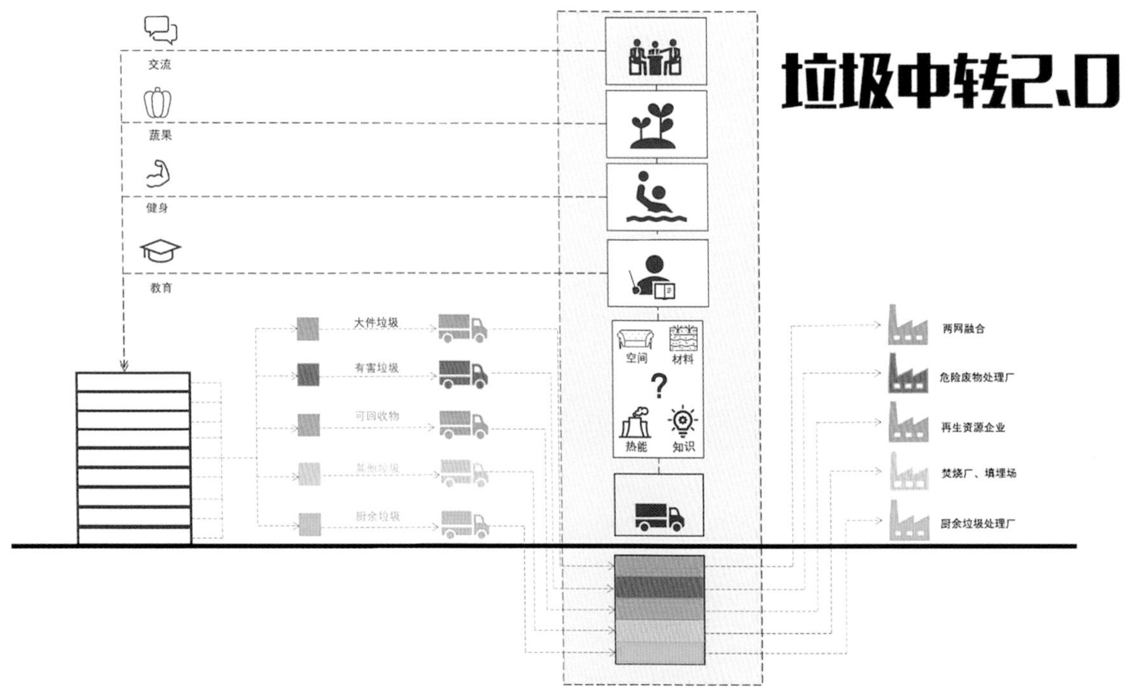

作品展示 VCR 部分场景

扫码观看完整 VCR

评委点评

张应鹏

- 江苏省设计大师
- 苏州九城都市建筑设计有限公司总建筑师

随着社会经济与社会文化的不断进步，城市居住区内的环境健康与垃圾分类处理要求也越来越高。作品以此为切入点，将健康教育、邻里交往等公共行为与传统的垃圾分类、中转处理相结合，让原本被动的消极空间转换为主动的积极空间，为在复杂城市环境中更好地营造健康友好的居住环境提供了一个良好的策略。

泥涌间 · 避风塘
——水乡聚落的演化

设计团队　陈彦霖
设计机构　安徽建筑大学
奖　　项　紫金奖 · 金奖
　　　　　优秀作品奖 · 一等奖

创作回顾

设计缘起

在本次设计中，我选取了中国香港最古老和最具有环境特色的大澳渔村作为研究对象。大澳渔村位于香港大屿山河口湾，密集连绵的棚屋、纵横交错的水道与木栈道构成了大澳渔村如今的面貌。居住环境恶化的大澳棚屋群数次被建议拆除，但遭到了居民和舆论的反对，至2002年政府才决定对大澳棚屋及周边环境进行保育。

然而，近年由于日益上升的海平面和恶劣天气所引发的洪涝灾害又给大澳居民的生活带来了极其严重的影响。雨季变长、洪水泛滥概率变大、台风风暴潮所造成的海水泛滥变得更加严重。而且大澳青年人口流失使得社区人口结构失去平衡，不少社会问题相继涌现，如家庭解体、老年人缺乏照顾等。

鉴于自然环境和社会环境变化给居民带来的生活压力，我提出一项混合居住计划，希望能够积极地应对水灾、风暴潮等自然灾害以及社区人口老龄化的情况，构建一个更具有自然与社会适应能力的健康家园。

设计思路

根据前期调研分析，我总结了自然、社会环境变化引发的各种问题，通过与居民交流，充分了解他们的需求，从而确定了此次设计的研究方向——棚屋“演绎再生”，多维生长，实现过去、现在与未来的共生。在传承过去的同时结合新科技、新技术来应对当下面临的复杂问题，以未来的生活方式为切入点，通过设计方案给未来大澳渔村的发展提供新的修补样本。

引导人们去接触彼此，根据人与人之间的关系需求营造空间，舍弃建筑强加于人的功能界定，鼓励使用者开放地利用退让型设计，通过新的棚屋住宅、生活街道、连接平台以及基础设施营造更具韧性的防灾社区，并逐渐恢复河涌周边的自然环境，社区“多义共生”，重塑邻里，共享健康生活。

01 基地分析

大澳位于香港大屿山岛的西部海滨，是香港现存最著名的一条渔村。大澳一条水道朝西、北岔开，把大屿山分离出一块小岛，即大澳岛。村落一部分处在大澳岛上，一部分处在大屿山本岛。大澳地形独特，靠两道步行桥将两岸相连。大澳渔村的居民们多数是枕河而居，出门以舟代步，住宅多为立于水边的木结构高脚棚屋，依旧保留着早期香港的渔村风貌。

02 气候分析

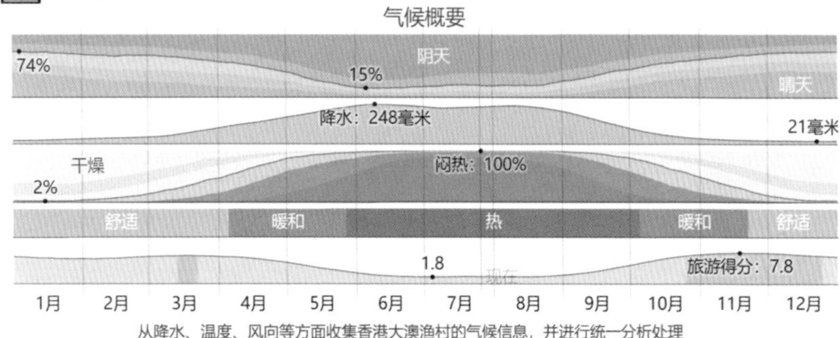

从降水、温度、风向等方面收集香港大澳渔村的气候信息，并进行统一分析处理

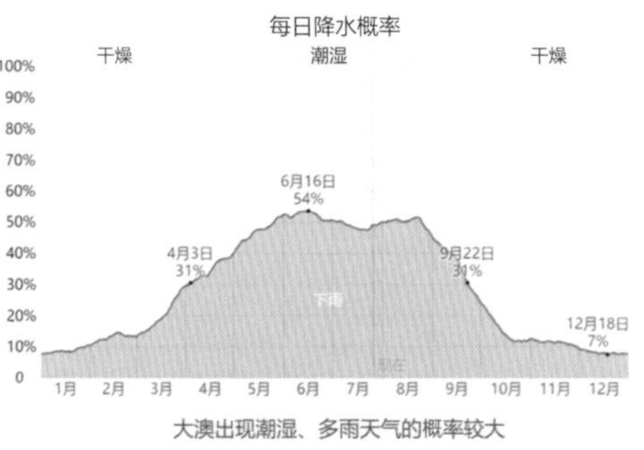

大澳出现潮湿、多雨天气的概率较大

住宅类型演变 大澳渔民生活方式的变化使得空间形式也在不断地进行演变，长年以海为家的渔民渴望有安全、稳定的住所，逐步地将水上生活发展为陆上生活。

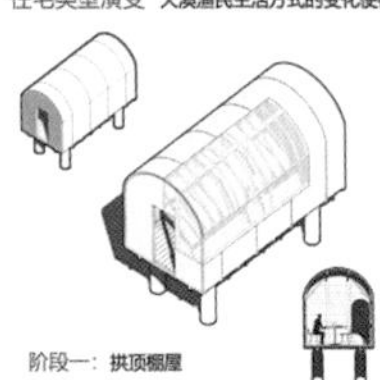

阶段一：拱顶棚屋

盛行于二十世纪三、四十年代，渴望一所稳定的住处，模仿渔船船身，竹片拱顶，外表铺以葵叶、鱼网等材料，圆形石基座，单层长方形间隔。

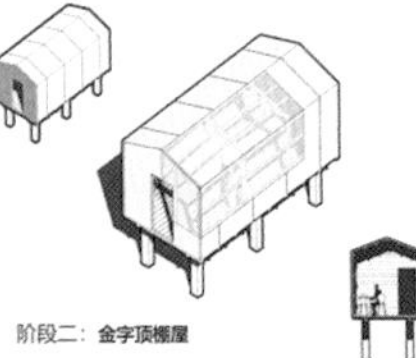

阶段二：金字顶棚屋

盛行于二十世纪五、六十年代，木制桁条屋顶，为改善屋顶漏水问题，屋顶上铺杉木板，木结构框架，修长石基，单层长方形间隔。

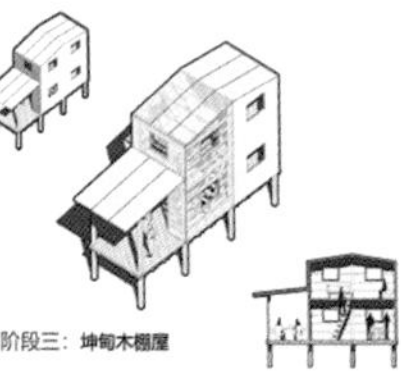

阶段三：坤甸木棚屋

盛行于二十世纪七、八十年代，为使建筑变得更加牢固，以浸水不腐烂的坤甸木作为整体结构框架材料，木柱基础，多层建筑，底层有半开放式的平台。

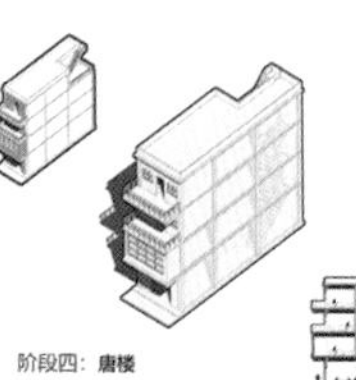

阶段四：唐楼

便于聚集交往和开展商业活动，大部分唐楼都是下商上居，有三至五层的层高，由黑暗、不通风的窄长楼梯连接各层平面，有大窗户和露台。

棚屋聚落构成 棚屋建造于水面上，戶戶相连，棚屋之间依靠少数的木桥和简易的木道连通，形成纵横交错的水上人家。

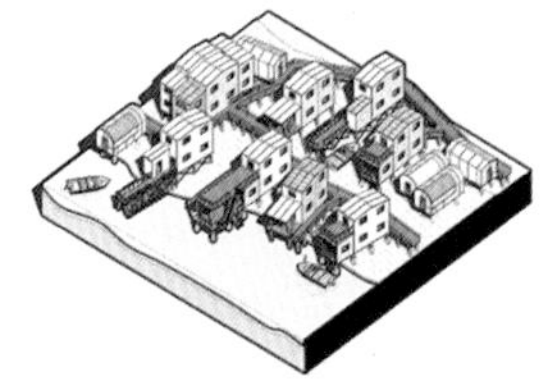

唐楼聚落构成 唐楼建造于陆地上，鳞次栉比，边靠边，背靠背，紧挤在一起，单面的窗户难以让光线透进狭长的室内。

灾后重建棚屋 2000年大澳发生火灾，灾民自行重建棚屋，新建棚屋仍采用木制屋顶框架，有部分棚屋平台上增设了露台，基础以混凝土包裹坤甸木柱。

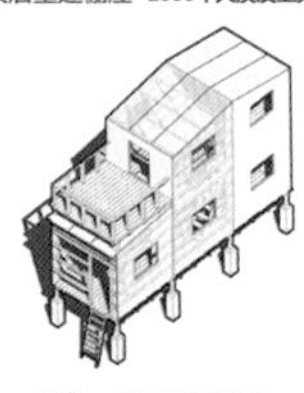

形式一：增加私人活动空间

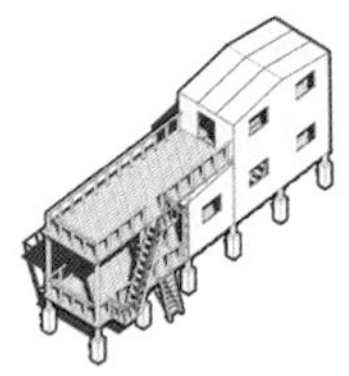

形式二：增加公共活动空间

形式三：增加室内生活空间

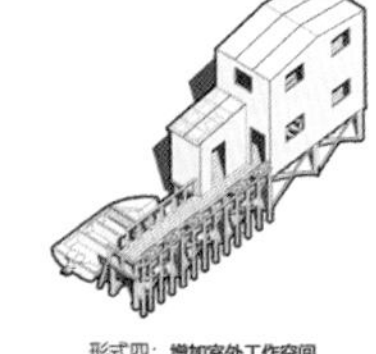

形式四：增加室外工作空间

设计策略

弹性聚落空间演变过程：

1. 大框架拼合，多变且适用于台风、洪水等各种不同的极端环境；
2. 细分为四个小框架，部分小框架作为能源中心、基础设施；
3. 小框架又细分为四个单元，均匀选取部分单元作为公共、交通空间；
4. 其余单元作为基本单元，即绿化、活动单元，并通过数据计算确定它们的功能组合与分布位置。

方案亮点

在方案构想的新聚落中，看似简单的空间变化背后隐藏了高效经济作用的逻辑，即充分利用以往静态建筑存在的闲置期，使其成为具有无限可能的“演化式建筑”，让建筑在日常生活中以变化的形式进入大众的视野。不同的建筑形态存在于不同的生活场景中，建筑本身不具有固定外形，是人的使用赋予了它变化的意义，让它实现生产、居住、休闲、防灾等功能。

每次变化的过程都是重新定义建筑形式的过程，冲击着人们对于传统建筑空间的想象，人们在使用建筑的同时也在以另一种方式参与建筑的营造。随着营造的进行，水乡聚落逐渐“生长”，功能和形态具有越来越多的可能性。

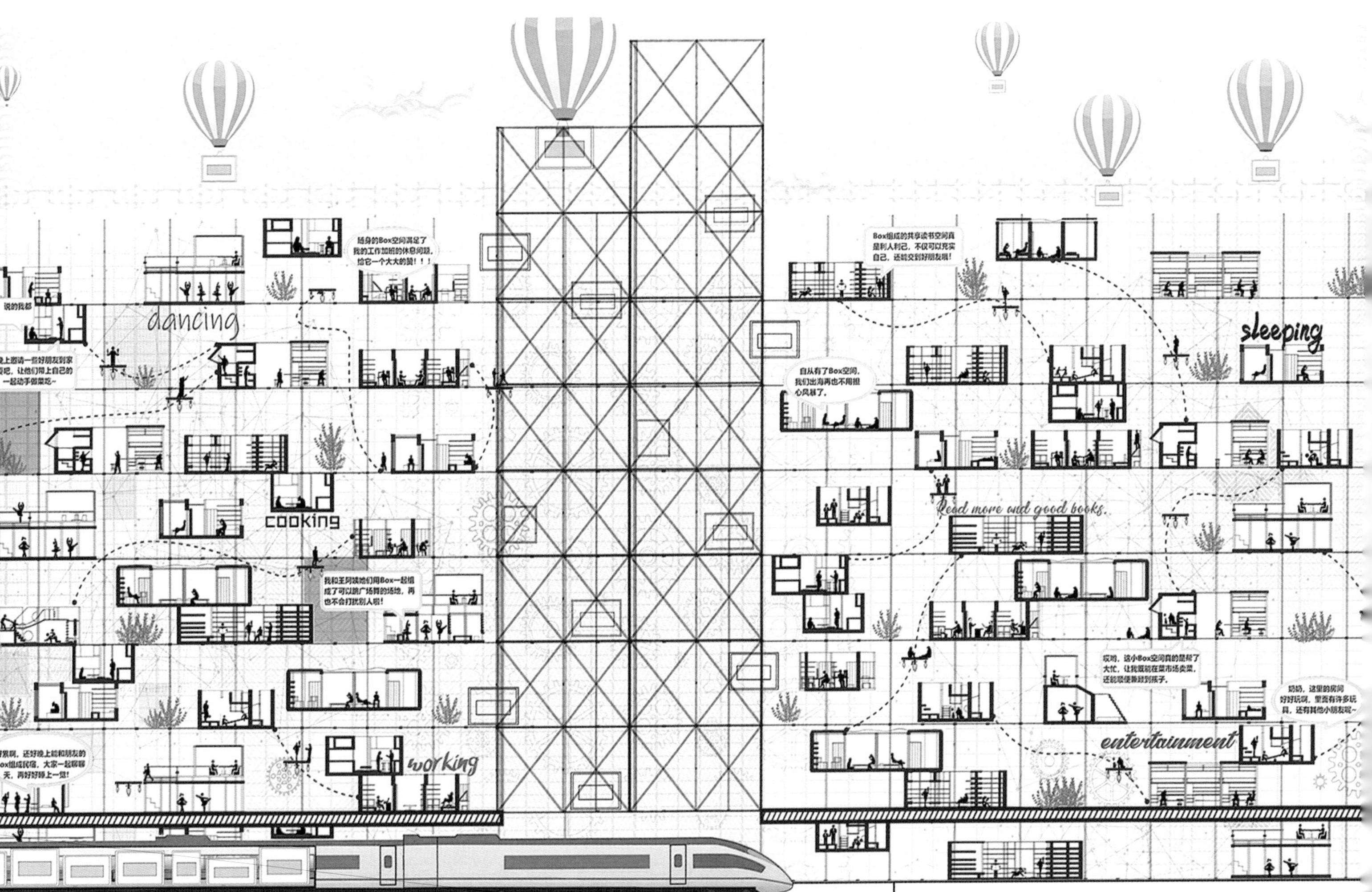

【弹性聚落空间演变过程】

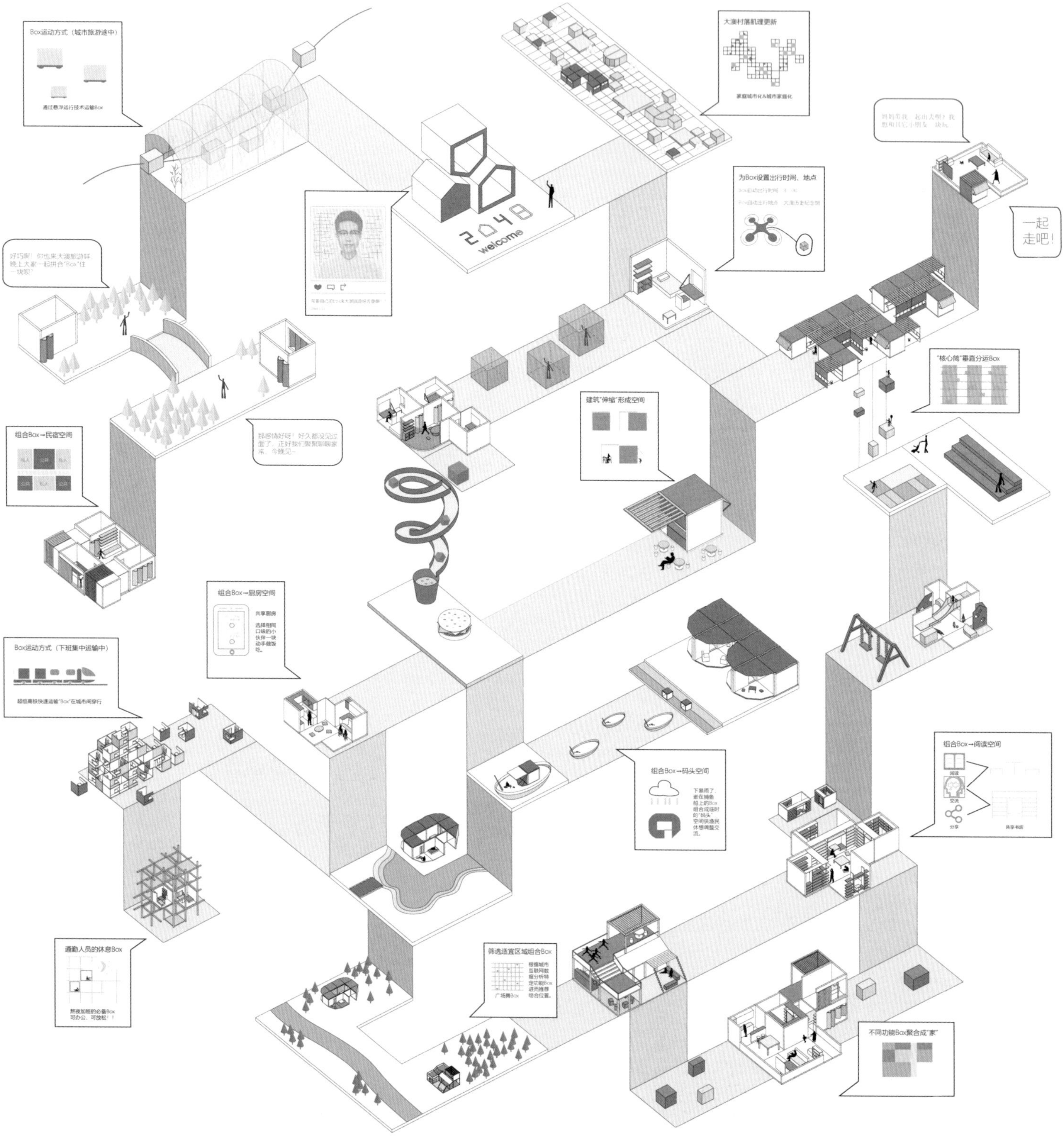

【海场市集】

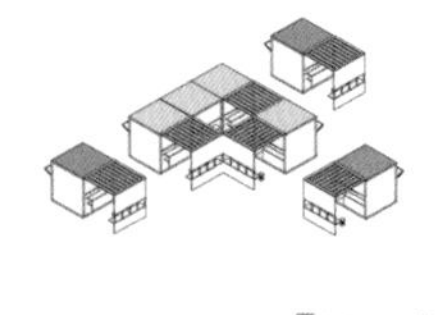

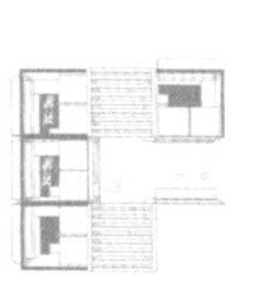

【共享厨房】

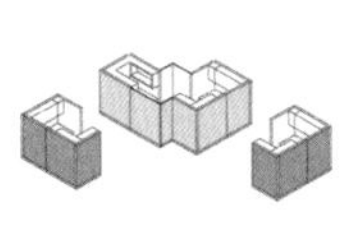

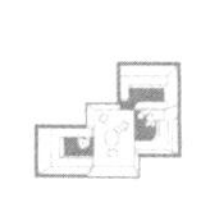

【休憩放松】

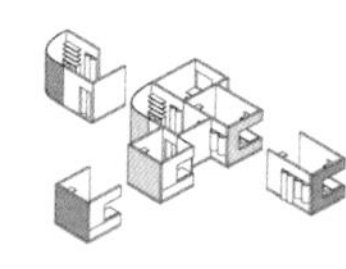

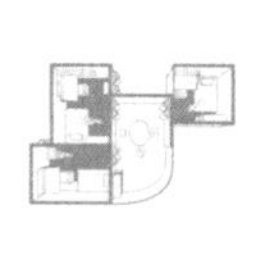

【棚屋民宿】

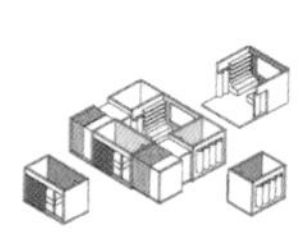

【屋顶花园】

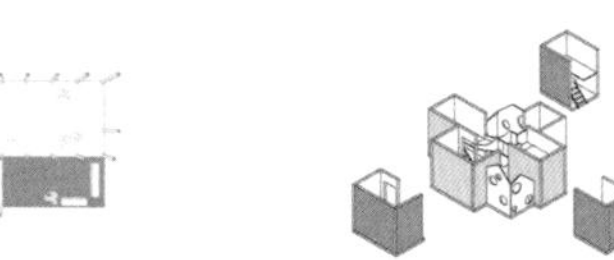

【健身锻炼】

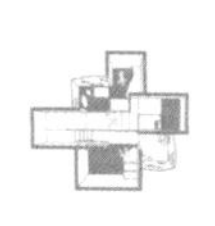

【生态养殖】

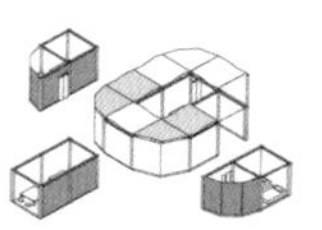

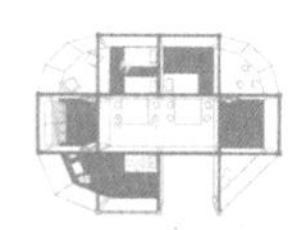

【联谊活动】

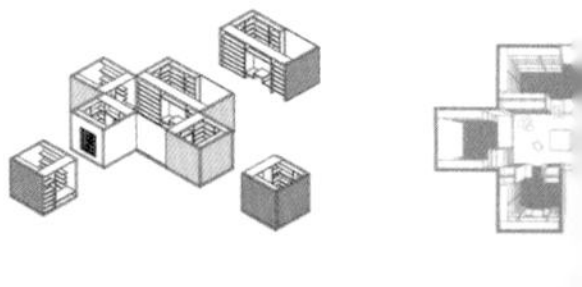

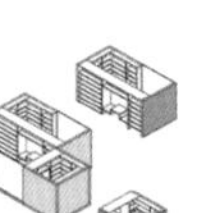

作品解读

Q1 作品对于“避风塘”的过去、现在与未来有什么不一样的理解？它们之间有怎样的关联性？

陈彦霖

A 20世纪90年代以前，中国香港已有大量居民在避风塘以水为家，他们建立了有别于香港主流文化的水上文化。不过随着香港渔业式微，大多数渔民已上岸生活，且由于气候暖化给海洋环境带来了严重的影响，“避风塘”亦随之逐渐消失，如今更多的是作为一种水上文化符号为人熟知。

大澳渔村作为香港最古老的社区，因为居住环境不断恶化被数次建议拆除，但遭到了居民和舆论的反对，最终得到政府保育支持。居民生活方式的变化使得空间形式不断地演化，长年以海为家的渔民渴望有安全、稳定的住所，逐步将水上生活发展为陆上生活，居住空间由渔船演变成棚屋、唐楼。值得思考的是，大澳渔村能否通过一种可持续的社区更新方法来应对未来复杂的自然、社会环境问题，在保留水乡文化特色的同时又区别于常规的高楼大厦。从前的“避风塘”水平拓展，营造栖身之所；未来的“避风塘”多维生长，共享健康生活。

Q2 为什么选择在极具环境特色和建筑特色的渔村构思一个可移动变化的“演化式建筑”？

A 基于对大澳渔村不同层面的分析，推测大澳渔村所处的生态系统被不断地破坏，环境超过其承载能力，目前使用的传统构建系统很难支持居民继续生存。且随着恶劣气候变化带来极其严重的影响，水位上升速度增加，雨季生存环境变得十分危险。设计构思了一个演化式建筑，这个弹性变化的空间可以对大澳社区进行渐进的更新，建筑单元可以根据环境变化得以重新组织和多维扩展，让社区有承受灾害冲击的能力。

大澳渔村是香港真实的水上文化博物馆，反映了香港独特的民俗、地理、气候等城市基因，如何在保护传统文化的基础上应对现代复杂的自然与社会环境是本项目主要思考的问题。水上人家追求稳定的住所并不代表他们排斥移动变化的可能性。弹性可变的演化式聚落舍弃高楼住宅式的封闭隔绝，它如同百年前的“渔船聚落”般灵活，在确保常态下的环境健康和安全基础上，考虑特殊时期的使用要求，给建筑功能布局和使用留有未来可改造的余地。

作品展示 VCR 部分场景

扫码观看完整 VCR

评委点评

徐延峰

· 江苏省设计大师
· 江苏省建筑设计研究院总建筑师

作品以中国香港最古老的社区，也是最著名且较落后的渔村——“大澳”作为此次研究对象，选题立意明确、新颖、有针对性。选手着眼大澳渔村原住民的生活、生产、社会活动的传统规律，挖掘其自然环境优势，重新考虑居民的家庭生活、社会活动、对外交流的边界，创意性地重构了社区框架，通过模块化的生活、生产、公共交往、对外交流以及基础设施等单元的建立，灵活、动态、有韧性地对社区再营造，构建了一个更具有自然和社会适应性的健康家园。

生活与生鲜
——平疫结合的菜场改造

设计团队　吴正浩 / 白雨 / 侯扬帆 / 李孟睿 / 孙曦梦

设计机构　东南大学

奖　　项　紫金奖 · 银奖

优秀作品奖 · 一等奖

创作回顾

设计缘起

在新冠肺炎疫情的冲击下，老旧小区菜场的健康问题开始浮现：

1. 菜场周边社区健康空间匮乏：菜场作为社区的邻里节点，传统形式对居民的健康生活缺乏支持；同时，传统的业态也难以满足多元的买菜需求。

2. 传统菜场的空间韧性难以应对疫情：菜场的空间受出租摊位等固定空间限制，无法灵活应对疫情时的清洁、社交距离等要求。

进香河集贸市场位于南京成贤街社区，附近是建于20世纪90年代的严家桥小区。该菜场现已成为大型区域菜场，承担了周边居民的日常购菜需求。

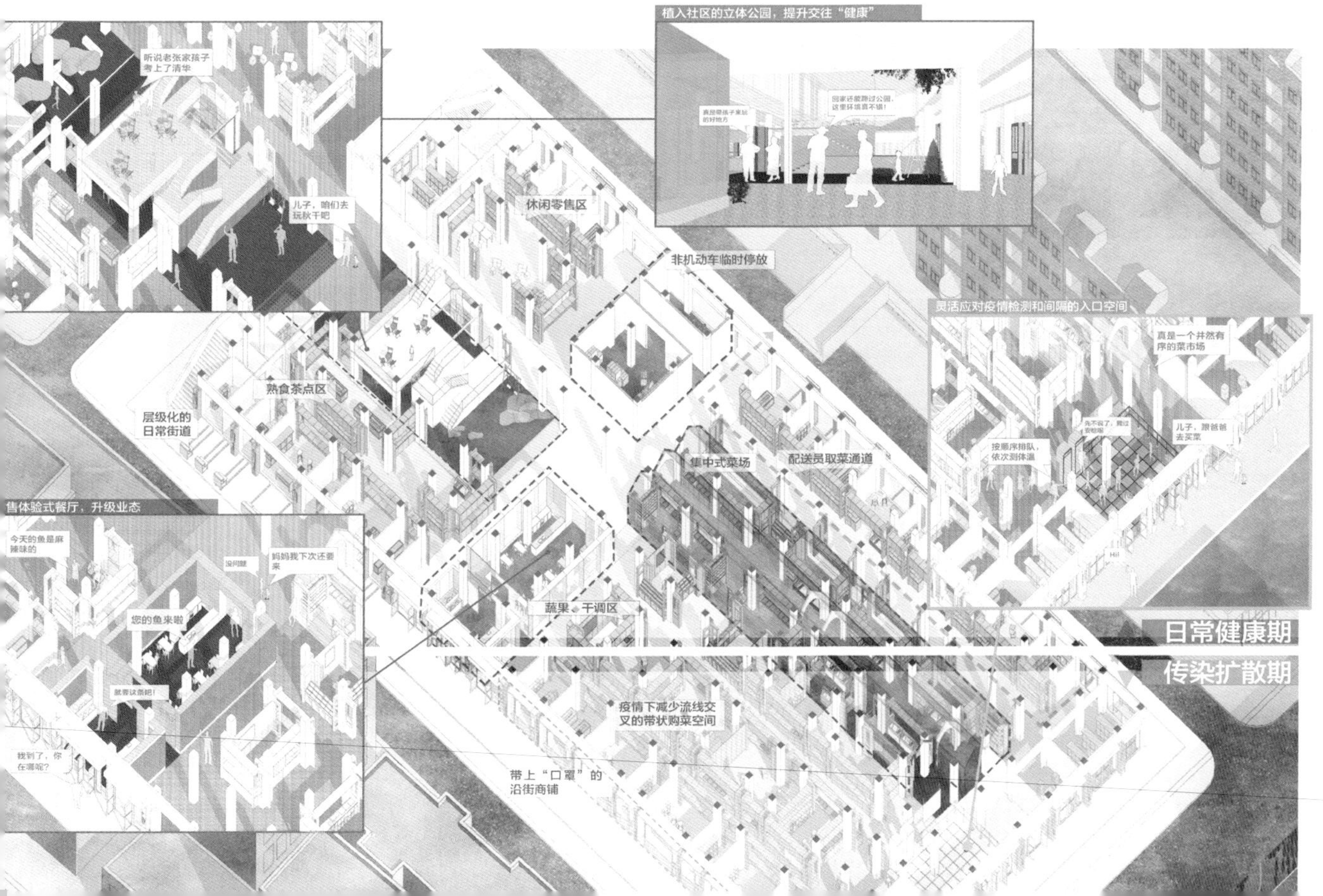

设计思路

围绕老旧小区菜场健康转型，我们展开实地调研，了解进香河集贸市场的居民生活现状，以及周边店铺的业态和效益，并同南京各类菜场进行对比。同时也走访卖菜人、买菜人以及周边社区居民，最终提出以“弹性单元微介入”的方式，使得菜场可以建立一个弹性系统，既可以弹性应对疫时防控需求，也可以通过设施提升改善邻里生活品质。

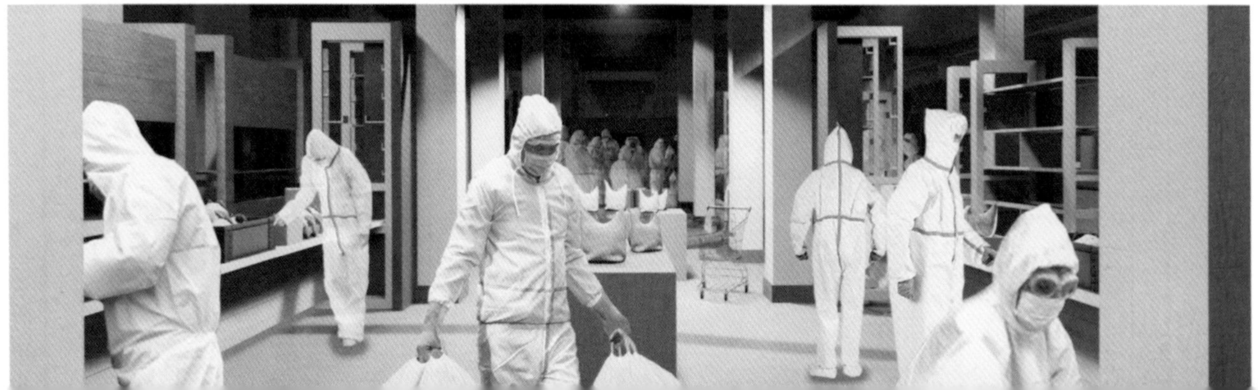

设计策略

1. 平衡各方需求，健康活化

在考虑菜场买卖需求的前提下，保留一定的传统摊位，并使其高效化。加入体验式业态以及社区绿地公园，优化通风设备、停车空间等基础设施，同时增加必需的清洁设施、路灯、座椅。

2. 弹性系统共生，多元可变

对性能良好的旧结构置入弹性新系统与之“共生”，以“口罩式”可变单元为基础，实现整体空间的健康升级，并对菜场出入口、场内摊位、沿街店铺做精细化设计，使得菜场在多个时期良性运作，健康可变，同时设计了在疫情暴发期菜场作为社区集中配菜空间的转化方案。

方案亮点

方案针对买菜人、卖菜人、居民、社区的健康问题，提出了应时而变的菜场弹性改造策略：

1. 社区菜场，优化升级

根据社区、市场升级和环境优化需求，重新梳理进香河集贸市场的基本秩序，优化分区、业态、流线。

2. 折叠系统，健康基础

方案采用“折叠”概念，设计了一种预制可变构件，它同菜场原有结构可良好共存。作为新系统的结构性元素，构件提供洗手装置、口罩存取、垃圾桶、货品健康信息屏及室外照明，通过推拉可形成多样边界。

3. 以人为本，多样场景

“折叠”系统带来百变的可能性，通过折叠构件安装功能模块，可较好满足菜场出入口、各类摊位、外围店铺及公共服务空间等多元需求和防疫需求。

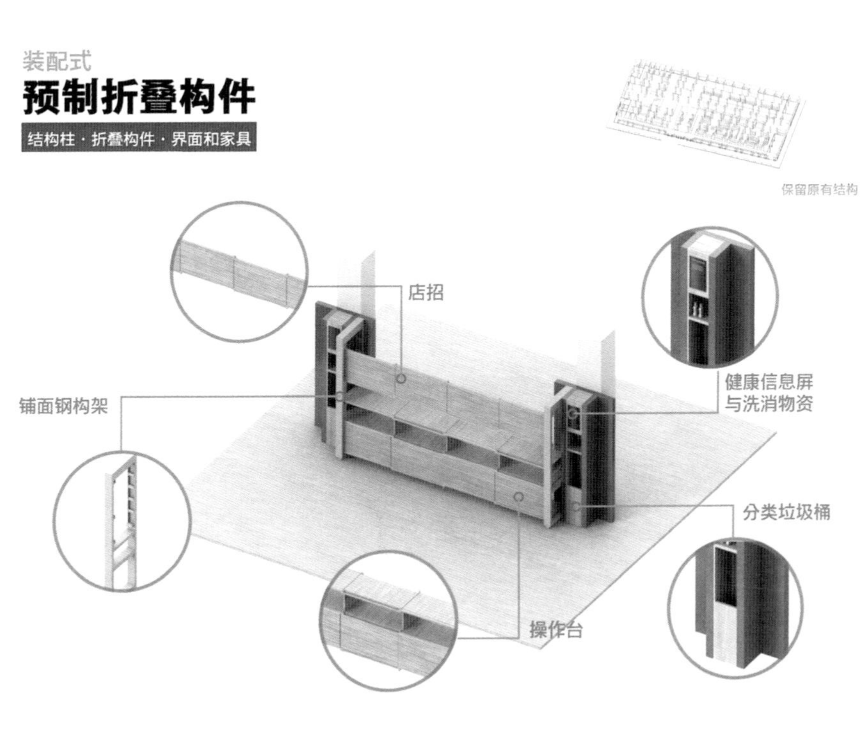

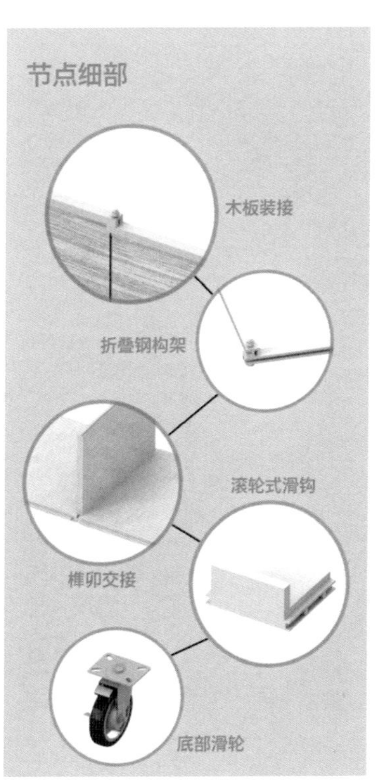

作品解读

Q1 本设计提出平疫结合菜场改造的几种可能，具体的现实可操作性如何？

吴正浩

A 为了有效支持菜场在不同时期的运营，我们认真考虑了方案的可实施性，主要有以下三个方面：第一点，考虑上层社区和施工带来的影响，我们对菜场采用的基本策略是保留原有的结构，使新的弹性系统与之共生，系统由可折叠、装配的单元组成。同时设计了单元构件的尺度、交接节点和施工方式，构件可通过工厂预制，使用者也可轻松安装。第二点，是单元和菜场具体结合的方面。对于外部摊位，单元可直接替换菜场的结构柱，形成“街道口罩”。对于内部空间，单元附着于原有的柱子，再通过定制化界面和摊位组合，演绎出不同的功能形态。第三点，是不同时期的适应性。在疫情期间，摊位可通过拉展折叠，实现流线控制、释放空间等功能。在平时，我们也通过改造集成社区的基础设施提升社区品质。

Q2 这个菜场的改造具有较好的普适性，进香河菜场下商上住的空间形式为你们的设计带来了哪些特殊的限制和机遇？

白 雨

A 进香河菜场的确是南京数百家下商上住的社区菜场模式的典型缩影。在实地调研中，我们发现了一些限制和契机：首先，由于受上部住宅的影响，我们无法对菜场的结构进行大调整，因此采取了上述轻介入的弹性策略，用微操作应对大挑战，使得设计的实际操作性更高；其次，菜场本身占据了社区大面积空间，加上它通风、采光、排污、货运等需求，不仅使现在的社区入口环境堪忧，也极大侵蚀了社区内部的公共空间。借此挑战，我们重新梳理了市场及其周边的交通秩序，提升原有业态，并将菜场公共性与邻里活动作为整体考虑，打造社区公园、宜居街道等公共空间，在优化空间品质的同时满足社区居民更高层次的心理健康需求。

因此，我们认为这样下商上住的空间形式对于菜场设计来说更是一种机遇，使我们可以更好地将人、社区和城市的健康连接起来。

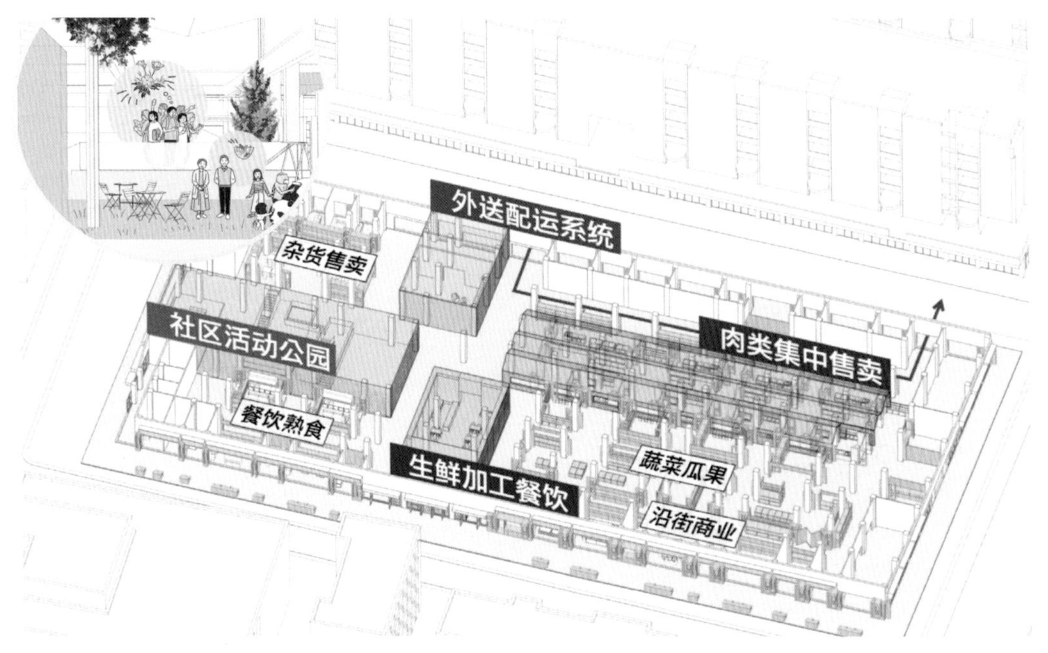

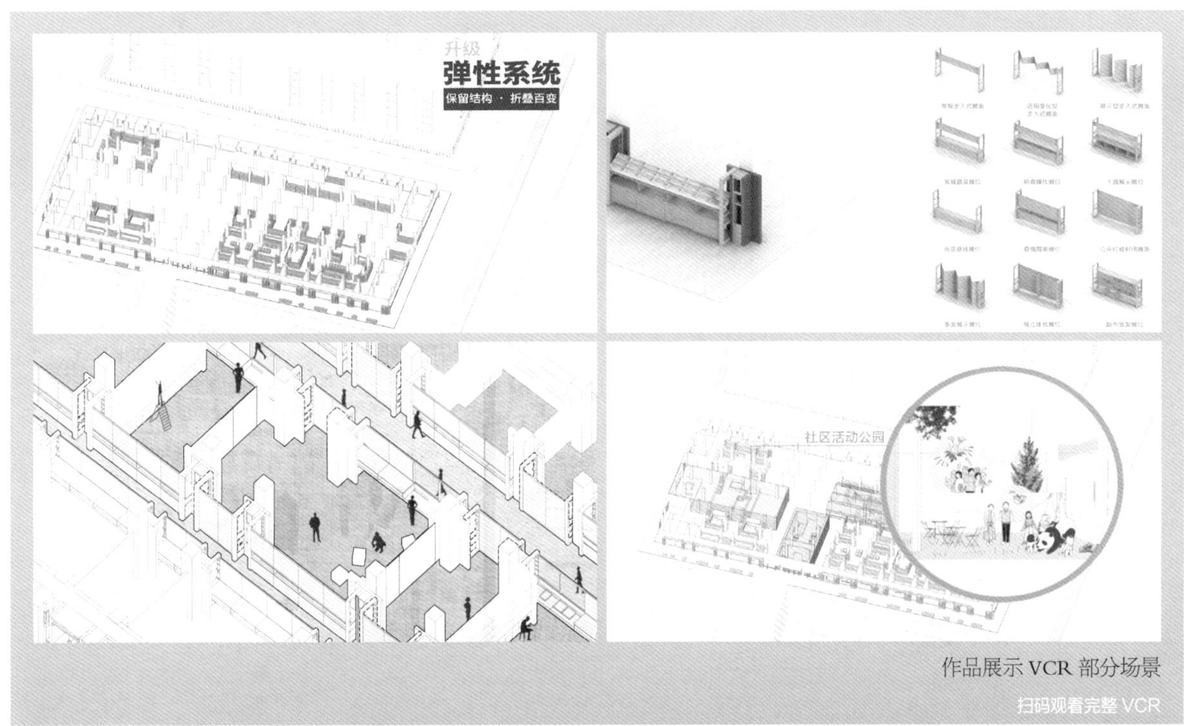

作品展示 VCR 部分场景

扫码观看完整 VCR

评委点评

查金荣

· 江苏省设计大师

· 启迪设计集团总裁、总建筑师

菜市场改造是近年来的热门话题，疫情期间“买菜难”更引发了社会的思考——如何打造一个活跃亲切、全年龄全环境适用的社区生活中心。作品从弹性空间出发，可以实现从日常活泼多变的邻里空间，到疫情传染期高组织性的单向流线空间，再到疫情暴发期杜绝干扰的集中分配空间的无缝切换。设计给出了平疫转化的具体方式，同时着眼细节，引申出具体到单元的拆解变化方式，考虑全面，有切实落地的可能。

仪式的日常

设计团队 郑赛博

设计机构 合肥工业大学

奖　　项 紫金奖 · 银奖

优秀作品奖 · 一等奖

创作回顾

设计缘起

本案切入核心城市人群，聚焦老年群体，为老年人设计一座“银发日间照顾与长青学习”会馆。

对于老年人而言，健康稳定的生活方式是他们的期望。设计从多维度分析场地信息和使用人群信息，提出“仪式的日常”概念，满足老年群体的理性物质需求和感性精神需求，唤醒日常生活的仪式感，构筑健康养老乐园。希望在提出重构养老模式、复苏场所记忆等策略的同时，为老年人的空间营造提供思维范式。

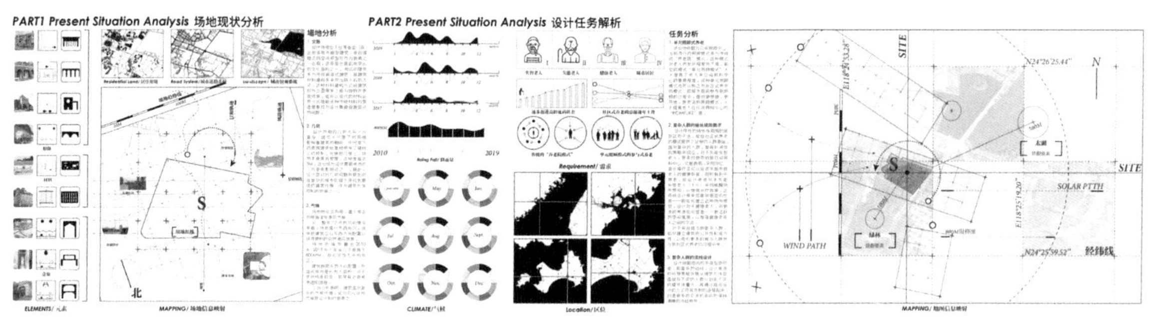

设计思路

面对复杂的场地信息，设计从两个维度切入，力图整合信息创造动态的建筑体验，在完成设计概念的同时给予老人们丰富的场所回忆。

一是从自上而下的几何学角度入手，设计根据基地几何关系，提出层状几何的形式原型和基于风热压的通风原型以及流线秩序等一系列形式要素，作为建筑形式生成的依据；二是从自下而上的现象学角度入手，设计重构养老模式，利用单元照顾模式、音乐、回忆及园艺疗法等策略，响应场地的感官建构，以期复苏场所回忆，回应惯常的仪式。

在深入设计的部分，设计将“仪式的日常”重构，在“空间”“结构”“路径”三个角度回应几何学（视觉）仪式感和现象学（体验）仪式感，利用形式操作手法厘清建筑要素。

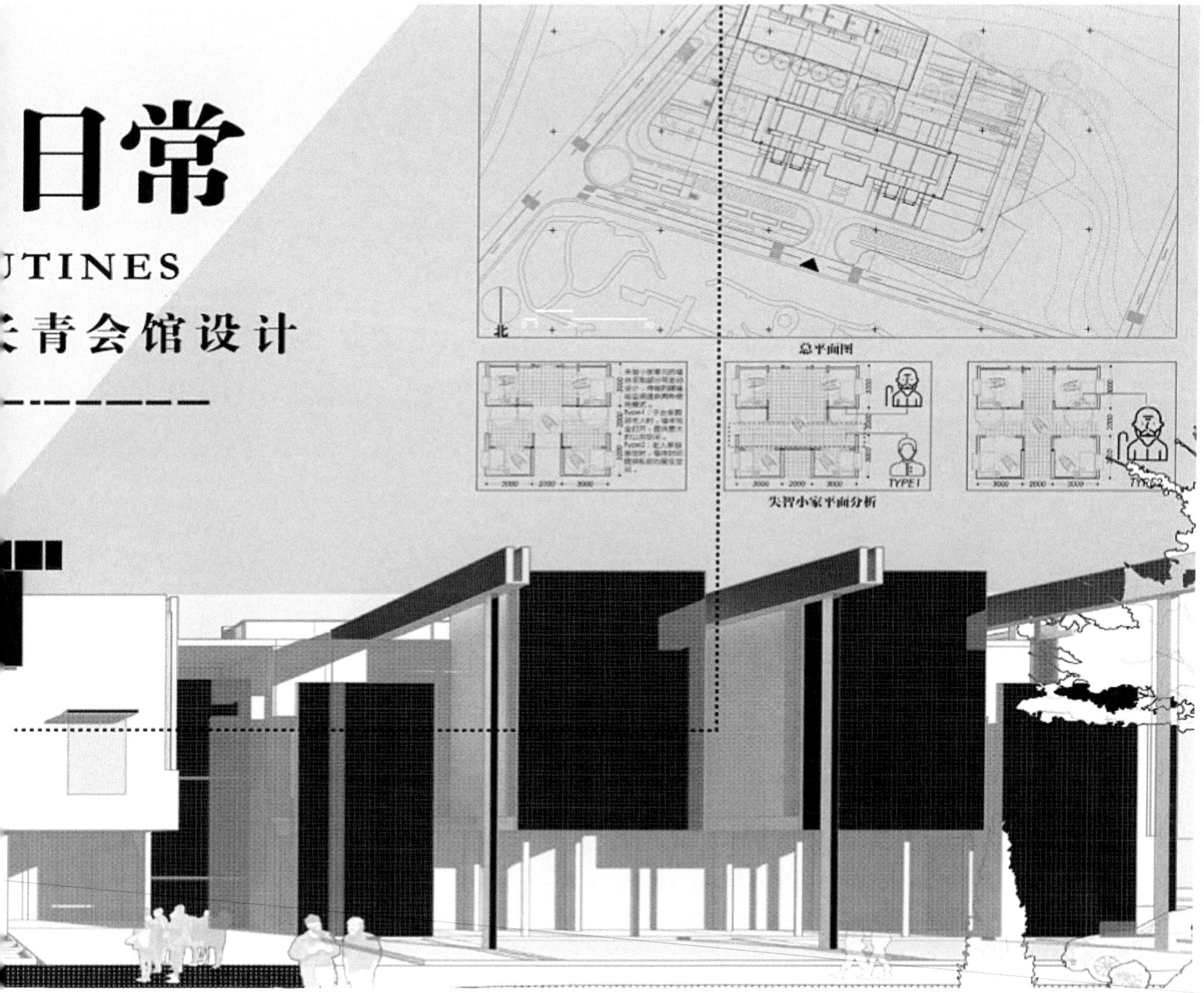

日常

UTINES

青会馆设计

总平面图

失智小家平面分析

设计策略

在场地物质信息方面，建筑巧妙回应场地的气候环境：风环境和雨环境。一方面是场地风环境，作品顺应场地风向提出线性廊道原型，利用风压、热压两种通风模式优化线形廊道，为天井垂直风廊加入线性平面的空间组织。其次，以空间组织关系为基础，在垂直通风上赋予天井垂直风廊五感树井的主题。在平面通风上，利用乐器风笛的发声原理来演化天井加廊道的空间组织，生成不同楼层的鱼骨状平面风廊，创造良好的通风环境。另一方面是场地雨环境，在树井、屋面等处设计大量形式独特的排水构造，让老年人真实地感受到雨水的流动。设计中的五感树井与排水构造给使用者带来了“听风”“触雨”“闻竹”的体验，也加强了使用者对空间体验的仪式感，这种和五感有关的精神疗法将有利于失能失智老人的健康恢复。

设计利用社区式养老新模式，服务了失能老人、失智老人、照顾人员、城市人群四种建筑复合使用人群。对于单元照顾模式：设计将老年人分组形成不同规模的照顾单元和组团。区别于一般养老机构扁平化管理模式，新的模式将建立家与家之间的邻里感。本案在平面上形成不同规模的小家单元，更利于以老年个体为中心的照顾。与此同时，小家单元利用采光槽和拱形顶形成适合老年人的柔和室内光照。

对于社区参与式养老，设计引入四条面向社区的外廊，各类居民由此参与到老人养护过程中。老人、小孩、年轻人其乐融融，这更利于老人们感受到如家般的温暖。参与式养老单元的平面灵活性：一种平面，两种模式。子女来看望老人时，旋转板打开，扩宽空间。老人独自一人时，旋转板围合，在保证私密性和独立性的同时，合理地将复合人群紧紧黏合起来。

金门医院

太湖

升恒昌免税百货 & 金湖饭店

罗宝田神父纪念公园

护国寺

金湖国中

军事地景

太湖社区

方案亮点

方案有机结合场所信息，提出“仪式的日常”概念，通过自上而下与自下而上两方面仪式感的建立，突破传统线性建筑要素的组织，从建筑要素的解构入手，提出一系列空间原型、结构类型与路径组织关系，并将仪式感的日常体验上升为一种服务于老年群体的空间营造范式，期待作为一种普适化的思维基础解决老年人建筑问题。

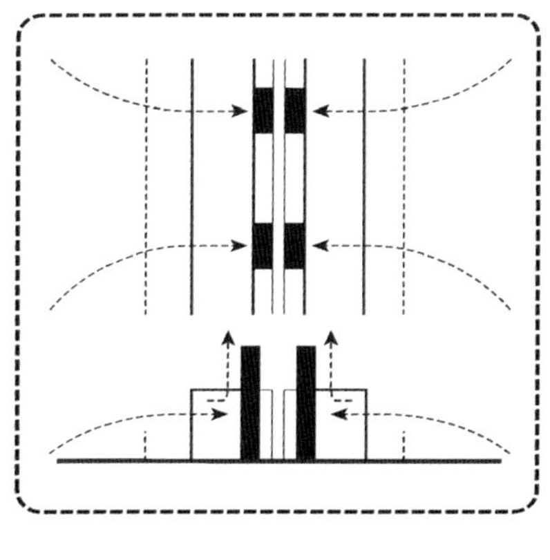

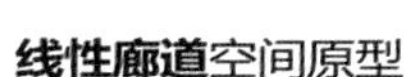

线性廊道空间原型

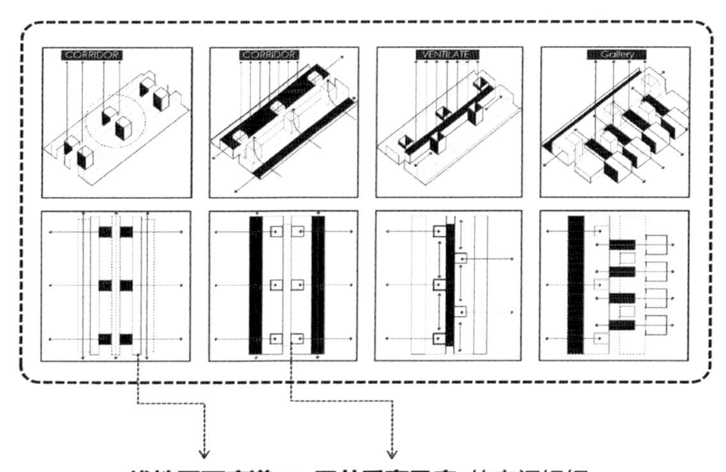

线性平面廊道 + 天井垂直风廊 的空间组织

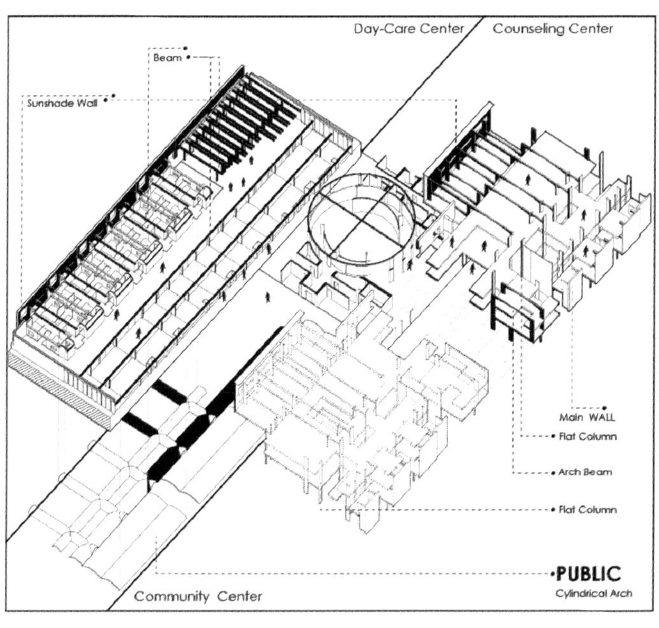

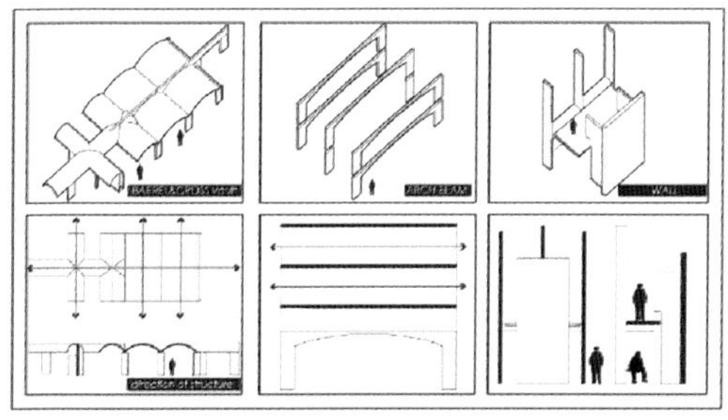

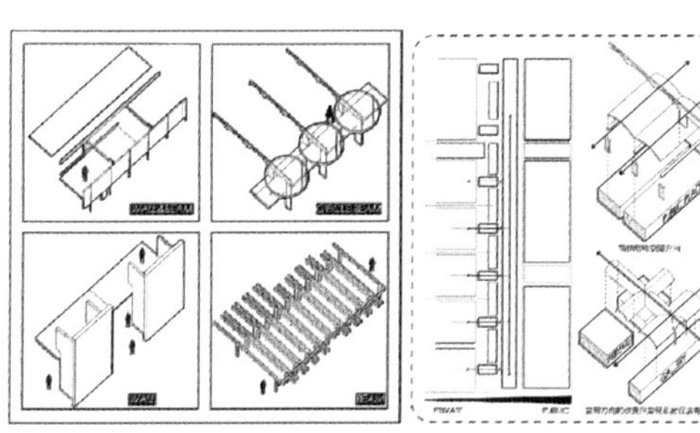

作品解读

Q1 面对复杂的使用人群，方案是如何处理不同人群之间的关系？

郑赛博

A　四种人群在本案中穿梭：主要是使用长青学习会馆的健康老人、使用日间照顾中心的失能失智老人、处于照顾咨询中心的服务人员以及前来拜访的城市复杂人群，如赡养老人的子女、参与式养老的小孩等。面对不同的人群，引入一种清晰独特的路径逻辑：前三类人群使用建筑内部秩序流线——线性的长廊与错置的通廊。最后一类人群共享建筑外部秩序流线——格构状的网络叠置于线性长廊其上形成室内外之间、年龄群组之间交流的温馨界面。

Q2 “仪式的日常”这一概念是怎样提出的？

A　设计场地信息主导了概念的生成。场地信息所具有的轴线、肌理、地势线等场地几何学关系强烈暗示了地块本身的对称性、几何性与纪念性——用地本身发出自上而下的仪式感由此被建立；场所鲜明的符号、标识、空间、老年群体的精神追求等现象学体验隐喻了建立感官性、回忆性与体验性的必要——发自老年人群自下而上的仪式感由此被挖掘；场地理性物质和个体感性精神呼唤着场所日常生活的仪式感。

Q3 在参赛过程中，有什么心得与体会？

A　本次大赛以“健康家园”为题，我选择老年群体作为切入点。在不断的调查学习中，深入了解我国老年群体的养老状况，积极关注更加先进的养老体验，为老人提供健康生活家园。于建筑本体论层面而言，我也探讨了一种以概念主导，重构建筑要素，并整合空间、结构、路径的设计流程，期许能够建立一种针对老年群体的空间范式。

建筑终归是要服务于大众，为民而做。紫金奖面向社会的竞赛机制让象牙塔中的学子以作品为声，向社会呐喊。同时也时刻提醒着我们：将设计转化为更加易懂的公众语言是建筑师的担当。

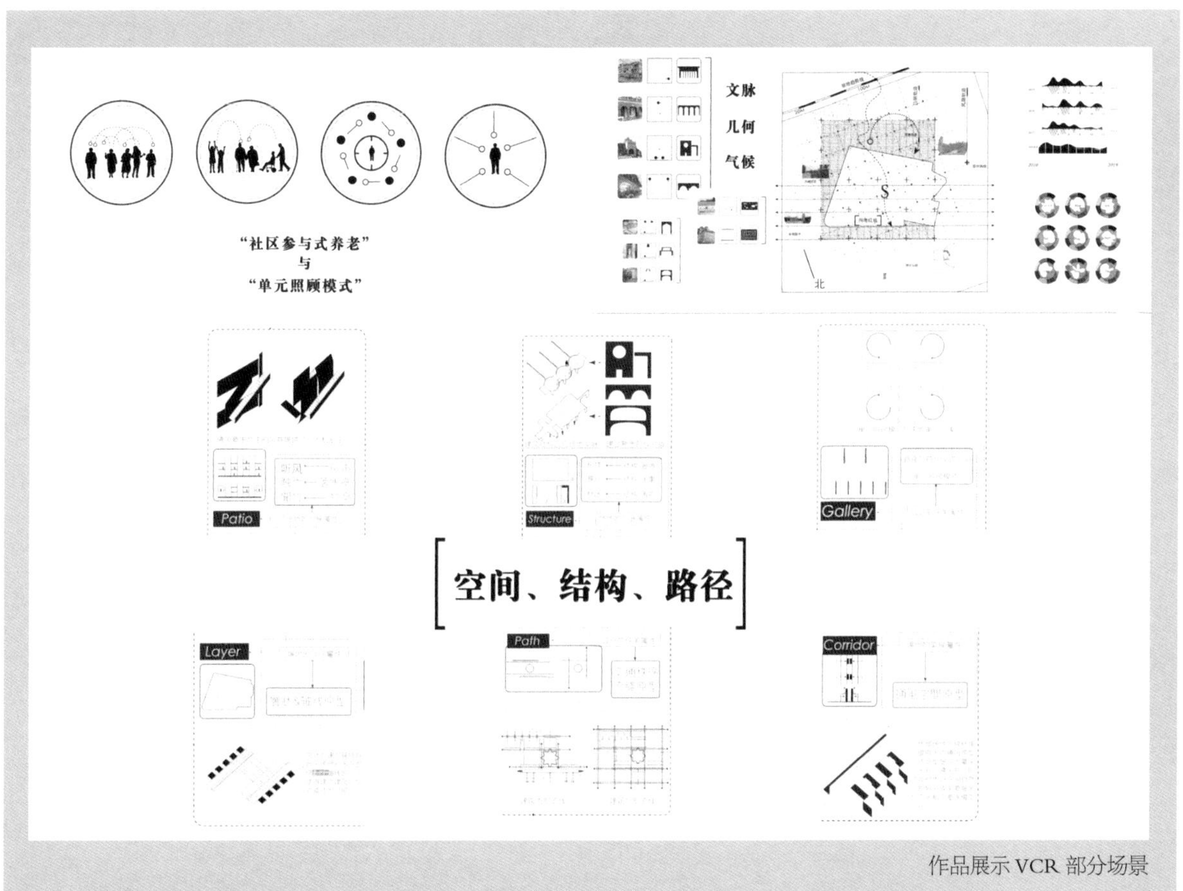

作品展示 VCR 部分场景

扫码观看完整 VCR

评委点评

张 利

- 全国工程勘察设计大师
- 清华大学建筑学院院长、教授
- 《世界建筑》主编

作品把建筑对老年群体的关怀组织在若干原型化空间中诠释。线性的廊道空间形成室内外之间、年龄群组间交流的界面；面性的多功能厅形成集中的活动场所，并通过顶部的拱形结构得到加强；点性的护理单元强调私密与温暖。这些原型所连接的路径承载了老年人生活的日常。

分 · 风 · 封

设计团队 杨民阁 / 罗丹 / 万文韬 / 张晓思 / 张煜欣
设计机构 华中农业大学
奖　　项 紫金奖 · 银奖
优秀作品奖 · 一等奖

创作回顾

设计缘起

一场突如其来的新冠肺炎疫情，让华南海鲜市场成为大众关注的焦点，其背后反映出的人流繁杂、通风不畅、垃圾堆放、地面潮湿等问题，也是当今众多传统农贸市场的真实写照。这些情况既严重影响着周边居民的生活环境，又加快了污染物及病毒的传播，不禁让人们担忧“菜篮子”的安全问题。

华南海鲜市场是华中地区规模最大的批发市场，集海鲜、冰鲜、水产、干货等为一体，分为东西两区，周边用地复杂，交通量大。本次设计选取西区建筑及外环境进行改造，本着安全采购、健康生活的目标，我们希望运用专业知识探寻有效可行的市场空间优化策略，以期还健康于万千市井。

设计思路

我们针对此次疫情下华南海鲜市场暴露出的种种问题，梳理建筑内部空间和外部环境的相互关系，并结合地下空间的协调利用，期望建立市场的健康系统，打造具有应对突发事件能力的“弹性化”市场、空间划分有序环境绿色舒适的“景观化”市场以及优化传统功能提升购物体验的“智能化”市场。

设计策略

重塑海鲜市场的“分·风·封”三大系统，既是贯穿整个场地的空间环境优化策略，也是我们希望达到的市场整体空间状态。通过分隔、封闭等手法促进自然通风，打造开敞的外部环境空间、半开敞的室内空间以及封闭的地下空间。

分流——通过平疫装置的转换来疏导外部无序的人流；分区——重新划分市场功能布局，减少人流与物流冲突；分隔——建筑内部采取景观化绿植隔断以构建有序通畅的空间。引风——重构外部景观环境引导自然风进入场地；通风——重组建筑平面并重塑空间形态，增强自然通风效果；拔风——分区设置拔风井优化内部空间，促进热压通风。封存——停车场转移至地下，构建地上地下一体化景观体系；封藏——建立无接触的地下冷链系统保障冷藏食品供应的安全性；封闭——构建地下智能化垃圾处理系统，分类回收垃圾，避免交叉污染。三大系统相互作用，共同优化购物环境，营造健康家园。

• 市场封闭且人流繁杂

• 市场外部环境拥挤杂乱

• 市场内部垃圾引起严重污染

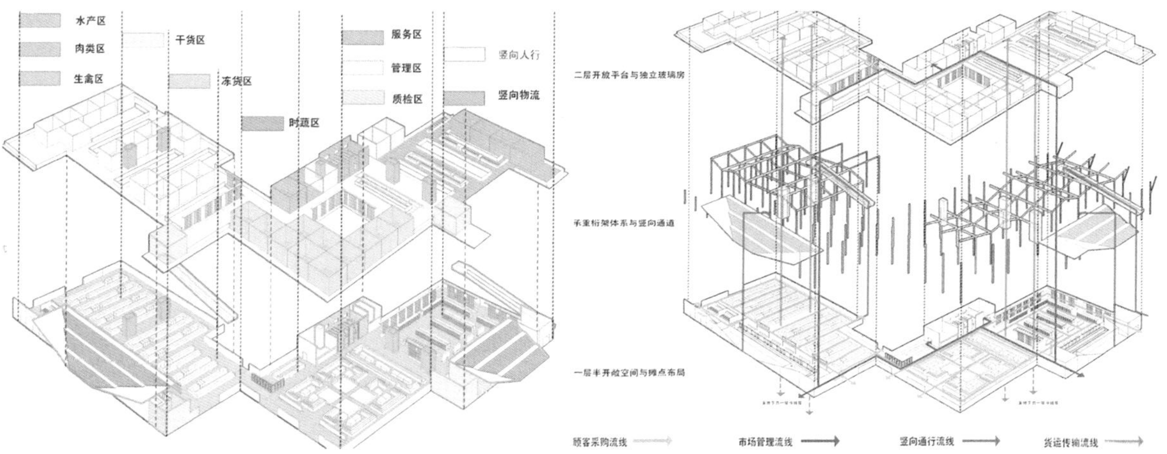

方案亮点

多功能的弹性空间、景观与建筑的结合以及地上地下一体化是方案的亮点。

1. 通过建筑构件以及装置设施多样化的功能，为市场带来更多的可能性，同时使其具备突发情况下改变集散空间布局以进行隔离与疏导的能力。

2. 市场建筑空间采用半开敞式设计，在不影响正常经营的情况下模糊了室内与室外的界限，将抗污染的植物植入建筑空间进行区域分隔，建筑自身的优美造型也成为景观的一部分。

3. 充分利用地下空间，将传统的地上附属功能转至地下，实现地下垃圾与冷链系统的一体化管理，改善地上易污染的状况，还景观于地面。

- **无接触地下冷链系统**
- 整合食品供应流线，采用地下冷库进行储藏，自动化运输

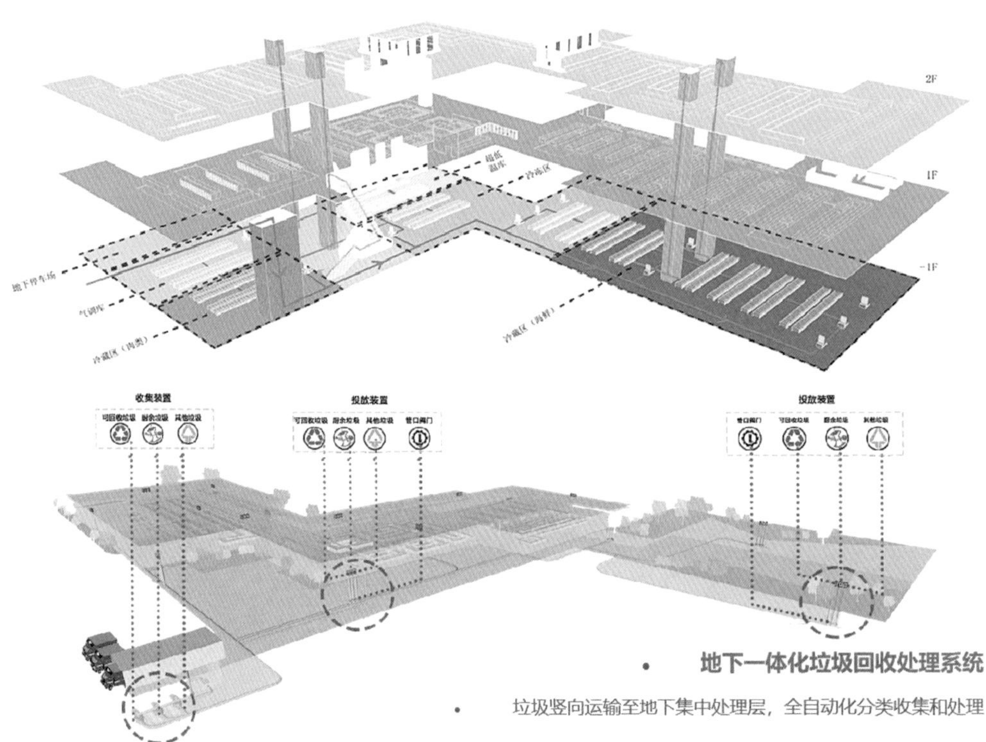

- **景观与建筑有机结合**
- 拔风井结合中庭垂直绿化

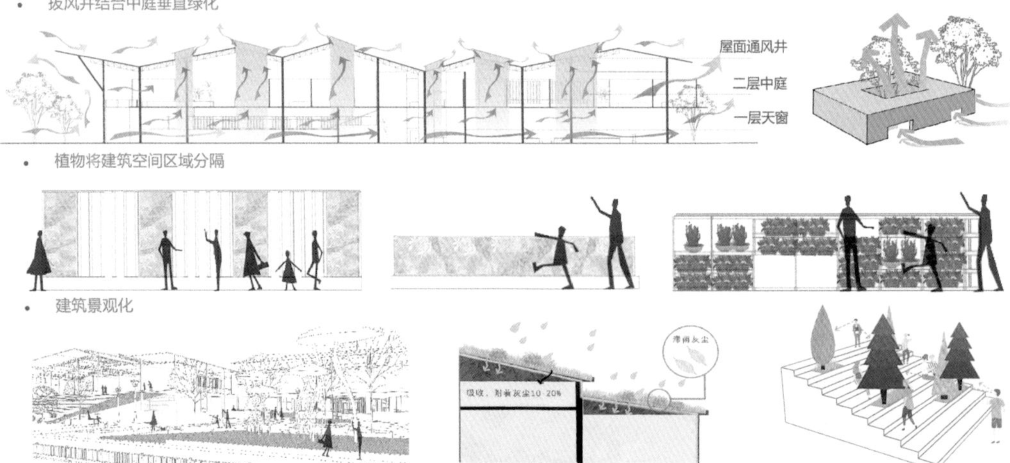

作品解读

Q1　请结合设计重点，解释一下改造后的菜场空间在日常场景和疫情场景下的不同运用。

A　这场疫情对我们整个设计行业是一次巨大的冲击，同时它也启示我们转变思路，关注未来，居安思危。菜场在日常场景下应注重对健康家园的追求，疫情场景下更应提升对突发事件的灵活应对。对此，我们采用了“平时功能化、疫时常态化”的设计理念，具体体现在以下方面：建筑内部采取小分区大系统的功能布局，兼顾空间的独立性与连通性，平时保证市场空间的流动和通透；疫时根据所需采用方形玻璃模块进行功能重构，分隔不同空间。市场外部通过渠化景观布局、复合休憩装置等景观设计手法，激活城市传统空间活力，平时人们在集散广场进行日常活动，享受传统摊位的慢购物体验；疫时复合休憩装置进行旋转组装，开启安全距离下的分流模式。附属空间采取地上地下一体化模式，平时顾客从地下车库经下沉庭院到达地面，用立体景观打破地上地下的闭塞感；疫时通过装置重组，快速转换为临时防控空间，控制传染源，减少交叉感染。

杨民阁

Q2　这个作品所展现的平疫结合的思想和策略很有启示性，能否就此谈谈对现实生活中城市公共服务设施（比如菜市场）设计的建议？

A　平疫结合的思想，我们认为是为了适应环境变化、关注居民生活，从而创造有机生长的城市公共空间。特别是菜市场这类承载了大量日常活动的公共空间，更应引入新的设计手法，保证持久的健康活力。在设计中，既要保障菜市场的日常活动有序进行，又要做好应对突发状况的准备，并尽可能提升环境品质。首先，我们可以采用智能化设计为其赋能，建立有针对性的大数据服务功能模块，构建绿色物流系统、地下垃圾处理系统等，做到实时监测与防护；其次，弹性化设计能使空间更加灵活多变，打破固定不变的空间模式，运用多功能的活动装置以及可移动装配式建筑，将为菜市场带来更多应变的可能性；最后，多专业的融合也是未来设计的趋势，我们应注重景观与建筑的有机结合，以开敞式空间打造绿色健康的市场，用抗污染的植物软化内部分区，让景观装置与建筑构建灵活转变等。我们希望从景观的视角创造绿色的建筑空间，以建筑的思维构建有序的景观系统，真正营造有温度的城市空间，这也是作为年轻设计者的社会责任。

罗 丹

作品展示 VCR 部分场景

扫码观看完整 VCR

评委点评

丁沃沃

· 江苏省设计大师

· 南京大学建筑与城市规划学院教授

“分·风·封”作品较好地运用了专业知识和设计手法，对建筑构件的用途进行了多样化思考。通过重组运输流线防止交叉感染，改造屋顶增加空气流通，同时也对楼梯、地库、院落等日常建筑场所做了常态和疫情两种空间配置。方案充满了年轻人的阳光和朝气，体现了社会责任感。

微缩城市

设计团队 石子青

设计机构 福州大学

奖　　项 紫金奖 · 铜奖

优秀作品奖 · 一等奖

创作回顾

设计缘起

在联合国《世界人口展望》报告中称，世界人口将在2050年达到97亿人，而东亚环太平洋地区更是人口众多的重灾区。规模庞大的人口基数与稀缺的可建设土地面积形成矛盾，使香港九龙半岛的观塘区已出现大量畸形且不健康的住宅形式，大量务工人员及当地居民受房价压力不得已搬进这些阴暗、缺乏隐私的“家”。超高密度的住宅设计使观塘成为香港生活环境最差的地方之一。以中国香港观塘区住宅情况为例，在人口数量爆炸的未来，此种现象可能会出现在世界各大城市。

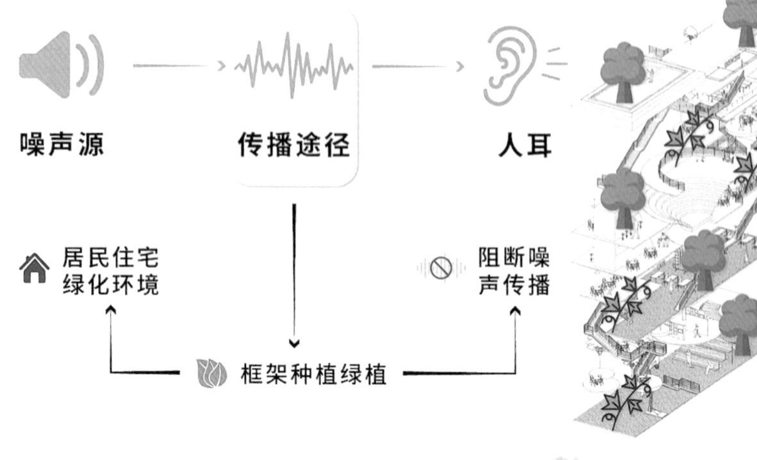

设计思路

针对楼间距过窄导致采光井功能缺失的问题，可在采光井内搭建后期可生长的三角形预制框架，框架上种植绿植，在有效阻挡视线保障隐私的同时为人们提供绿化；顶部插入太阳能板和采光管，利用光的折射与反射为构筑物系统内部以及低层居民提供采光；根据人们需求嵌入相对应的几何形空间，如梯形（咖啡厅）、圆形（展览馆）、三角形（工作室）等功能模块，满足人们休闲需求的同时增添趣味性。

设计策略

极高的居住密度迫使城市中的打工群体只能负担得起廉价的群租房，而大量群租房居住拥挤，使得按照惯性思维留下的楼间天井落于无用。我们利用楼间天井的空间，将使用率较高的公共设施植入拓展出来的架构中，通过镂空框架、导光管道以及立面绿化等方式保证架构内的采光和通风等基本条件，让整个拥挤的住宅区变成一个超大体量的共享集群社区。

方案亮点

“微缩城市”针对采光、隐私、绿化、活动缺失等问题，利用早已失去主要功能的灰空间“采光井”提出一系列设计参考和方向。同时通过走廊将各块连接在一起，形成立体交通，有效缓解地面交通压力，同时可以解放更多的城市广场，丰富人们的社交活动，为人们提供一个“健康家园”。

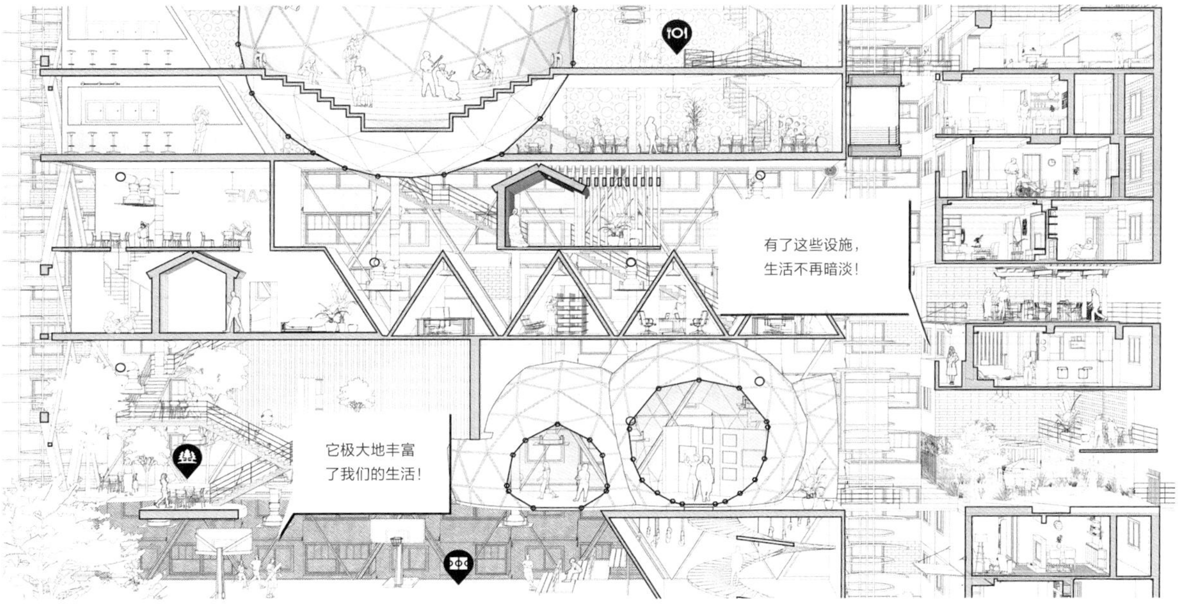

有了这些设施，
生活不再暗淡！
它极大地丰富
了我们的生活！
餐厅 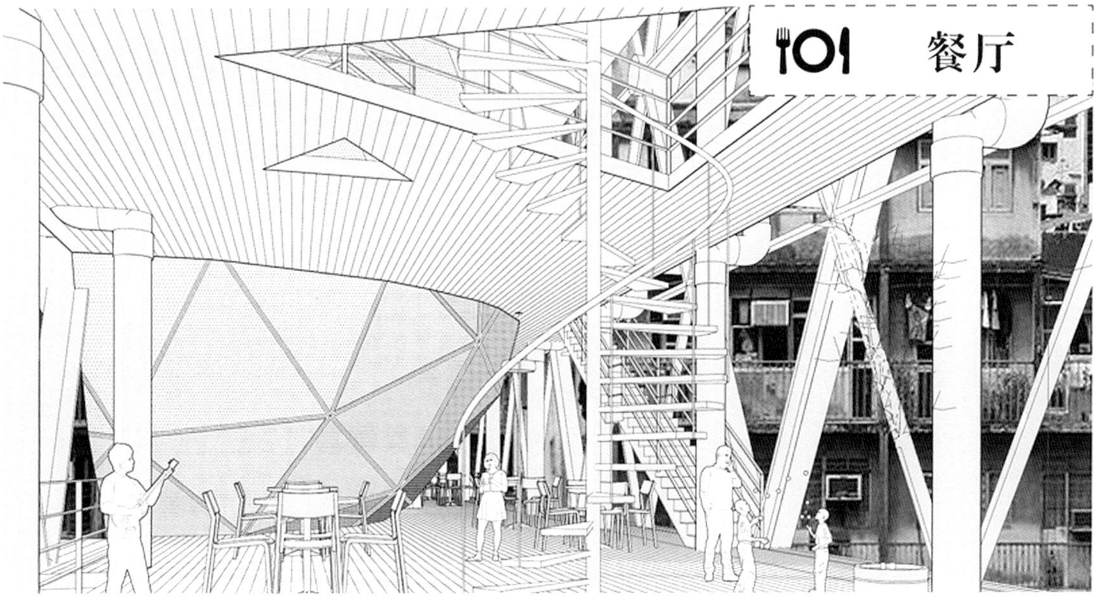
餐馆 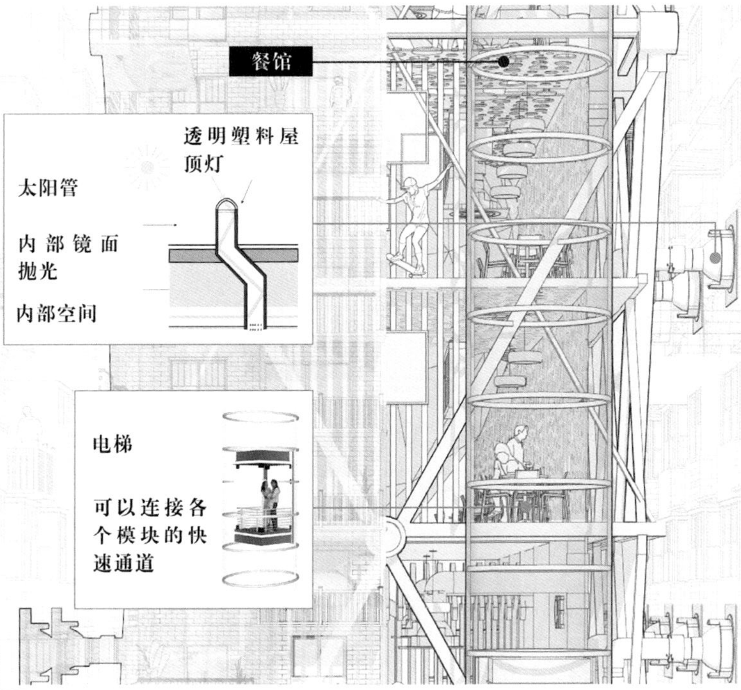
透明塑料屋顶灯
太阳管
内部镜面抛光
内部空间
电梯
可以连接各个模块的快速通道

作品解读

Q1 在这样高密度的住宅形式下，如何将新框架体系介入？

石子青

A 首先，从使用者的角度来说，“以人为本”是我贯穿整个设计的原则，通过问卷调查、实地采访、资料查询等方式，让我始终能够站在实地居住者的立场进行思考和设计，切实把握人们对空间、环境、功能等各方面真正的需求和细节。其次，从设计者的角度来说，由于住宅楼间狭窄的天井空间有限，因此在设计上我遵从less is more“少即是多”的设计理念，坚决杜绝无谓的装饰累赘，将人们所需要的功能空间形式精简成简单几何体，例如三棱柱形的工作室、球形的展览空间等。通过极简的形体自由穿插组合，自然而然地形成丰富趣味的空间。

Q2 在住宅楼的天井中插入一个用于公共活动的体系结构，如何考虑噪声污染问题？

A 噪声污染可以从源头以及传播过程来降低。此次设计是在框架上插入多种模块，一方面从源头降低噪声污染，对模块的功能进行限制。居民们对生活娱乐的需求各不相同，但在公共空间应选择噪声较少的休闲形式，例如展览馆、羽毛球场、温室种植、自习工作室等；另一方面利用框架种植一些被称为天然消音器的绿植，不仅能够改善住宅的绿化环境，而且在传播过程中也能起到降低噪声污染的作用。

Q3 对模块功能的选择和组合方式是自由随机的还是有遵循一些设计思路？

A 在高密度社区内插入一个供公共活动的构筑物，是需要遵循一些规律的。首先针对住宅楼的主要使用者进行采访调研，总结出他们日常生活需要的一些功能模块，然后考虑场地及公共环境的限制对其进行筛选。其次是对各功能的特性进行分析，并从“整体”和“局部”的角度进行分类，例如绿化和运动场是“整体”的，而工作室、展览馆则更倾向于“局部”。这样分类好后再结合环境条件、疏密等其他要素，可以更有针对性地进行组合。

作品展示 VCR 部分场景

扫码观看完整 VCR

评委点评

冯金龙

· 江苏省设计大师

· 南京大学建筑规划设计研究院院长

作品紧扣大赛主题，以建筑师的视角探索当代高层居住社区所呈现的拥挤、绿色空间和公共活动缺失等问题的应对改善策略和操作方法。作品以高层居住建筑群为实验样本，以“微缩城市”概念构建社区公共服务设施和社交活动场所建筑综合体，在努力改善高层住区空间物理环境的同时，更注重提供丰富多样的社区生活，构建健康的精神家园，提供了一个可借鉴的城市高密度住区环境问题的解决方法。

折屏宴戏
——夜宴图情节空间再现

设计团队 周俊杰 / 周欢
设计机构 南京工程学院
奖　　项 紫金奖 · 铜奖
优秀作品奖 · 一等奖

创作回顾

设计缘起

泗阳县李口镇八堡村东依京杭大运河，西临古黄河，环境优美，民风淳朴。这里是我太姥爷的故乡，我们带着对太姥爷的念想来到这里。调研发现村民们丰衣足食、安居乐业，但是传统的乡村文化、公共活动、娱乐活动正在失去活力。我们尝试设计一个乡村公共活动展示空间，为推动健康乡村社会交往提供一个具有集体记忆和传统韵味的场所，为太姥爷的家乡建设出一份力。

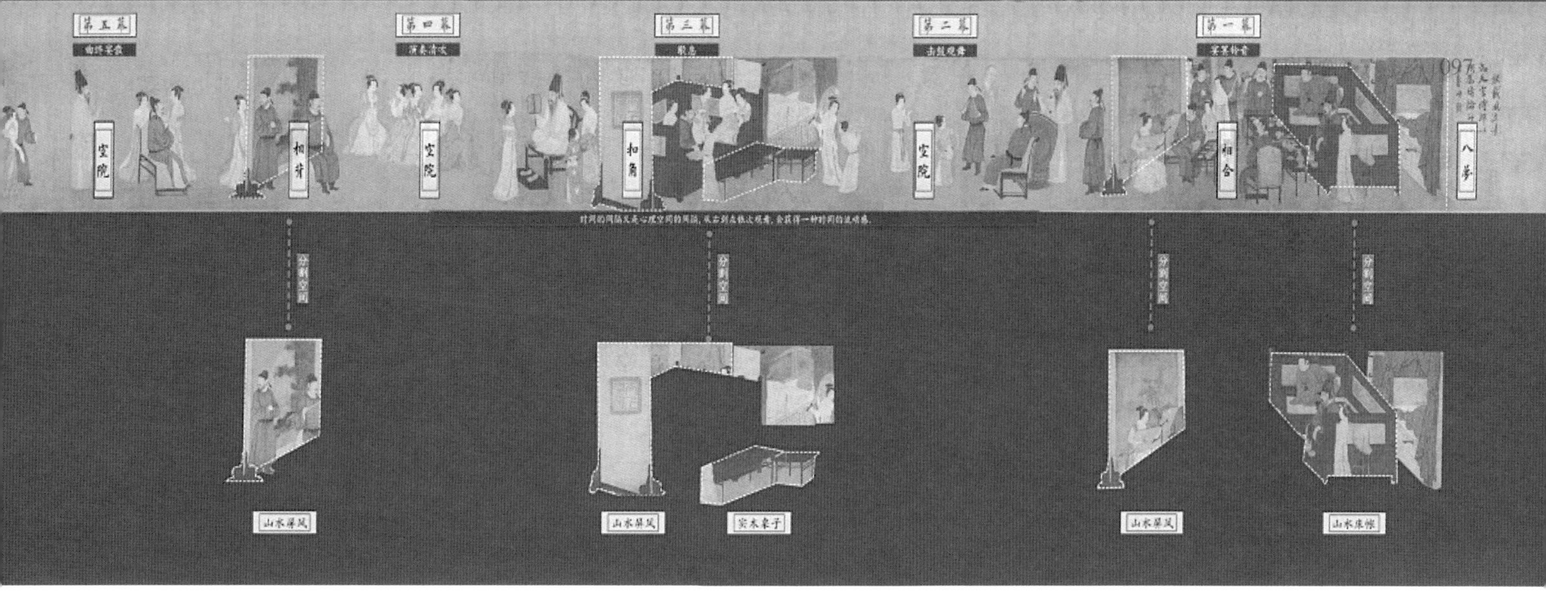

设计思路

我们的设计围绕如何营造具有传统韵味的健康乡村公共空间展开。我们在调查总结村民们的活动需求基础上，尝试在中国历史悠久的传统文化中寻找设计逻辑。在老师的指导下，我们发现许多描绘建筑或建筑空间场景的古画中蕴含着前人营造空间和场所精神的智慧。最终,《韩熙载夜宴图》的空间和场所构成手法，以及时空、场景的转换形式使我们豁然开朗，并从中找到了历史与现代融合的切入点。

1.折屏

《韩熙载夜宴图》采用了多幕的场景设置，是传统中国长卷人物画典型的组织方式。

用屏便可暗示基本的方向性，以区分内外、出入、断续、藏露。以屏风有规律地组织、划分、连接起韩熙载夜饮宾客、姬妾共舞的视觉叙事，屏风的存在将原本连续的手卷分隔出片段的图景。

2.重组

观众追戏、入戏，成为戏的一部分，观众可以是侍从甲、箫笛乙、龙套丙，是演员的氛围。下场的演员混入观众，次幕的演员窥看前幕……折屏不仅巧妙地形成了空间舞台，并实现了不同时空的空间组织构图形式。

3.转化

将其关系解构重组后转化为“盒子”“空院”和“楼梯”。用“盒子”与“空院”区分内外、出入、断续、藏露，形成剧情性的功能空间组团。同时通过楼梯引导，使人们随着楼梯的高低、转折，在不同的“盒子”与“空院”中相遇，或擦肩而过，或相谈甚欢，或同戏同乐，或共登高处。建筑可观亦可居，如画且可筑。

4.剧本

置身其中的人们会触景生情，上演一幕幕活化的歌剧，整个空间讲述着每个人自己的故事，乡村的情感也因此延续。

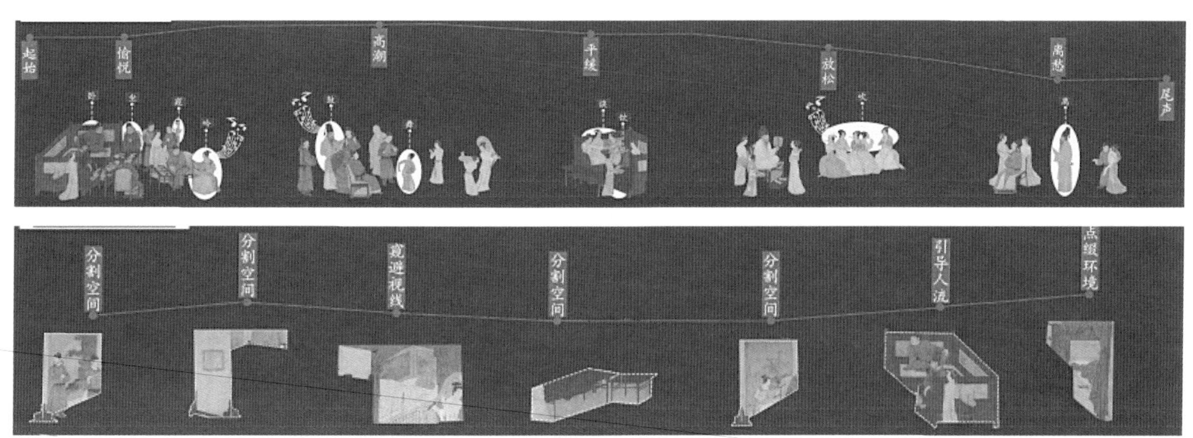

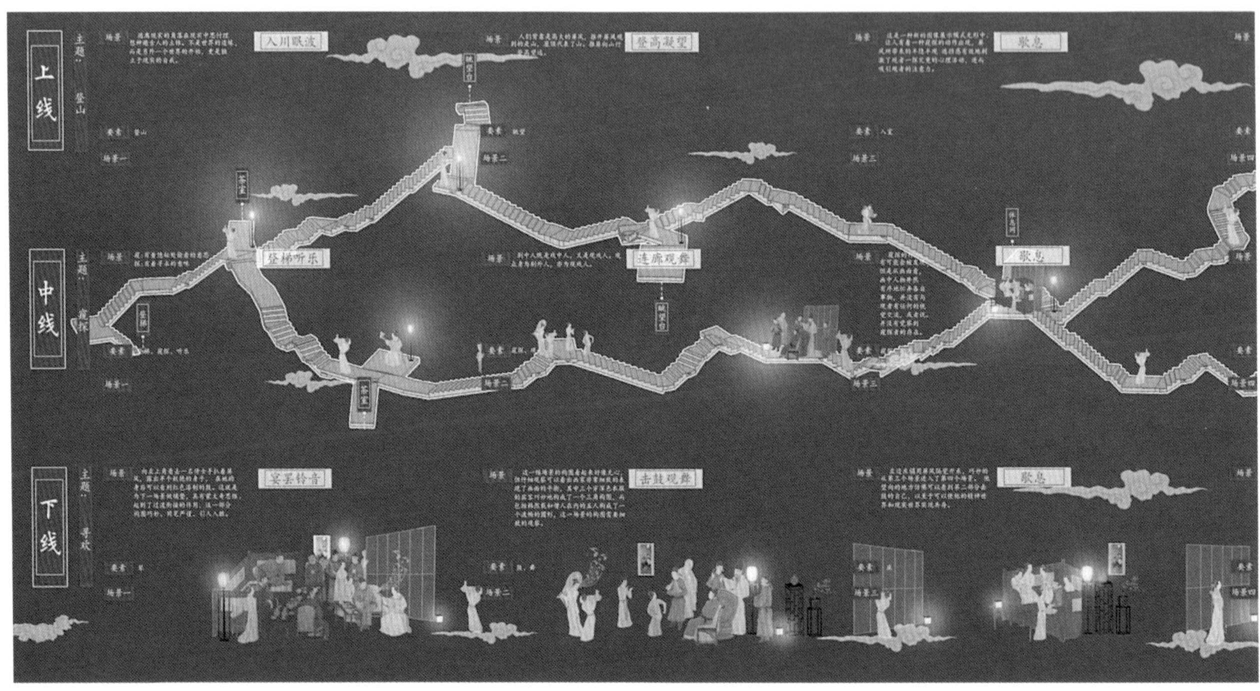

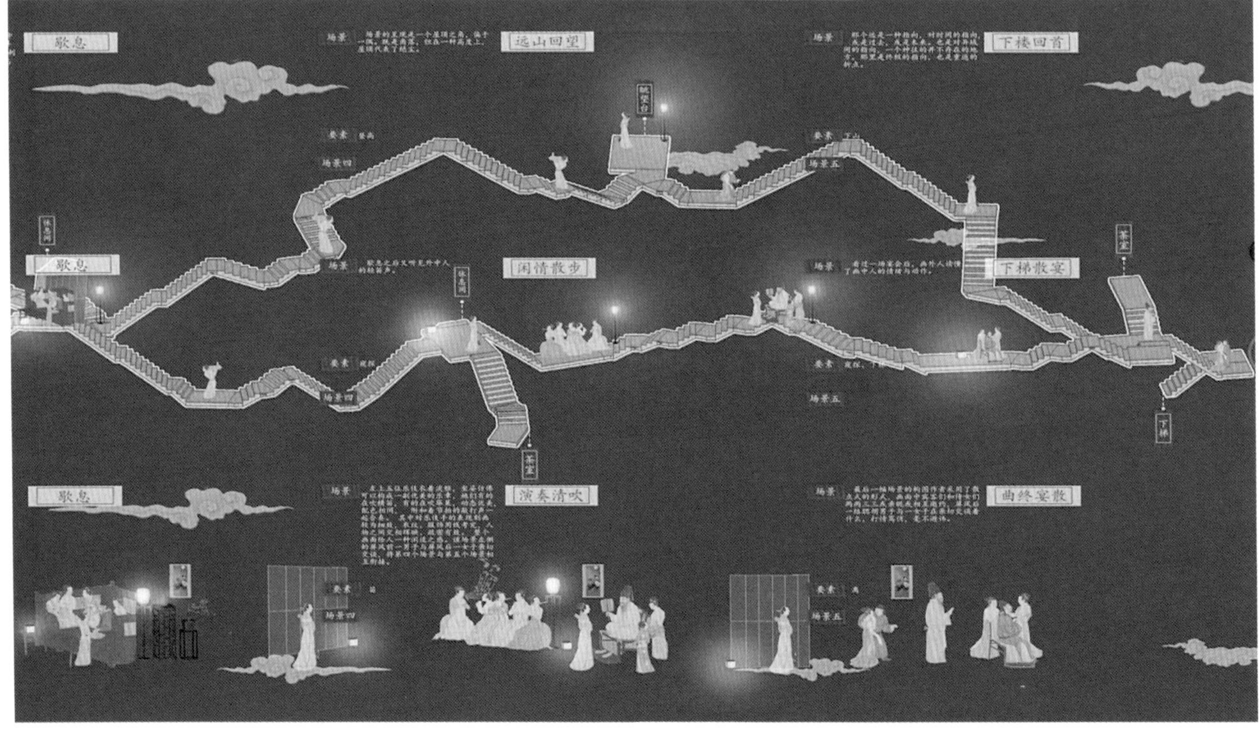

方案亮点

村民们置身其中，观剧人亦是戏中人，戏中人亦是观剧人，在满足不同的健康乡村活动需求的同时，充分体现建筑空间的舞台性和戏剧性。让建筑成为舞台，展示现实乡村生活中积极向上、健康和谐的社会交往活动，使村民在观剧人与戏中人的角色中不断转换，产生丰富的体验感，吸引更多的人参与其中，具有积极的社会现实意义。

作品解读

周俊杰

Q1 为什么会将此作品命名为“折屏宴戏”呢?

A “折”是指空间与场景的组织和变化逻辑，着眼点不是物性的“折”，而在于界定多重空间感知的秩序、象征与阐释方式，并且需要“游”起来。“屏”是划分空间的手段，分割后形成的小空间又分为“实”的盒子与“空”的院子两个部分，用“盒子”和“空院”区分内外、出入、断续、藏露，形成剧情性的功能空间组团。“宴”是指“盒子”与“空院”形成的共享空间区块，按照乡村主要活动情境划分为五个空间剧场，每个空间剧场对应不同的情节主题。“戏”是指使建筑成为舞台，营造出戏剧化的建筑空间场景。

周 欢

Q2 作品是如何体现“健康家园”主题的?

A 我们认为健康家园应该包括社会关系健康、心理健康和行为健康，并为上述各项活动需求营造出适宜的公共建筑。该建筑还将成为文化传承的载体。概括提取《韩熙载夜宴图》中的生活化空间及场景表达和转换手法，通过“盒子”与“空院”形成适宜的健康社会交往活动功能区块，再置入曲折起伏的楼梯来连接各个功能区块，引导村民们在功能区块内体验健康社会活动及交流空间里的舞台性和戏剧性。

周俊杰

Q3 从古画中提取设计逻辑的原因是什么?

A 《韩熙载夜宴图》运用屏风这个关键要素将五幅独立画面进行分割与联系，屏风后不是高墙，它是时空的折合，是场景转换的界面。折屏不仅巧妙地形成了空间舞台，并实现了不同时空的空间组织构图形式。这种构图形式和时间、空间组织手法十分独特。因此，我们对《韩熙载夜宴图》中的时间与空间组织手法进行概括与提取，并解构重组后转化为建筑空间关系。

作品展示 VCR 部分场景

扫码观看完整 VCR

评委点评

陈卫新

- 作家
- 研究员级高级工艺美术师
- 南京筑内空间设计总设计师

《韩熙载夜宴图》中每个画面都是独立的空间单元，各画面的分割和连接通过屏风的形象来实现，屏风是原画中时间和空间起承转合的纽带。作品通过对《韩熙载夜宴图》细致的观察和分析，抽象地提取出画中“屏”的概念，并转换为“楼梯”和“盒子”两种载体。将大空间分割成小型功能空间后，又通过分散的空间点连接成人与人互动密集的共享空间区块，村民们在楼梯的指引下参与不同的活动，又随着楼梯的高低起伏在不同的空间中与不同的人相遇，充分体现了建筑空间里舞台的戏剧性。

耕耘 · 迟暮 · 新生活

设计团队 陈阳 / 黄一夏 / 李磊

设计机构 中国矿业大学

奖　　项 紫金奖 · 铜奖

优秀作品奖 · 一等奖

创作回顾

设计缘起

我国城市老龄化问题日趋严重，在健康中国战略下，老年人如何实现健康居家养老成为社会关注的热点问题。在经历了2020年的新冠肺炎疫情之后，老年人的健康问题，理应受到更多的关注。尤其是那些生活在城中村棚户区、缺乏完善生活服务设施的老年人，他们的健康养老问题更应被关注。一个城市发展方向的准确性应包括如何去解决历史遗留下来的问题，而一味地拆迁不应该成为默认模式。我们尝试将老年人的康养问题和城中村改造结合起来，打造一个多功能创新康养式养老社区。

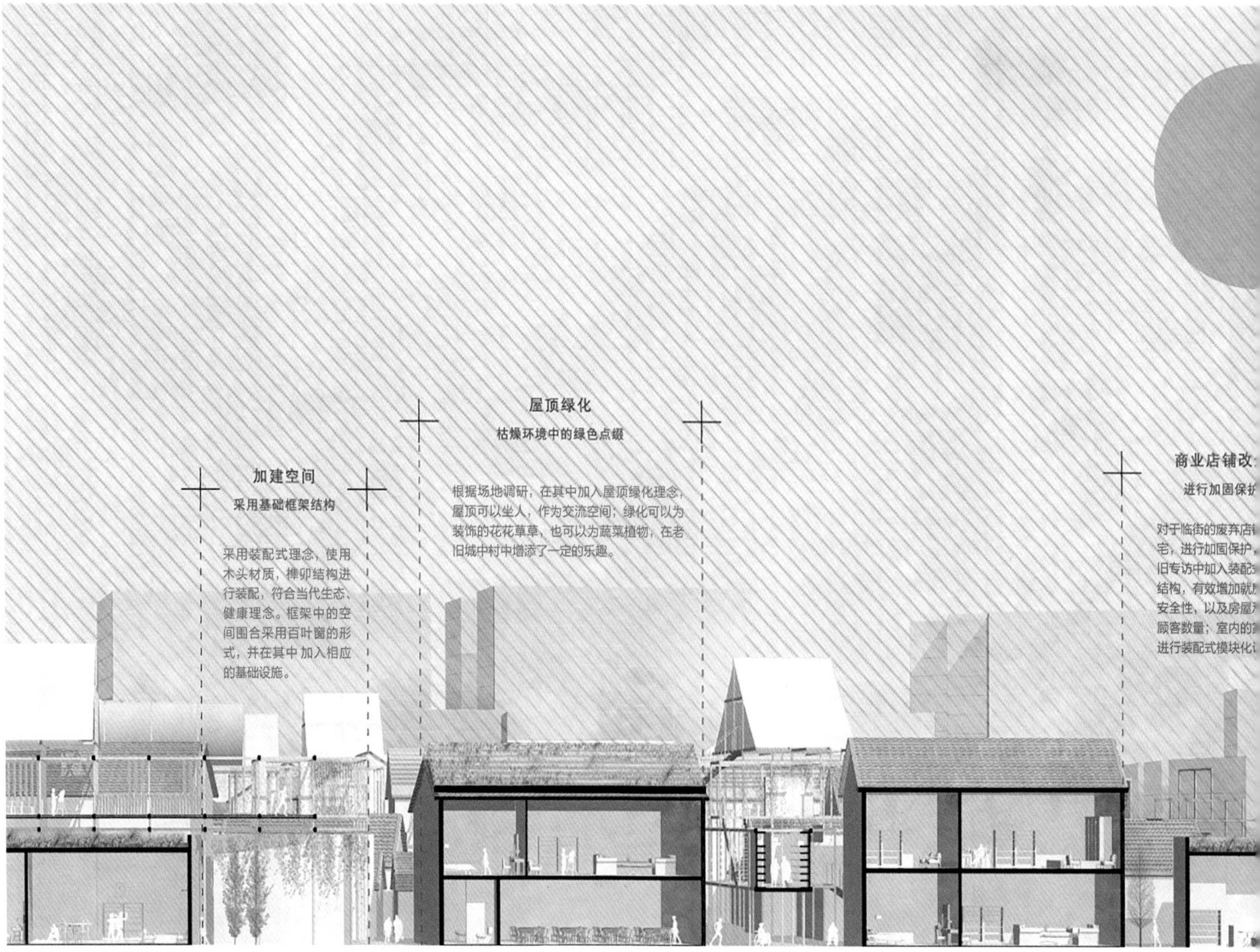

加建空间

采用基础框架结构

采用装配式理念，使用木头材质，榫卯结构进行装配，符合当代生态、健康理念。框架中的空间围合采用百叶窗的形式，并在其中 加入相应的基础设施。

屋顶绿化

枯燥环境中的绿色点缀

根据场地调研，在其中加入屋顶绿化理念，屋顶可以坐人，作为交流空间；绿化可以为装饰的花花草草，也可以为蔬菜植物，在老旧城中村中增添了一定的乐趣。

商业店铺改

进行加固保

对于临街的废弃店
宅，进行加固保护，
旧专访中加入装配
结构，有效增加就
安全性，以及房屋
顾客数量；室内的
进行装配式模块化

设计思路

我们选取徐州白云山铁路小区作为设计对象，兼顾当地老年人的养老问题和社区改造。利用一些闲置空间和对建筑二层的再设计，赋予场地一些新功能，不仅满足了老年人的各种需求，还重新给场地注入了新鲜血液，增添了活力。

设计策略

本方案不改变原有城中村铁路老职工社区原貌以及老年人生活习惯，增设以可移动模块化为主的功能空间以及其他场所，达到使老旧社区重获新生的目的。从生活、医疗、娱乐角度出发，打造健康社区，通过拓展空间、引入商业、链接社区，来激发整个社区的活力。

在生活上，我们在原有建筑上增设可移动模块化廊道，满足老年人行动不便、日常社交等需求；在医疗上，设置社区大型综合服务点，将模块化空间分布于社区的临时医疗处；在娱乐上，以原有商业街为基础，在不改变原有商店位置的情况下，设立潮汐摊位。从老年人生活的各角度考虑铁路老职工的生活习惯，全方面建设以人为本的新型养老社区。

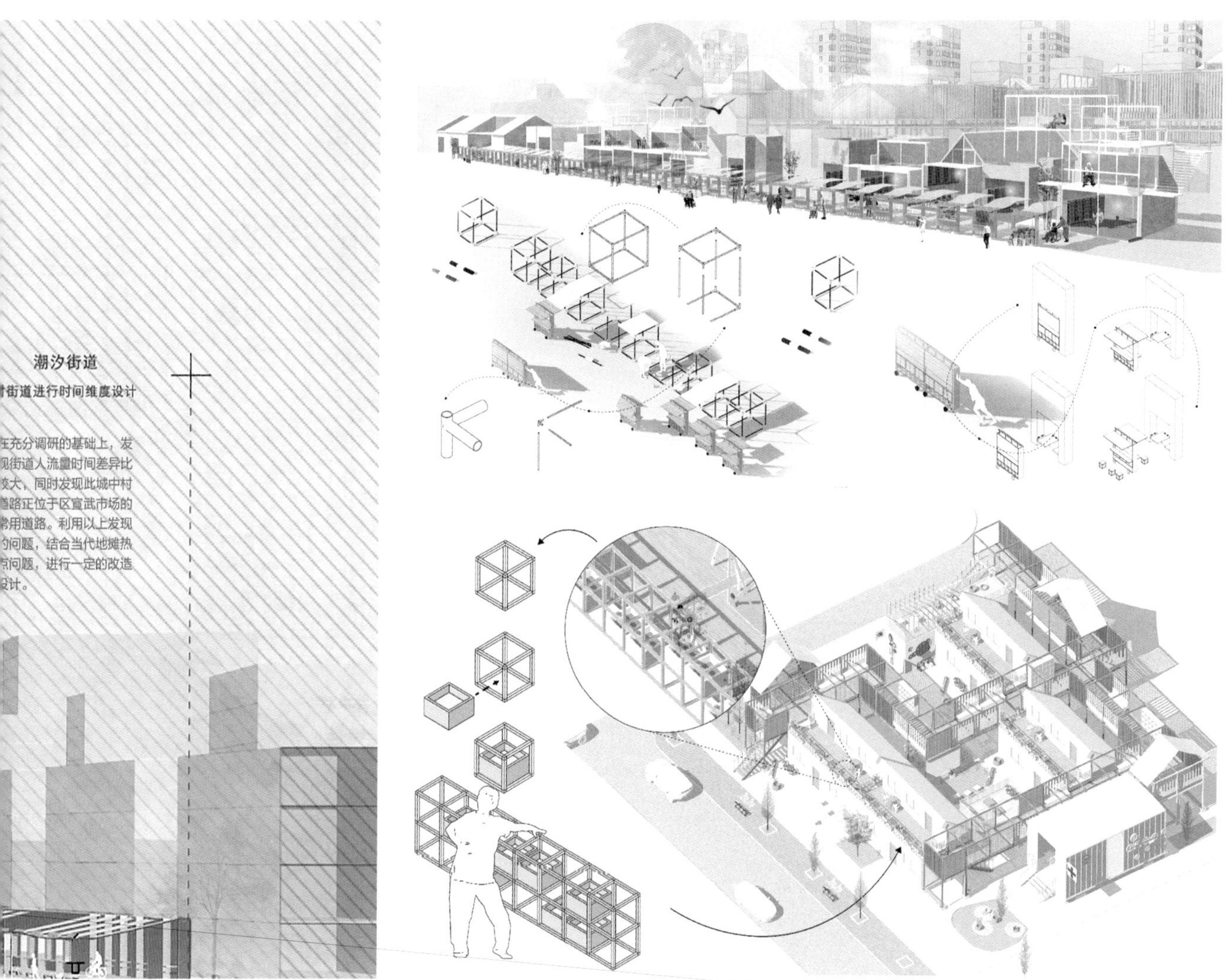

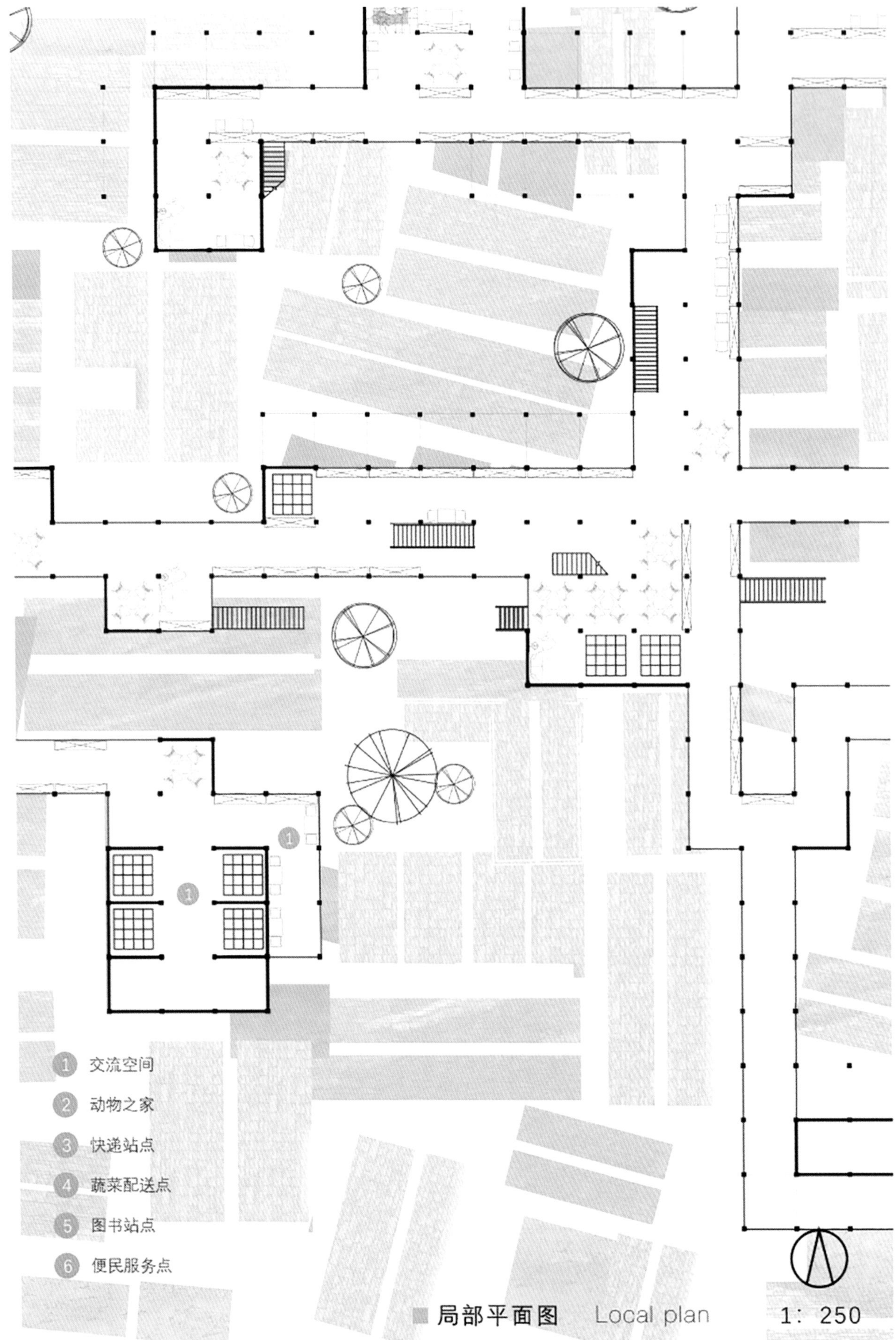

局部平面图 Local plan 1：250

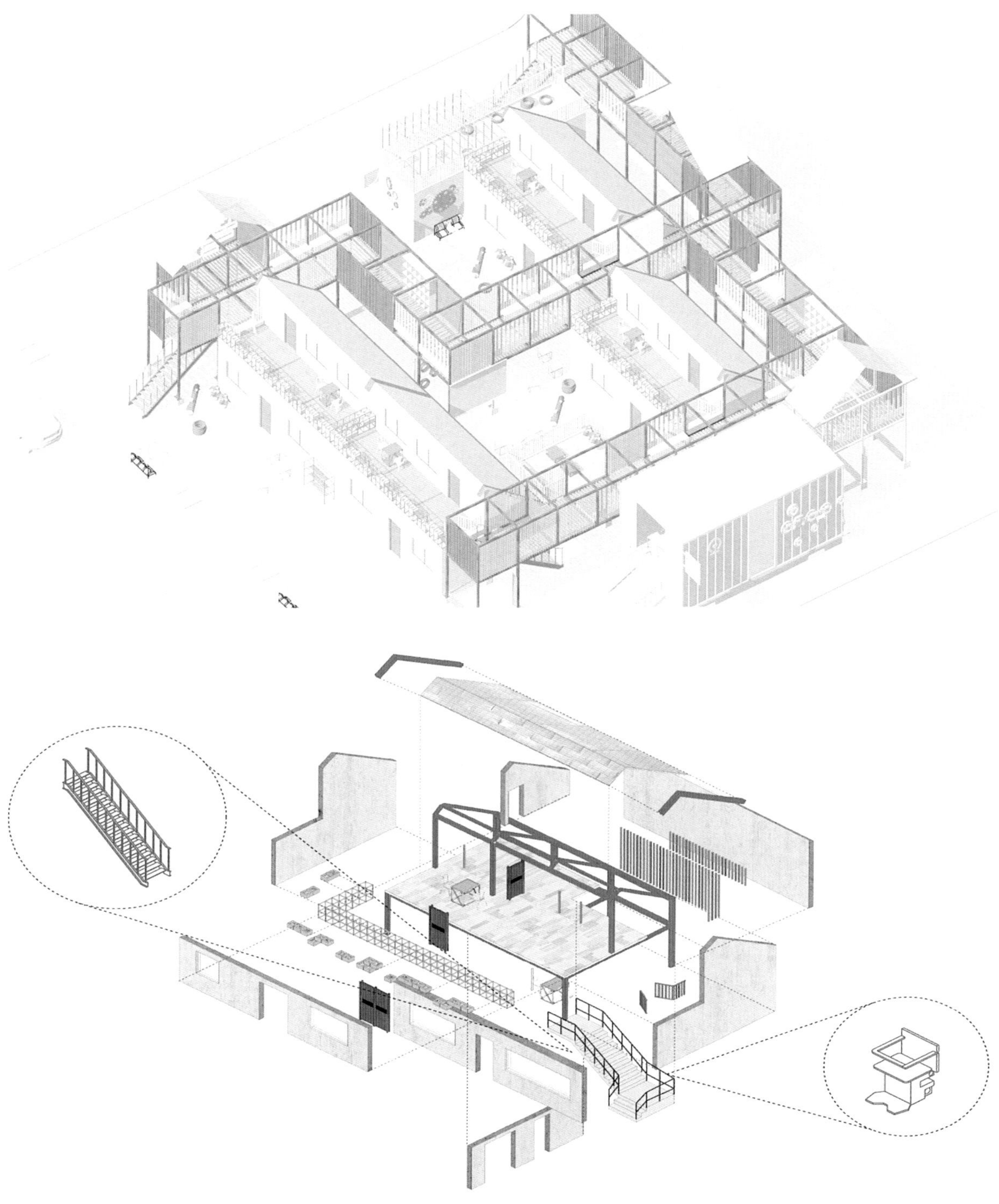

方案亮点

1.方案以装配式框架为纽带来连接整个场地，并将八个功能模块以点的形式分配到框架空间中，以线的方式作为道路将其相链接，从而实现社区的全面覆盖。

2.在其中置入产业链，基于现有的沿街商业店铺，对店铺建筑的内部空间进行钢结构加固，并利用钢材料加建二层、三层。通过沿街店铺功能模块及潮汐型商业装置的引入，打造全时段街区，焕发社区生机。

3. 在整个社区规划方面，拆除部分老旧危房，增加社区服务总站、健康功能空间，规划场地绿地，优化社区入口，提升社区老人幸福指数。

4. 将复合型养老理念贯穿整个社区，解决辅助设施的安置以及辅助人员的分配问题。在场地创建生活、娱乐、医疗、咨询为一体的服务空间，打造医养结合的养老体系，为老年人提供健康舒适的生活环境。

作品解读

仝晓晓

Q1 现有铁路小区宿舍及其开放空间中普遍缺乏可持续发展的弹性空间，如何充分拓展小微空间，将消极空间转换为健康积极空间？

A 考虑到老旧铁路小区内的外部活动空间严重不足的问题，我们将场地中低层高密度住宅的屋顶空间进行充分的拓展，通过构建快装型可移动的“空中廊道”，对屋顶平台进行加建与改建，将居民的康养活动空间拓展到建筑物的顶层，让有限的空间得以生长，从而拓展、增强小微空间发展的弹性。

黄一夏

Q2 在“积极健康老龄化”和“智慧城市”背景下，如何破解养老问题短板？

A 通过问卷调查的方式对该地区现有老年人的生活习惯进行研究、梳理和汇总，提出智慧型康养铁路小区模式的实现条件和可能性路径。构筑多元化、多功能的新型养老模式和装配式、快装型养老多维共生设计体系。

李 磊

Q3 智慧型多功能的铁路小区康养社区模式如何实现？

A 将定制性模块化建筑与智能养老密切结合，让老年人刚需的“医、养、康、护、教”等功能变得更加灵活，更有针对性。

陈 阳

Q4 如何从根本上解决铁路小区与城市发展的差距？

A 解决下岗职工的再就业，利用智慧街道来构建潮汐式的新型社区商业街，满足白天的生活需要，同时也达到夜市的功能，并且，通过设立“智慧康养加油站”的模式，以应对城市发展对老旧小区人居环境和未来养老带来的挑战。

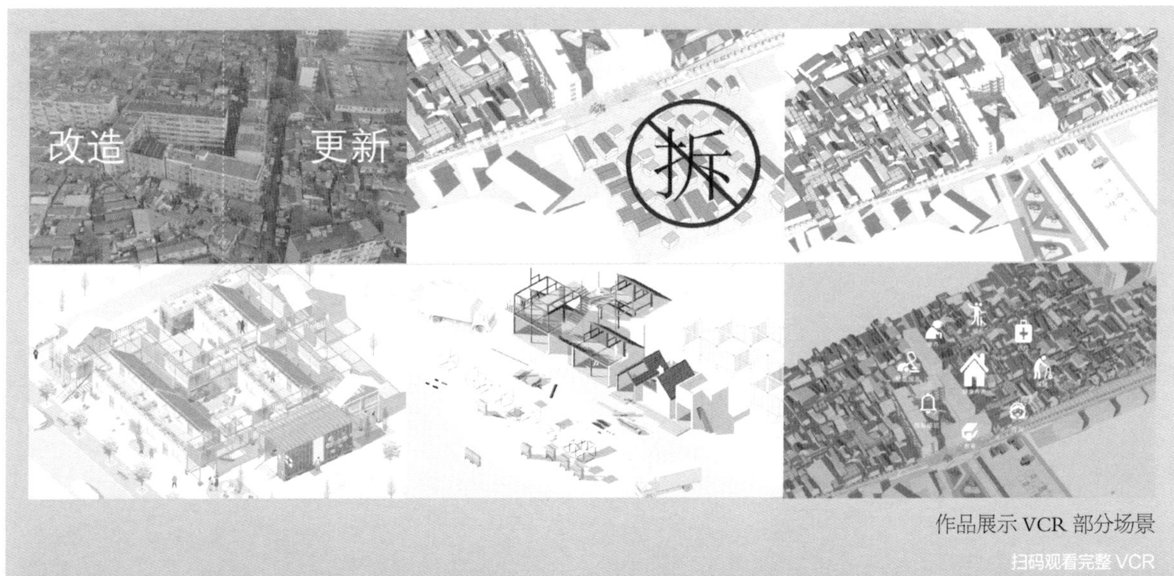

作品展示 VCR 部分场景

扫码观看完整 VCR

评委点评

魏春雨

- 湖南大学建筑学院教授
- 湖南大学设计研究院院长
- 地方工作室主持建筑师

设计以一种人文视角对城中村展开研究，提出了共存、共生和共享的理念，试图在保留相关城市记忆的基础上通过引入“市场+人才+养老社区”来激发出城中村的活力。设计针对城中村现状，采取“整合、引入、连通、保留、改造”等策略，对空间结构、功能设施、道路交通、环境景观进行修整与升级。作品最大的特色是使用一种轻质的“钢+木”框架结构单元填充在街区的缝隙以及部分建筑的空间中，利用了一些屋顶空间，实现了人群的自由联系，为诸多引入的功能提供载体，并对一些孱弱的危楼在结构上进行了加固，在结构层面具有一定的落地性。

共享式青年公寓设计

设计团队 林昊玮
设计机构 中南林业科技大学
奖　　项 优秀作品奖 · 一等奖

作品介绍

该选题尽可能搜集和分析前人所研究的资料与成果，并对同类竞品进行分析调查。通过对单身公寓的主要居住群体的定位进行分析，对研究对象的心理、生理特征及生活需求展开探索，思考单身公寓这一类住宅类型的居住需求和生活模式。

作品以三大设计理念为支撑：即人性化设计原则、空间集约化设计理念、个性化设计原则。基于单身公寓用户群体的需求，对室内用户居住空间的重组和家具的多功能应用，在小户型空间内也可以做到私密与交流空间的划分。同时，增加空间内共享空间的使用，使得公寓整体空间具有较强的可实践性，来满足青年用户的多样化需要。

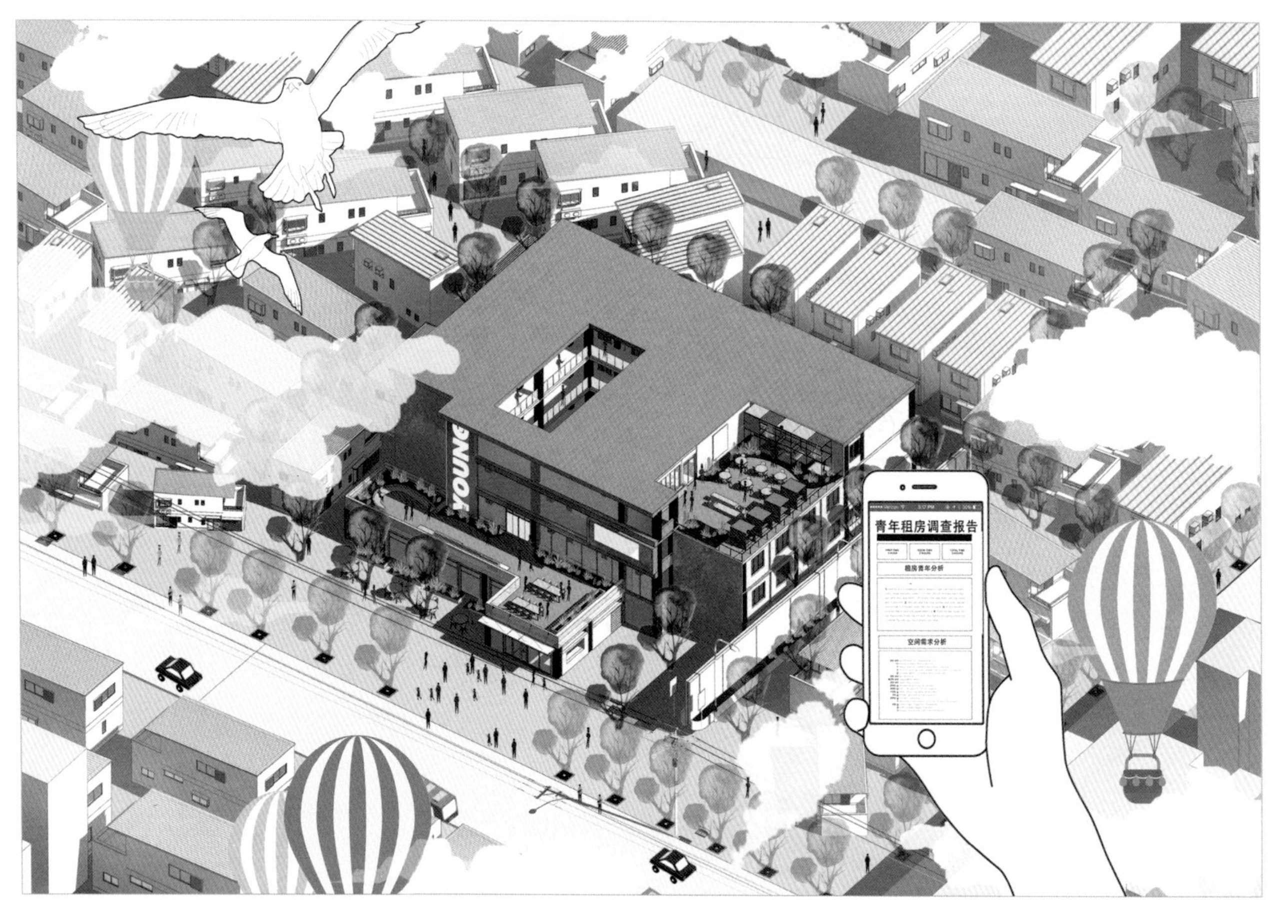

前期调研-PRELIMINARY RESEARCH

年份	2010	2011	2012	2013	2014	2015	2016	2017	2018
流动人口（亿人）	2.21	2.30	2.36	2.45	2.53	2.47	2.45	2.50	2.41

2010-2018年中国流动人口规模（单位：亿人）

能接受 不能接受 看经济条件 看政策走向

11.0% 43.0% 31.0%

2019中国白领群体对一辈子租房的接收程度分布

70后 80后 85后 90后 95后

41.71% 44.11%

单身公寓住户年龄层占比分析扇形图

空间	比例
浴室	8%
厨房	10%
客厅	16%
工作空间	18%
卧室	47%

住户最愿意花钱布置的空间

需求	女	男
每间独立卫浴	67%	65%
交通便捷	41%	37%
室内优良床垫	32%	32%
卧室带阳台	31%	27%
有飘窗	21%	25%
装修精美	24%	24%
带电梯	26%	18%
附近公园商场	14%	14%

公寓居住空间用户需求分析柱状图

根据调研,青年公寓的主要居住群体是年龄在20～35岁之间的年轻人，青年人对于快乐生活和高品质居住环境要求不同，他们渴望居住的空间可以提供惬意且温馨的环境。对此国内的青年公寓运营是对闲置楼宇进行了专业化的改造和升级，来推出一系列"青年公寓"、"青年社区"等，受到大部分年轻人的喜爱，在这样一种背景下，青年聚居现象应运而生。

According to the survey, the main residence groups of youth apartments are young people between the ages of 20 and 35. Young people are happy for a happy life and a high-quality living environment.Different requirements, the space they desire to live can provide a comfortable and warm environment. In this regard, the operation of youth apartments in China is a professional reform of idle buildingsBuilt and upgraded to launch a series of "youth apartments" and "youth communities", etc., which are loved by most young people. Under such a background, young people are living togetherThe elephant came into being.

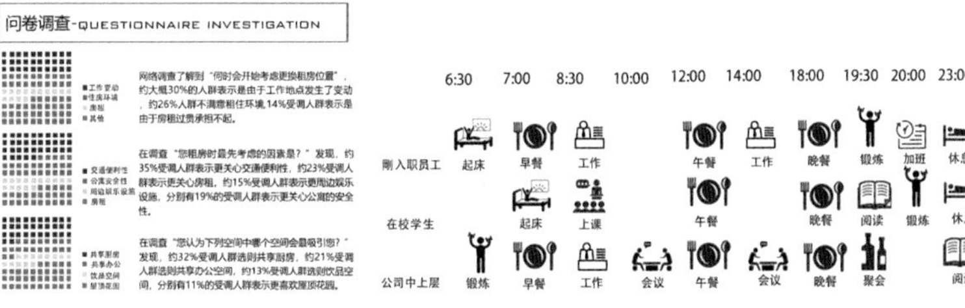

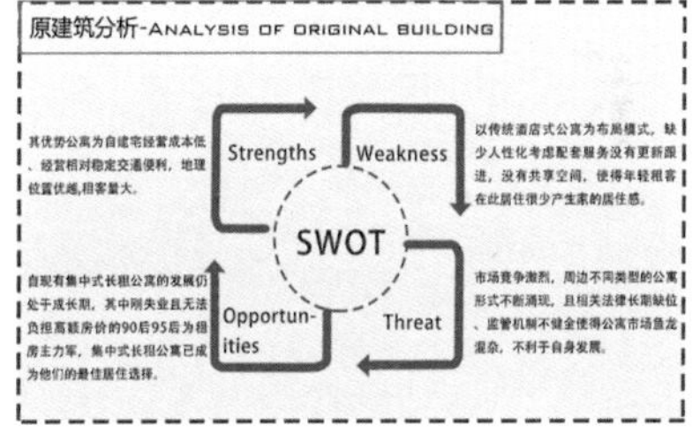

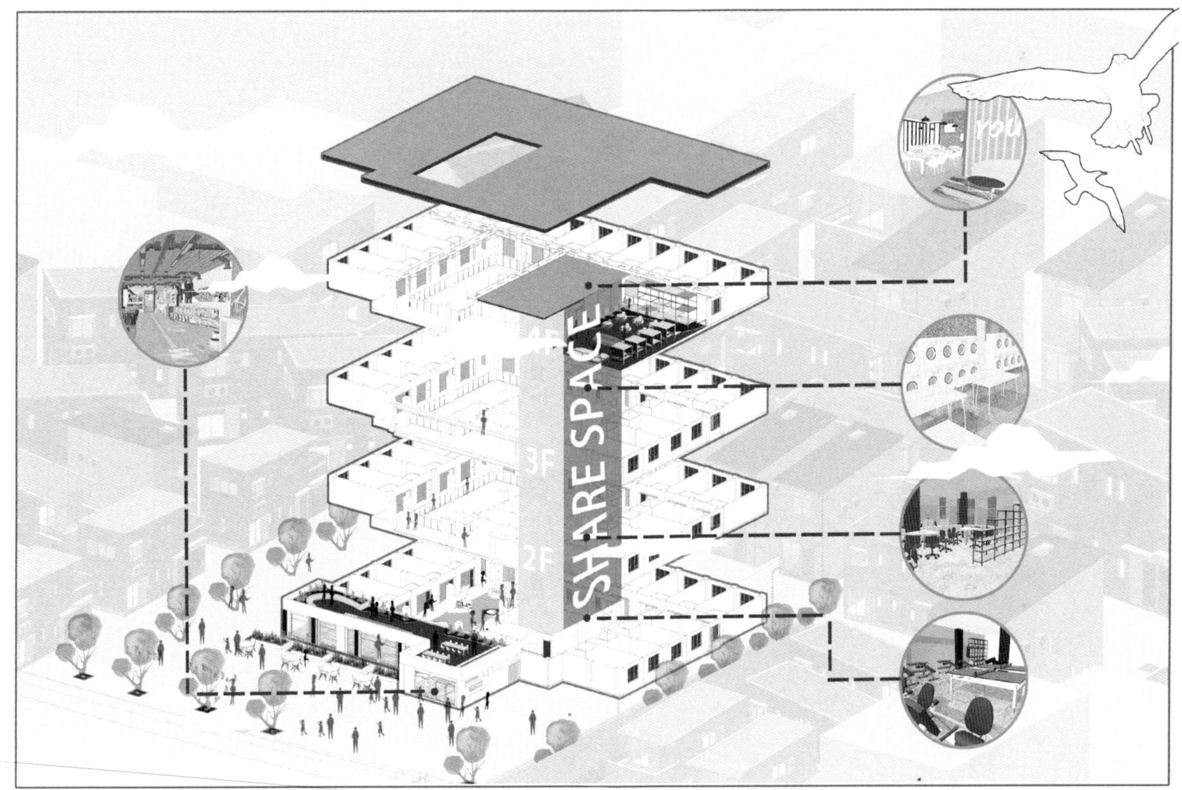

READING

第七届 紫金奖·建筑及环境设计大赛

The 7th "Zijin Award" of Architectural Design & Environmental Art Contest

优秀作品二、三等奖

二等奖 · 职业组

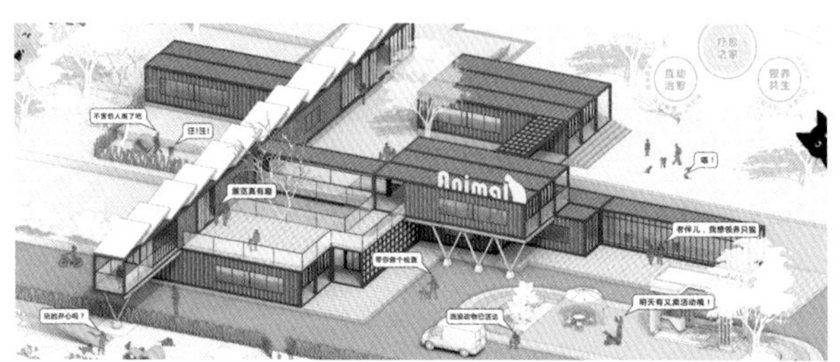

疗愈之家——流浪动物公社设计

王承华、姜劲松、吴泽宇、徐立军、陈思敏、黄晓庆
/ 江苏省城市规划设计研究院

方 · 桥

相南、秦川、陈晓奕
/ 本构建筑设计（上海）有限公司

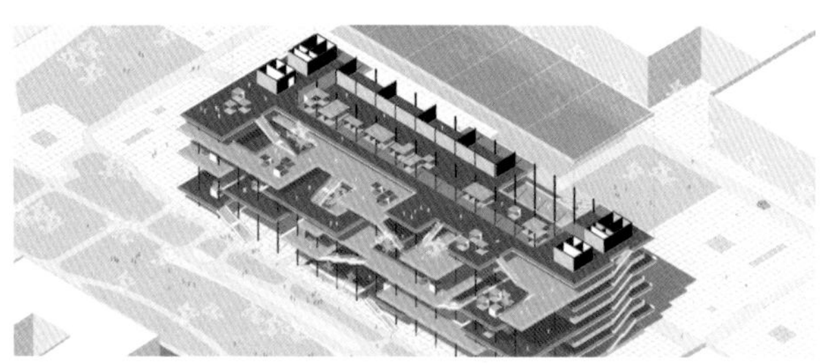

层庭 · 趣盒——移动健康“微办公”

张靓、孙磊磊、陈啸、刘雨萱、杨馥嘉
/ 苏州大学

乡土 · 享土

马全明、胡肖辉、仝潜、刘栩如、张馨月、Ossipova Irina
/ 中国矿业大学工程咨询研究院（江苏）有限公司

集约与共栖

张豪、张楷、陈君燕、王逸卿
/ 启迪设计集团股份有限公司、南京雨盛建筑设计咨询有限公司

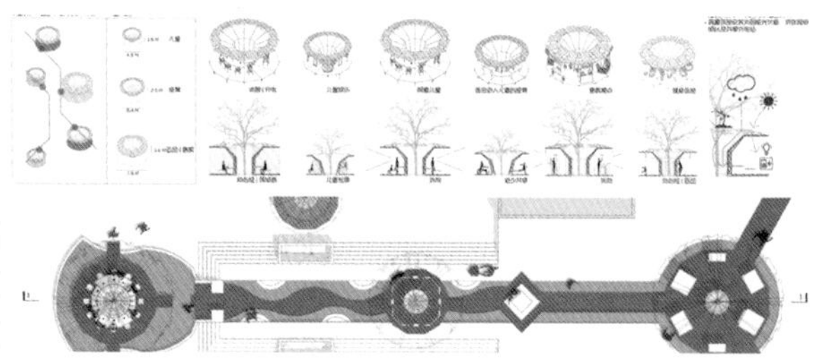

“无水”而居，与树“共生”

甘继源、汤琛瑜、孙伟、周超、崔明、刘俊
/ 江苏筑原建筑设计有限公司

搭梦空间——乐高式景观

邢杨、武媚佳、蒋玲玉、孙峰
/ 中景博道城市规划发展有限公司

繁华深处——老城步行架构畅想

武赟、魏君一、吴波、魏亮亮、缪屹泓、王永峰
/ 江苏省城市规划设计研究院

见缝插针——城市胶囊医疗站

蓝健、胡楠、路晓阳、王卫超、唐晓天、沈跃
/ 南京市建筑设计研究院有限责任公司

未雨绸缪——平灾结合的应急场地

孔佩璇、马驰、朱道焓、路晓阳、蓝健、陆昊
/ 南京市建筑设计研究院有限责任公司

与生命赛跑

石佳惠、胡震宇 / 东南大学建筑设计研究院有限公司

环屋漫游

路晓阳、蓝健、李小鸽、田娣、王一鸣、易鹏进
/ 南京市建筑设计研究院有限责任公司

新保安故事——社区入口空间优化

朱思渊、林隆葵、张妍、周梦绯、张善锋、袁伟鑫
/ 江苏筑原建筑设计有限公司

空场

黄新煜、袁启春、周胡超、孙卫、朱旻、高宇
/ 江苏博森建筑设计有限公司

SPARKS——旧操场的新生

邢宇、侯杰、陈翰文、王雅琪、赵彬、冒艳楠
/ 江苏省城市规划设计研究院

灵巧的房子

刘林强 / 同圆设计集团有限公司

农民工之家——矿坑里的健康庇护所

姚刚、段忠诚、褚焱、郑宇鹏、华倩倩、李俊
/ 中国矿业大学建筑与设计学院

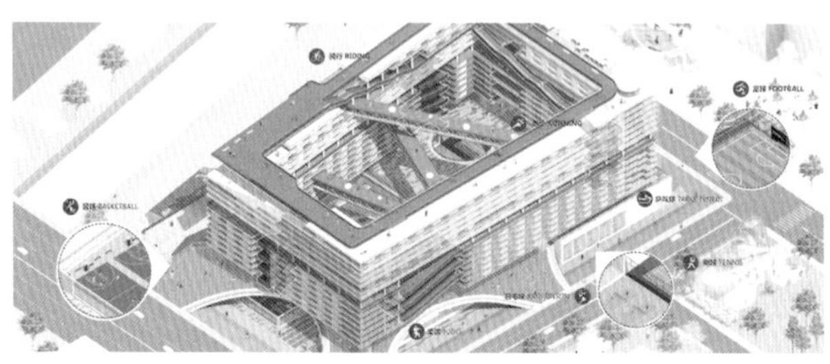

生命之舟，跃动健康环游迹

王畅、裴小明、梅宇、张效嘉、王珏、林荣荣
/ 南京长江都市建筑设计股份有限公司

电梯卫士

李龙、朱晓冬、尹浩、陆雨璐、徐静
/ 苏州立诚建筑设计院有限公司

看不见的防线

田源培、余志鹏、陈柯竹、王曦、张琛昊、梅清影
/ 中衡卓创国际工程设计有限公司

菜场里的家

王雪、王艳春、天宇、张家豪、杨颖、汤淑星
/ 江苏省城市规划设计研究院

后疫情时代的魔方公舍

冒艳楠、杨小军、葛文俊、王小康、冯康宁、陈子晨
/ 江苏省城市规划设计研究院、中哲国际工程设计有限公司

穿越渡桥，“健”证未来

郜佩君、游弘艺、罗吉、吴逸雯、裴峻、蒋炜庆
/ 东南大学建筑设计研究院有限公司

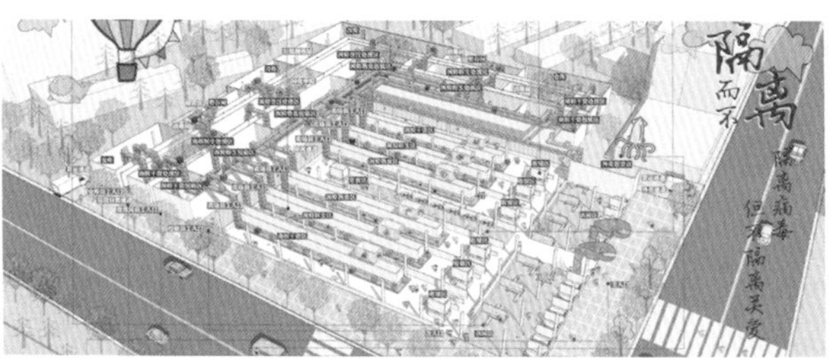

隔而不离——武汉华南海鲜市场改造

肖鹏、卫其励、何奇琦 / 中南建筑设计院股份有限公司

掰开的公寓

荣朝晖、缪家栋 / 中锐华东建筑设计研究有限公司

丹凤街空间碎片重塑与夜市共生

王铠、廖杰、沈宇辰、王问、陈铭行、朱凌云
/ 南京大学建筑规划设计研究院有限公司

多维・共享社区

周佳冲、吴晟、郝东旭、王天宇、邢美玲
/ 上海筑森建筑设计事务所有限公司

二等奖 · 学生组

城市安置区空间的再生设计

吴宇桐、刘得顺 / 江南大学、西南交通大学

基于时空变化的共享社区

张瀚文 / 英国皇家艺术学院

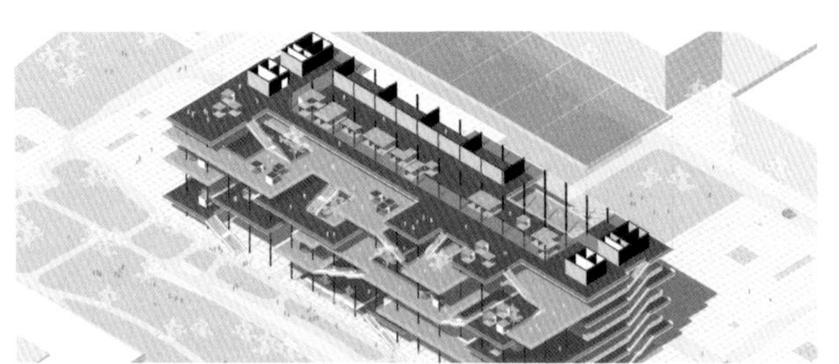

社区化的留守儿童校园及活动空间

戴杏文 / 江南大学

文化致尚——城市消极空间可持续

刘歆雨、陈楚莹 / 江南大学

种房子

嵇晨阳、周笑、周宇弘、赵俊逸、武雪博 / 南京工业大学

健康人居 · 有机生活 · 未来社区

范琦、刘洋 / 东北师范大学

巷市共生，烟火撩城

乔康生、尚京雨、韩雨 / 西安建筑科技大学

仓与舱

陆雨瑶、常逸凡、曹志昊、程悦 / 南京工业大学

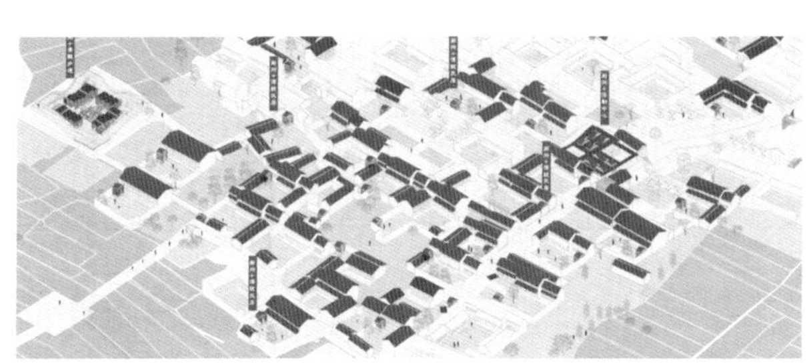

乡村·厕所革命“1+N”设计

初冠龙、吴晓敏、赖柯帆、尤晨淳 / 东南大学

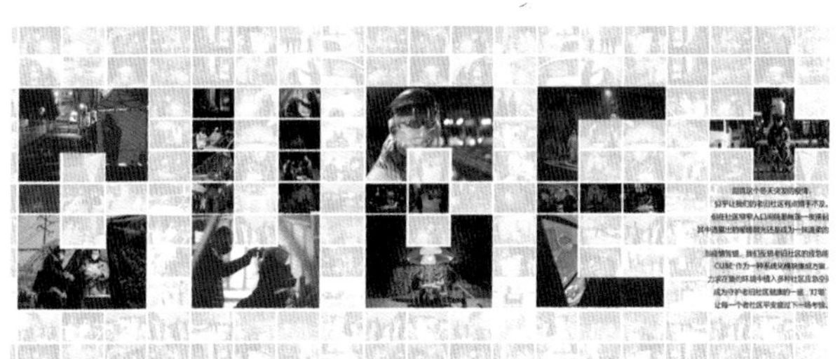

CUBE+ 老旧社区入口健康模块

黄怿昕、林诗怡、许锦灿、束安之 / 东南大学

一席之地

张乐尧、苏玮璇、汤尧 / 苏州科技大学

“疫”墙之隔

邵逸凡、唐文轩、相慧敏 / 南京工业大学

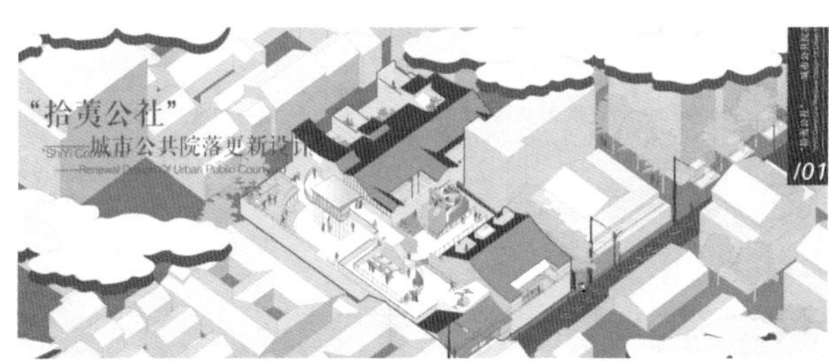

拾荑公社——城市公共院落更新设计

蒋韵仪 / 东华大学

一脉相“船” 融乐同享

刘金英、林昕妤 / 福州大学

空中叠院——成都宽窄巷子城市更新

戴维蒙、李宇馨 / 北京建筑大学

栖·廊

孙文鑫、李梅源、周永泽 / 南京艺术学院

基于疫情对未来社区医疗站的构想

季森森、崔斌、吉宇轩、黄江豪 / 南京工程学院

四维门

刘圣品 / 山东建筑大学

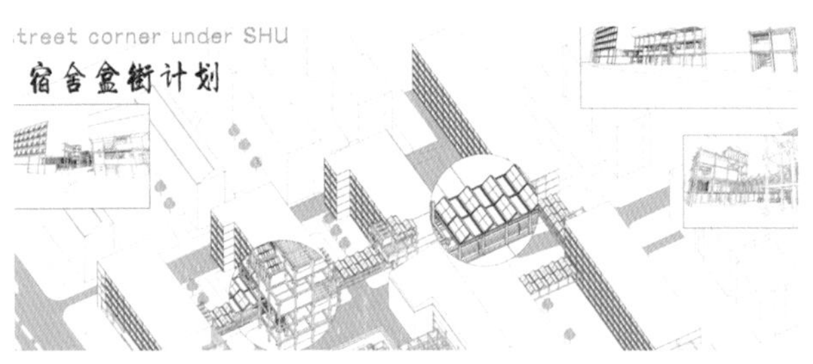

街口 SHU 下

孙泠泠、邹清扬、张晨、程菲儿 / 苏州科技大学

城上长寿苑

孙亚奇、张梦炜、孙一涵 / 天津大学

悬挂的记忆

黄泽禹、武宏玲、赵佰慧 / 广西艺术学院

自然共享——校园健康建筑改造

田鸽、张廷昊 / 同济大学、东南大学

折皱融趣——山地农耕康养家庭酒店

张鹏跃 / 昆明理工大学

后疫情时态

袁帅 / 西安理工大学

爷爷的新屋

陈洋、袁玥、吴娱、卜笑天 / 东南大学

互联网＋时代老年游客可达性设计

曹颖、刘灿灿 / 南京林业大学

后疫情时代——外卖小哥的一天

吴思蓉、赵子婧 / 北方工业大学

屋顶上的小剧场——约会隙间

李静思、任昕毅 / 华中科技大学

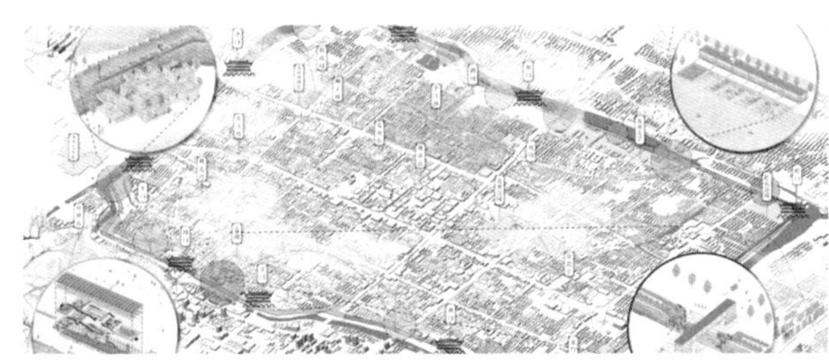

循墙记·苏州古城墙沿线城市设计

方奕璇、王轩轩、陈正罡 / 苏州大学

游“木”骋怀

梁军、王珩珂 / 四川美术学院

三等奖 · 职业组

课后时光——共享旅居设计

薛楚全 / 让山建筑设计（上海）事务所

铁锈上的新生

齐辉、周明慧、苏禹宸、韩晓宇、陈红霞
/ 安徽新时代建筑设计有限公司

“滨海之家”儿童活动中心设计

郭剑 / 大连艺术学院

安放之所——城市养老列车

吴妍、丁恩宇、谢琳、朱海龙、孙文远、李威
/ 连云港市建筑设计研究院有限责任公司

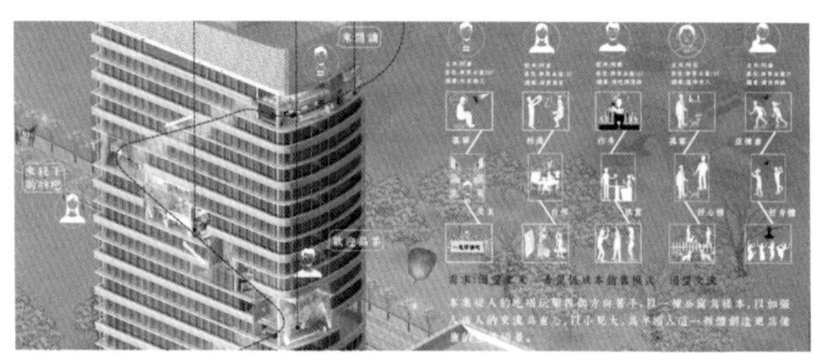

阿康的七点半

姚健、封苏林、张骁聪、顾钰萱、徐炜炜、陈楚杰
/ 苏州市建筑工程设计院有限公司

卷烟厂的新生——设计师家园

朱勇、刘治平、傅韶华、柳筱娴、黄亚敏、陶庆
/ 南京大田建筑景观设计有限公司

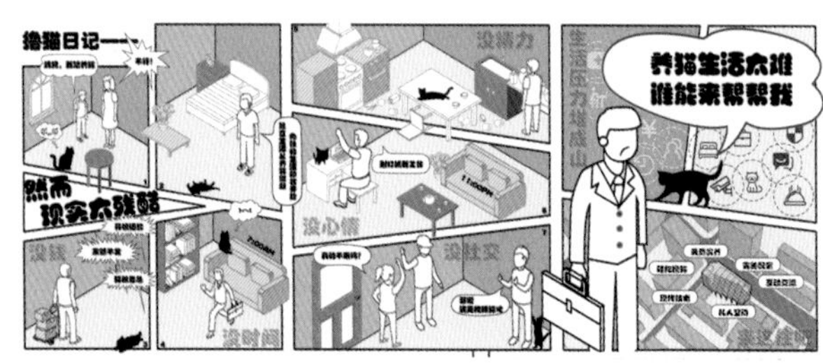

人喵乌托邦——养猫青年的生活空间

宋晴升、袁鑫昕、余垚
/ 无锡市建筑设计研究院有限责任公司

漂浮的运动公园——城市边角地复活

尹旺、邓雪晴、姚慧、王瑞芳、刘耀阳、王斐
/ 中国矿业大学工程咨询研究院（江苏）有限公司

后疫情时代下——菜篮子的空间改造

王小涛、姚建敏、吴兵、戴正豪、潘春、潘思圆
/ 宜兴市建筑设计研究院有限责任公司

共享地库·老城区“脚下”的公园

王思宁、陈理俊、张宏达、赵杨、顾浩成、季艾怡
/ 苏州大学金螳螂建筑学院、南通勘察设计有限公司

“渔”生有你

聂毅宁、黄金辰、宋云、严超、李金婉、徐安利
/ 启迪设计集团股份有限公司

耕读庆馀——重塑健康共生乡邻关系

孙磊磊、张靓、李斓珺
/ 苏州大学、南京大学

深巷共聚·其居不离

陈君、许迎、徐程、李宗键、蔡姝怡、徐海清
/ 启迪设计集团股份有限公司

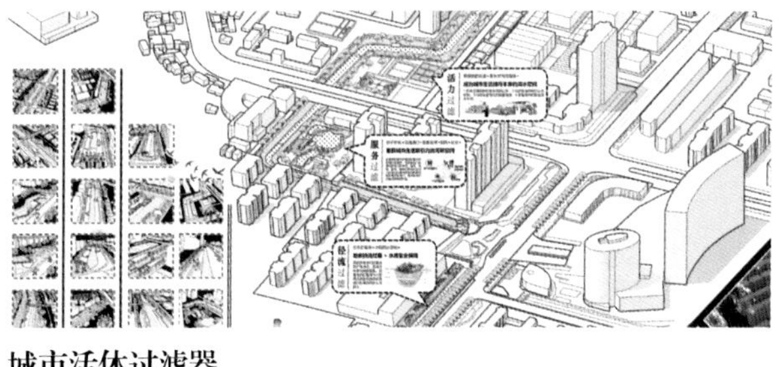

城市活体过滤器

曹越、倪玥瑶、袁振翔
/ 南京市市政设计研究院有限责任公司

Yi 方天地

朱文英、田芃、徐骏成、张玉宾、刘路路、宋睿一
/ 苏州园林设计院有限公司

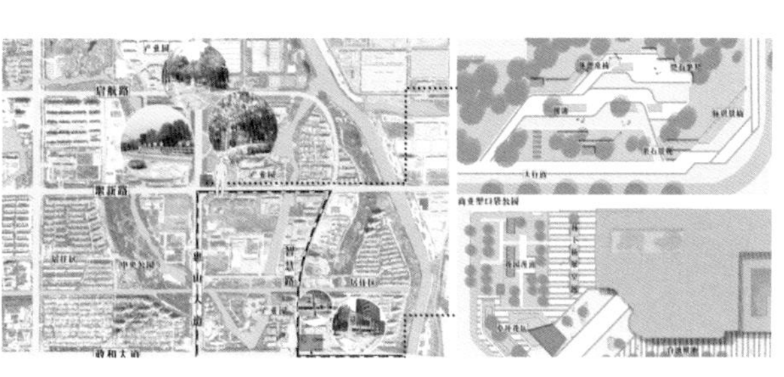

触手可及的 5H 城市疗养花园

张璐、魏君帆、季泓仪、沈骏
/ 苏州园林设计院有限公司

街道的生活 生活的街道

钱闽、杨柳、詹国庆、高文婧、廖志
/ 武汉安道普合建筑规划设计咨询有限公司
广东中煦建设工程设计咨询有限公司

Sharing U

张祺、潘磊、黄豪、付长赟、王思睿、汪成成
/ 启迪设计集团股份有限公司

屋顶的 N 次方——向往的生活

王镜涵 / 无锡市建筑设计研究院有限责任公司

拼 · 叠——人居健康视角下的车站

夏倩、吴梅、秦昊、石云、张小伟、钱熠诚
/ 江苏城归设计有限公司

老有所依——老旧小区适老社交场所

孙鸿雁、李煦芝、施庆宁、路晓阳、蓝健、林哲
/ 南京市建筑设计研究院有限责任公司

麦田里的“守望者”

施刘怡、张田、周莹、陈秋婧、卢庆银、徐一韬
/ 苏州园科生态建设集团有限公司

印痕 · 影迹——正仪老街更新

胡尉、徐贝、费一鸣、王菲、周晓阳、姚鹏程
/ 启迪设计集团股份有限公司、昆山城市建设投资发展集团有限公司

共享口袋摊 · 街边的小确幸

吴婷婷、丁鹏程、李鹏鹏、钟霁暄
/ 江苏省城镇与乡村规划设计院

自的治愈·社区治愈场

顾苗龙、胡清瑜、周逸然、王晓峰、刘天然、徐艺达
/ 启迪设计集团

健康距离——无边界社区生活博物

刘谯、胡乾 / 南京拾意空间设计有限公司

好，在村口树下集合！

蓝峰、那明祺、殷梦瑶、赵晨
/ 中衡设计集团股份有限公司

等风来

杨超、章立蓉、马图南、潘宇飞、陈科、相西如
/ 江苏省城市规划设计研究院

设计师的"18:00+"

汪衡、刘嵘、何永乐、张濛、艾尚宏、胡明皓
/ 东南大学建筑设计研究院有限公司

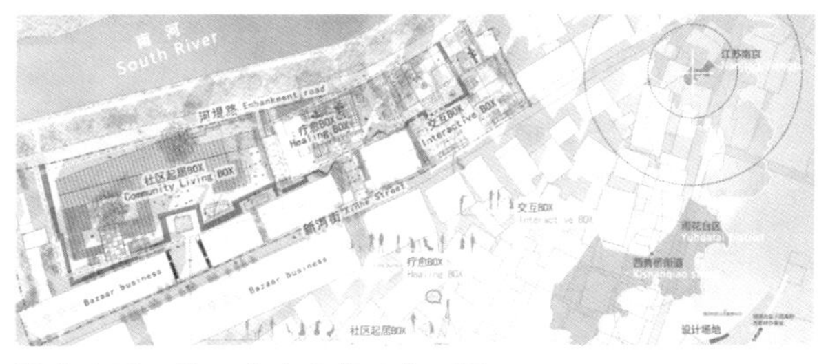

健康生活·从一个个小的改变开始

谢亚鹏、刘洁、牛赓、曾锋、熊炜、宋泽坤
/ 江苏省东图城乡规划设计有限公司

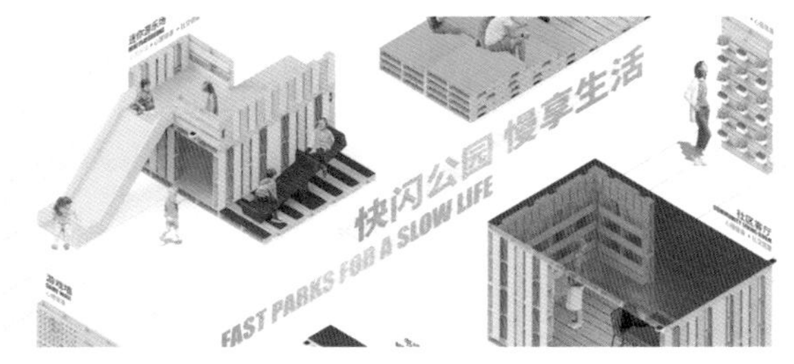

快闪公园　慢享生活

徐菲叶、Gabriele Tempesta、李晓锋、吴光辉、王艳梅、曹莹
/ 江苏苏邑设计集团有限公司

竹排人家

李龙、朱晓冬、尹浩、徐静、李卓
/ 苏州立诚建筑设计院有限公司

胶囊花园，上班族身边的健康驿站

刘小钊、李宁、孟静、彭晓梦、相西如、石爻
/ 江苏省城市规划设计研究院

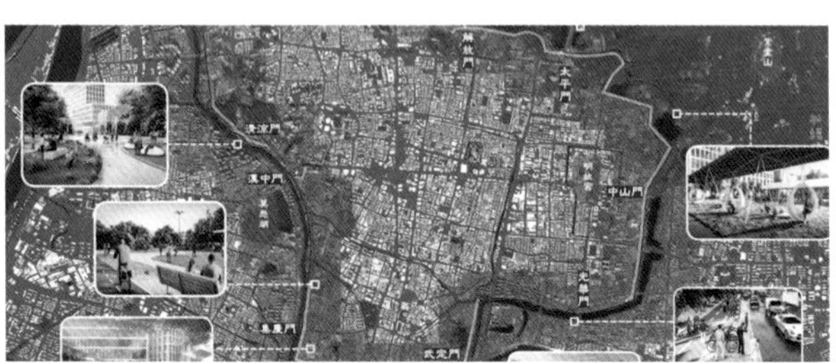

环 · 城——健康新环线，活力新南京

王畅、王亮、吴晓天、向雷、毛浩浩、陆蕾
/ 南京长江都市建筑设计股份有限公司

旧城缝“河”线

季如漪、王乐楠、孙梦琪、周文、赵彬
/ 江苏省城市规划设计研究院

康 · 管家——BOX

张天明、何其刚、集永辉、杨康、刘欢、方明
/ 江苏龙腾工程设计股份有限公司

街道生活图鉴

陆笑明、黄炳辰、董斌、Gabriele Tempesta、李康奇、仲雨
/ 江苏苏邑设计集团有限公司

平疫转换记——平江街区养老院改造

程伟、苏涛、沈心怡、戚宏、侯晓晓、蒋志伟
/ 启迪设计集团股份有限公司

律 · 动赛场

马强、袁波、王禹、丁舒、阿迪力 · 阿布来提、刘明灿
/ 南京兴华建筑设计研究院股份有限公司

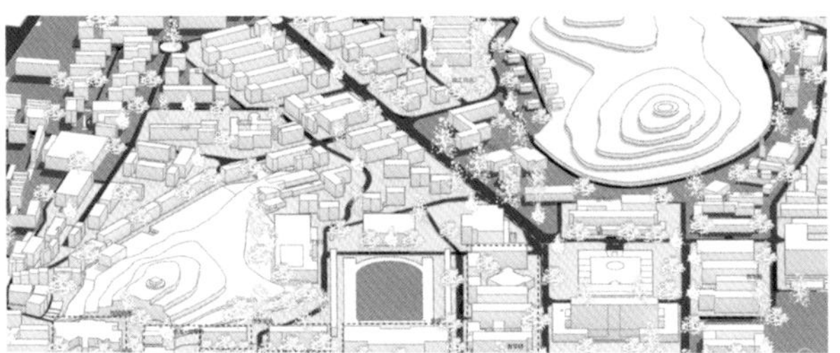

后疫情时代下的校园“新生活”

仝晓晓、张嘉敏、黄一夏、王婕、杨勇、王迎郦
/ 中国矿业大学建筑与设计学院建筑与环境设计工作室

气候韧性小区，健康四季同行

杨满场、王雅琪、李月雯、侯杰、吴宇彤、张恒
/ 江苏省城市规划设计研究院、华中科技大学建筑与城市规划学院

关怀与应变——妇幼医院的爱心花园

郭豫炜、袁锦富、么贵鹏、崔鑫、陈逸伦、相西如
/ 江苏省城市规划设计研究院

穿流亦可息

徐奕然、罗伟、仲亮、朱宁、仇婧妍、王苑
/ 江苏省城镇化和城乡规划研究中心

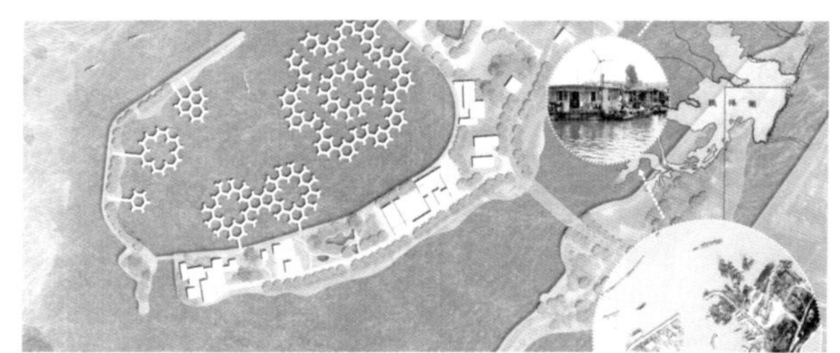

随心所“渔”

朱梅、陈莹、戴静、李诚燕、徐延峰、刘志军
/ 江苏省建筑设计研究院有限公司

昔市·汐市·熙市

刘志军、徐义飞、袁雷、陈曦、宋振威、徐延峰
/ 江苏省建筑设计研究院有限公司

陇之方寸

仝晓晓、张曦元、赵铭尧
/ 中国矿业大学建筑与设计学院建筑与环境设计工作室

顶园记——屋顶空间串联再生计划

郝靖欣、张帅、杨光、王浩锋
/ 无锡市建筑设计研究院有限责任公司

元气空间——历史街区的针灸式活化

钮晓阅、周珂玮、朱翔、吴彦、张丽云、陈以刚
/ 苏州规划设计研究院股份有限公司、苏州枇杷树景观设计有限公司

狗眼世界，明眸家园

刘振宇、赵亮亮、章红梅
/ 中国矿业大学建筑与设计学院建筑与环境设计工作室

“矿”世而生 · 新生活

仝晓晓、陈阳、陶涵瑜
/ 中国矿业大学建筑与设计学院建筑与环境设计工作室

三等奖 · 学生组

新集体社区——城厢镇全龄社区设计

赵谷橙 / 河北工业大学

共生 民生码头商业广场景观设计

王雯霖、佟逍、景琛 / 中国美术学院

可扩展的移动式生态服务舱

徐嘉明 / 南京艺术学院

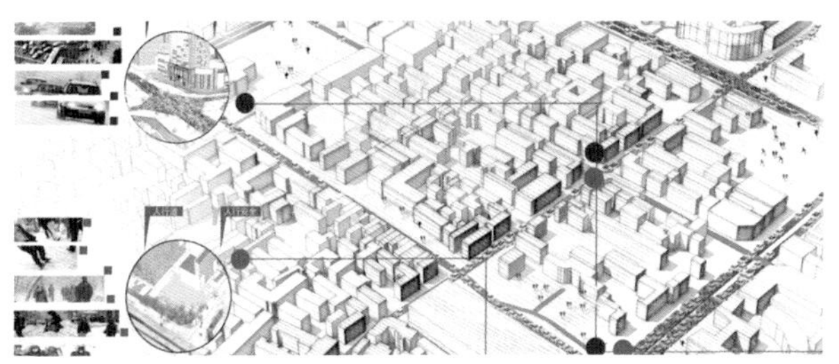

雪灾天气下城市血脉的救赎

鲁青青 / 西安建筑科技大学

移动家园

刘朴阳、陆仲琪、林陈诗、张师妤 / 苏州科技大学

空气博物馆概念方案设计

张威 / 北京交通大学海滨学院

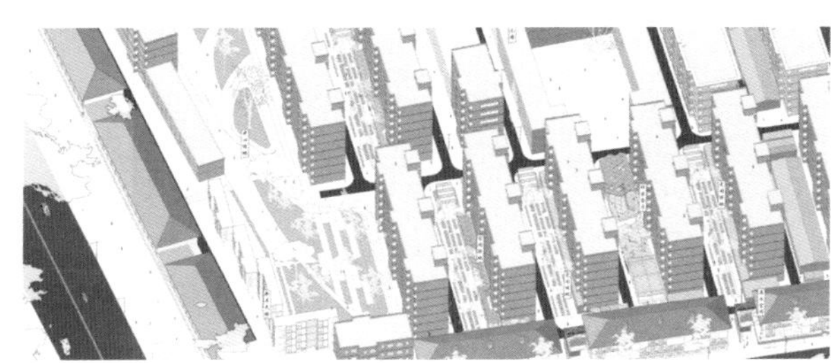

国棉五厂社区环境景观更新设计

詹献彬 / 西北农林科技大学

活力组带

刘俊、陈锐、项国民 / 西安建筑科技大学

泊空间——包头市搪瓷厂保护更新

王雅妮、鲁岩 / 内蒙古科技大学

SULUN 2.0 计划

孙庆颖、宋科 / 苏州大学

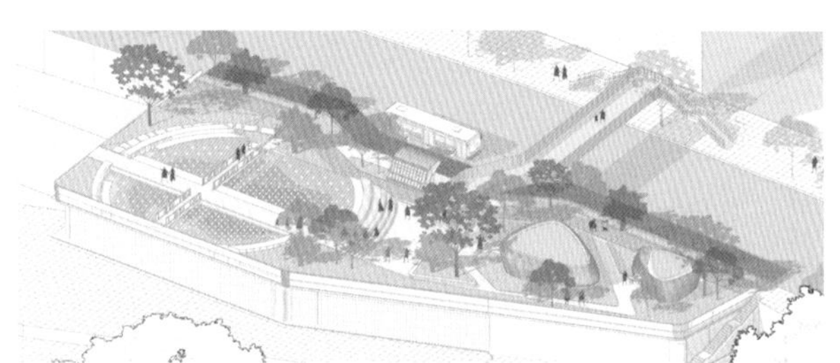

等候绿色——炎热地区海绵车站设计

何媛媛、徐祯、宁楚雷 / 重庆大学

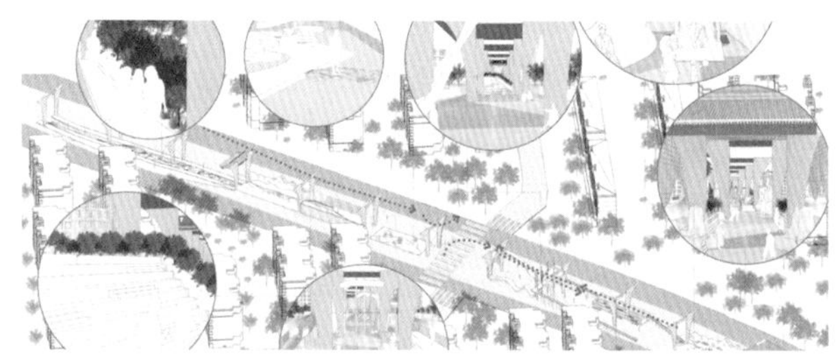

江南文脉

陈哲昀 / 南京林业大学

十里间——历史街区可持续更新设计

蒋璨宇 / 江南大学

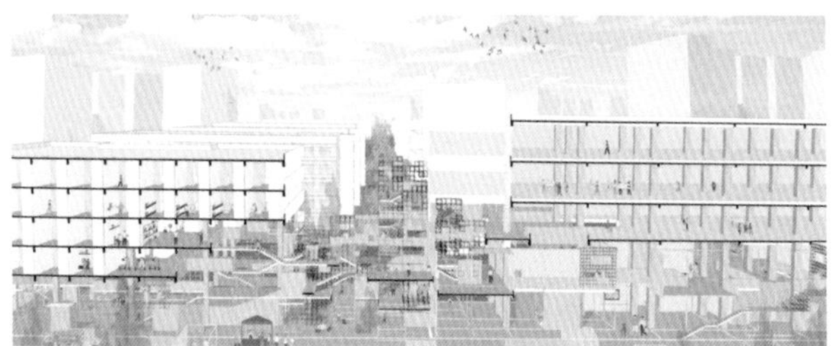

超链接之门：开放的城校门户设计

袁文怡雪、史汉祥、赵香君、孔睿 / 苏州科技大学

后疫情时代下韧性健康社区营造

徐灿、张明月 / 华中科技大学

生态魔方

李磊、张胜祥、李伟、王彬、刘豪 / 合肥工业大学

昆城疫巷

李硕星、刘婷、陈文婷 / 苏州大学

焕生——四维空间下的棕地重塑

黄少坡、宓欣悦 / 南京林业大学

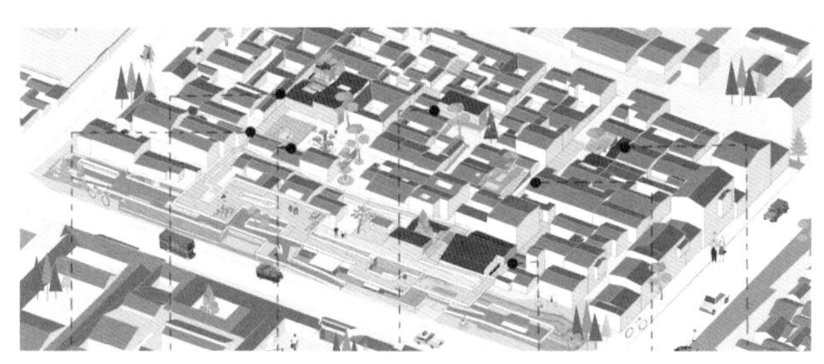

互放光亮，温澜潮生

苟永琮、王小木、韩晶晶 / 苏州大学

融·合

韩四稳、陈昶岑、裴龙、冯子豪、刘飞 / 合肥工业大学

梯田时光 防疫背景下的社区探索

王笑涵、朱雪峰、陈晴 / 重庆大学

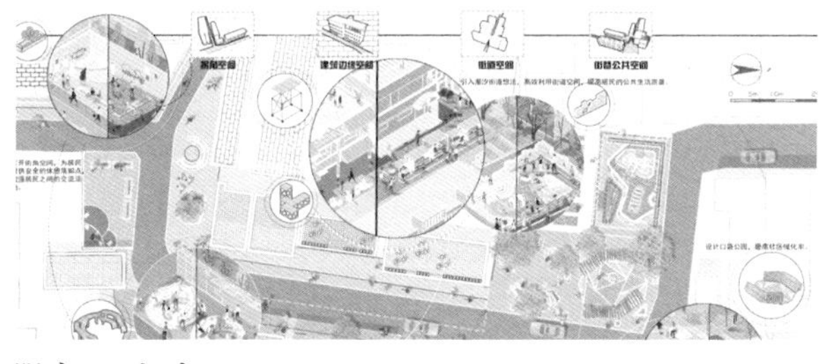

限定 24 小时

崔璐莹、冯舒娴 / 西安建筑科技大学

渔舟唱晚

沈太和、孙文鑫、李梅源、郑梦环、吕嘉伦 / 南京艺术学院

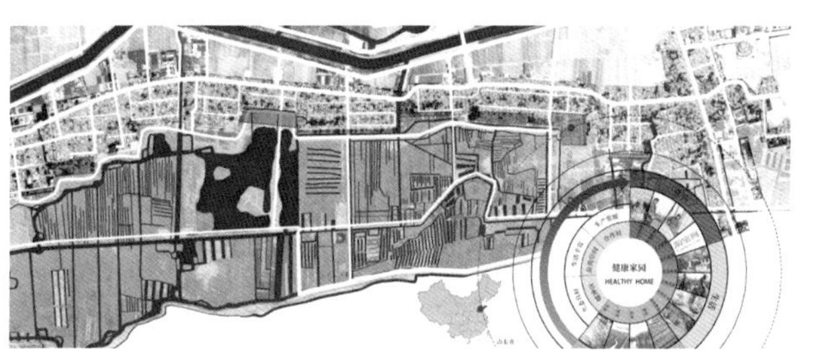

绿色守望：湖区淘宝村的健康未来

苏晴、孙汝阳 / 天津大学、湖南大学

疫抑之解

张晨曦、刘盼、吴娜 / 西安建筑科技大学

绿 · 舟——北京三元桥街角空间重塑

卢映知、郝孟琦、陈宗浩 / 北京建筑大学

春 · 树——健康校园室外空间再生长

施思、王紫珍、钟奕瑶 / 合肥工业大学

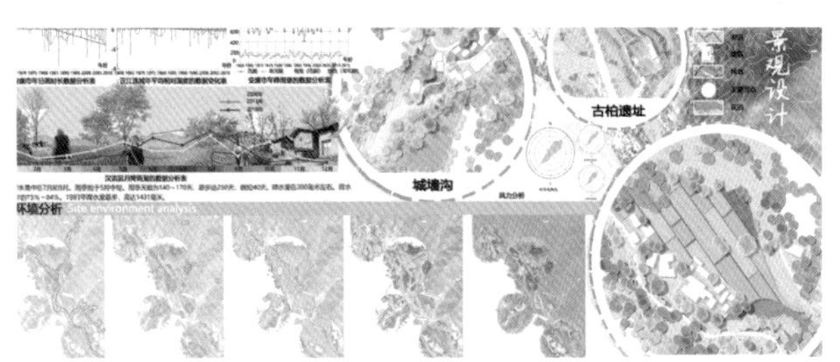

"时过疫迁"安康双柏村景观设计

项明、张毅雯、陈钰 / 西安建筑科技大学

城市绿网——垃圾中转站改造

李云、池梦婷 / 苏州科技大学

船厂再生

史雯雯、刘佳 / 南京林业大学

居 · 助

高颖婕、曾菁 / 中国美术学院

暮升"木生"——磁器口民宿改造

李婷婷 / 西安科技大学

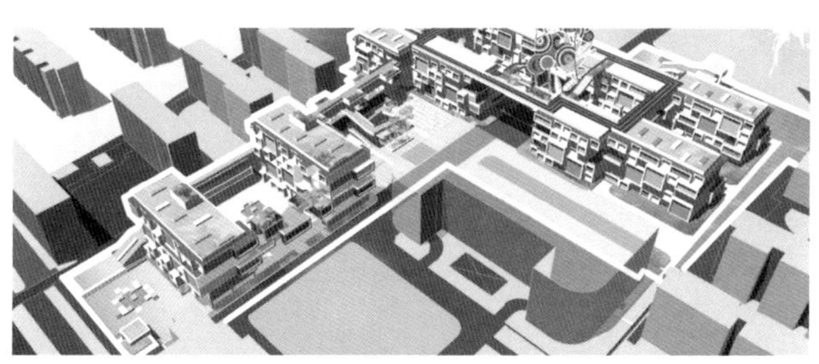

觅动校园　活跃宿舍

潘启烨、王波、杨隽妮、王雪松 / 苏州科技大学

夕拾巷弄，又"绿"同德

王梓懿、谢帆、任仲朕、沈瑞、王雨、谢宇剑 / 南京大学、北京工业大学

傍海而居，依渔而耕

李玉婷、刘璐 / 北京交通大学、华南理工大学

溯矿流光

陈昭熹、韩秉利、刘张、王颖、杜漩、张明祺 / 中国矿业大学

影人影魂——魏家塬皮影村景观改造

陈雨果、王城、姚云娜、黄梓薇 / 西安美术学院

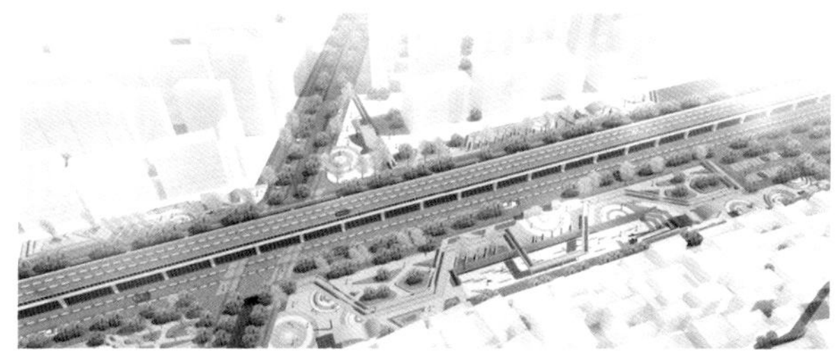

一站一城：共享·静谧

张同杰、王燕贞、王德虎、刘传鹏、赵晓迪、宋文静 / 山东建筑大学

疫情方舟——体育馆的 N 种打开方式

徐静 / 苏州大学

山城社区——基于山地的居住空间

柳代朋、沈一飞、李宁馨、王丝绢逸 / 重庆大学

淌·徜——风车形工作室设计

王若冰 / 扬州大学

光解社区

付琳、张文正、罗俊杰、朱丽衡、马宁谦 / 天津大学

EcoMarket 模块化菜市场

姚雨昕、周楚昱、郑舒文、江婷、朱辰宇 / 清华大学

水·田·坊

苗田野、张千 / 东南大学

多米诺濒危灭绝动物纪念馆设计

王舒静、张琼 / 安徽工业大学

禾心——乡村临时医疗站

张吉钊、陈修桦、栾明宇、岳开云、韩修平、曹艳
/ 天津大学、东南大学、中国建筑设计研究院

ALL BLUE

马紫坤、张顺顺 / 西安建筑科技大学

步·月台——社区免疫力计划

孔菲、张艺文、初晓畅 / 山东建筑大学

城市孤岛的突破与纪念

杨雨欣 / 郑州大学

葡萄藤下

张砚雯、秦智琪 / 山东建筑大学

评委声音

“对美好生活的追求是我们的奋斗目标，‘健康家园’这个题目选得非常好。我们作为建筑师也好，作为政府官员也好，最终目的是盖一间好房子，不但要好用好住，为人们提供一个最适宜的生活教育空间，还要给人以美的享受。紫金奖·建筑及环境设计大赛已经是第七届了，大家重视的程度、参与的程度非常高。非常感谢江苏省委宣传部，政府带头，把政府、专家、老百姓聚在一起，让几十万人甚至一百万人来看，让大赛成为全国性的品牌。祝愿这个活动能一直办下去，并且一年比一年好。”

何镜堂
He Jingtang

中国工程院院士
全国工程勘察设计大师
华南理工大学建筑设计研究院董事长、首席总建筑师

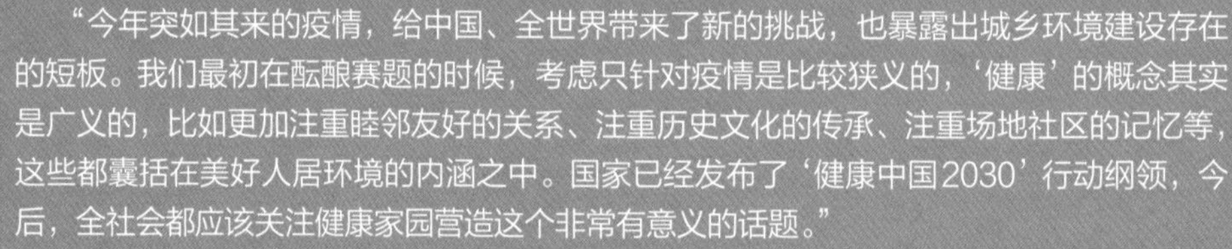

“今年突如其来的疫情，给中国、全世界带来了新的挑战，也暴露出城乡环境建设存在的短板。我们最初在酝酿赛题的时候，考虑只针对疫情是比较狭义的，‘健康’的概念其实是广义的，比如更加注重睦邻友好的关系、注重历史文化的传承、注重场地社区的记忆等，这些都囊括在美好人居环境的内涵之中。国家已经发布了‘健康中国2030’行动纲领，今后，全社会都应该关注健康家园营造这个非常有意义的话题。”

王建国
Wang Jianguo

中国工程院院士
东南大学建筑学院教授

“紫金奖大赛我觉得非常有特色，特别强调一种创意，对城市和人们未来生活的发展提出有预见性的、有创新性的设计。方案绝大多数都着眼于真实的场地，真实的生活环境，真实的城市问题。有的从城市、乡村、社会等大的格局考虑；有的从街道、公交车站等非常细小的着眼点入手，呈现出非常精彩的创意。”

李兴钢
Li Xinggang

全国工程勘察设计大师
中国建筑设计研究院总建筑师

“健康家园，就当下的环境是很切题的，但实际上这是本应该持续关注的一件事。很多参赛选手正是因为看到了日常生活当中，跟健康环境相关联的那些细微的空间环境，或者说是那些不利于健康的消极空间，发现问题，解决问题，这是比较好的一点，更应该是建筑师关注的事情。”

张鹏举
Zhang Pengju

全国工程勘察设计大师
内蒙古工大建筑设计有限责任公司董事长、总建筑师
内蒙古工业大学建筑学院教授

“今年最大的感受是参赛规模越来越大，评委阵容越来越强，设计水平在提升，对社会的关注也更多。学生们虽然年轻，但他们对社会的思考、对环境的思考、对美好生活的憧憬，非常令人感动。疫情是坏事，更是好事，让我们非常认真地静下心来思考，怎样去创造未来美好的环境和更适宜人类居住的环境。”

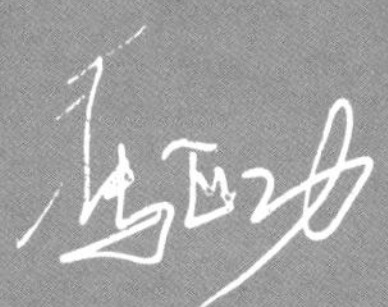

冯正功
Feng Zhenggong

学生组副主任委员
全国工程勘察设计大师
中衡设计集团董事长兼首席总建筑师

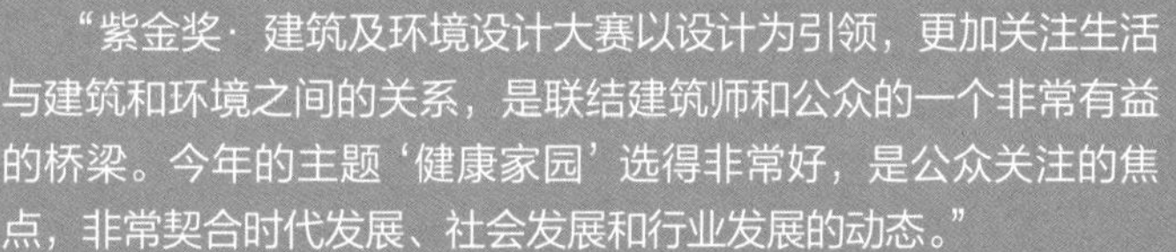

“紫金奖·建筑及环境设计大赛以设计为引领，更加关注生活与建筑和环境之间的关系，是联结建筑师和公众的一个非常有益的桥梁。今年的主题‘健康家园’选得非常好，是公众关注的焦点，非常契合时代发展、社会发展和行业发展的动态。”

李存东
Li Cundong

全国工程勘察设计大师
中国建筑学会秘书长

“这次题目定义的学术性和时效性很强，找到了很多很有意义的答案，从考虑问题的切入点，到采用的方法论，还有导致结果的多样性来说，关注得更具体、更深入、更贴近到生活的细节，确实让人很惊喜。这一届我觉得比上一届好的程度增加得更大，是一个很陡的、在上升的曲线，非常棒。”

张　利
Zhang Li

全国工程勘察设计大师
清华大学建筑学院院长、教授
《世界建筑》主编

“紫金奖大赛之所以有活力，跟每年的主题反映了社会大众的心理需求是密不可分的，特别应该坚持这种办赛的基本取向。‘健康’这个主题不仅仅是建筑师的，更是属于全人类的。从作品的表现来看，每一个创作者都有自己特殊的理解和感受，对于大家共同来营造美好的人居环境特别有意义。”

韩冬青
Han Dongqing

全国工程勘察设计大师
东南大学建筑设计研究院院长兼首席总建筑师
东南大学建筑学院教授

“真题实做的出发点非常好，建筑设计行业当前的任务，要把人民对美好生活的向往通过项目落实，大赛选出的优秀作品，在这方面能够起到正向引导作用。今年的参赛作品超过半数来自江苏省外，说明大赛的品牌影响力正在扩大，希望大赛今后能够面向全国、全行业，起到更突出的影响作用。”

王子牛
Wang Ziniu

中国勘察设计协会副理事长兼秘书长

“今年大赛的阵势，我觉得特别好，作品越来越多，大部分都是省外的，也有国外的，学生们有很多的想法，专业水准也在逐年提升。可以说，紫金奖是一项社会竞赛里具有专业属性的，专业竞赛里最有社会影响力的赛事。我希望随着竞赛的开展，能让全社会了解和关注建成环境的创意和品质对生活的积极作用。”

丁沃沃
Ding Wowo

江苏省设计大师
南京大学建筑与城市规划学院教授

“健康家园是非常宽泛的一个主题，规划、建筑、景观以及室内设计都提供了很多创意。有直接聚焦疫情的作品，但不是特别多，更多的是关注城市、建筑等人居环境的空间品质塑造。紫金奖到今天已经是第七届了，从江苏省内已经走向全国，无论在职业组还是学生群体，都有非常广泛的影响，祝大赛越办越好。”

马晓东
Ma Xiaodong

江苏省设计大师
东南大学建筑设计研究院总建筑师

“作品质量总体来说比较高，大部分作品能够契合‘健康家园’主题，很多作品非常有启发性。疫情以来，大家对健康更加关注，但健康的概念应该更加广泛。我们的生活空间，我们的公共空间，都要变得更加以人为本、更加健康、更加具有公共开放性。从这样一个题目开始，去思考更多的公共空间营造问题。”

张　雷
Zhang Lei

江苏省设计大师
南京大学建筑与城市规划学院教授
张雷联合建筑事务所创始人

“一转眼，大赛已经是第七届了，参加人数一年比一年多，作品质量一年比一年好。无论是在职业组还是在学生组，每年的评审对我来说都是一次很好的学习，无论是思考得相对成熟的作品，还是创意刚刚萌动的作品，都可以从中发现很多亮点。祝愿大赛越办越好，也希望能有很好的作品继续落地。”

张应鹏
Zhang Yingpeng

江苏省设计大师
苏州九城都市建筑设计有限公司总建筑师

“今年的作品，有突飞猛进的量的增长，也有质的提升。对于激发全社会关注城市、健康、人居，这个创意大赛达到了它原本的意义。职业组的同仁们今年特别关注的是疫情后对生活质量、社会管理以及设计怎么服务社会的深刻思考，经过深入的调研，找到社会改善的突破口，再加上创意进行设计。”

贺风春
He Fengchun

江苏省设计大师
苏州园林设计院院长

“这是非常好的一次学习机会，从作品里看到不同的思想火花，有很高的定位，从设计概念的推演到落地，到图片的表达，都反映了一定的针对性。绿色健康是当代关注的热门话题，不仅是物理空间。健康家园在某种意义上，也是当代生活的精神家园的一个重要的关注点。”

冯金龙
Feng Jinlong

江苏省设计大师
南京大学建筑规划设计研究院院长

“大赛办了第七届，越办越好，每年题目都契合当前的一些形势。今年大部分作品紧扣两个主题，第一个是健康，特别是在疫情下怎么让人更加健康地生活；第二个是创意，我感觉大赛将会从江苏走向全国，成为一个真正的创意大省的很好的载体，在全国和全球的影响力也会越来越大。”

查金荣
Zha Jinrong

江苏省设计大师
启迪设计集团总裁、总建筑师

“学生组的水平非常高，出乎我的意料，选题非常广泛，创意也非常好，在评审过程中很难抉择。大家把发散性的思维全部打开了，不仅关注人的健康，还关注整个社会环境的健康，甚至关心一些小动物的健康。通过创造健康的环境，去反作用于人的行为方式，让人的行为方式也因为环境而变得更健康。”

徐延峰
Xu Yanfeng

江苏省设计大师
江苏省建筑设计研究院总建筑师

“学生组有很多本科生参加，大赛把理念由江苏扩充到全国范围，对高校学生也是一次机会，我挺欣慰的。赛题也挺好，促进学术界和实践建筑师，通过设计语言，去呈现对未来健康社区的思考，很不错的Idea。有些学生很有创意，但是我更希望的是既有创意，基本功又好，然后表现力又强的作品。”

孔宇航
Kong Yuhang

天津大学建筑学院院长、教授

“一千多份来稿，在国际国内的学生大赛中，属于数量很多的，让我印象深刻。江苏省的认真态度也让我感动，请了这么多国内知名的建筑师、教授，非常认真地评选。题目很好，要求对当下的事情做出反应，这是一个优秀的建筑学人、学子应该具备的素质，不是活在空中，不是在乌托邦中，就是要关怀我们自己的生活。”

刘克成
Liu Kecheng

西安建筑科技大学建筑学院教授

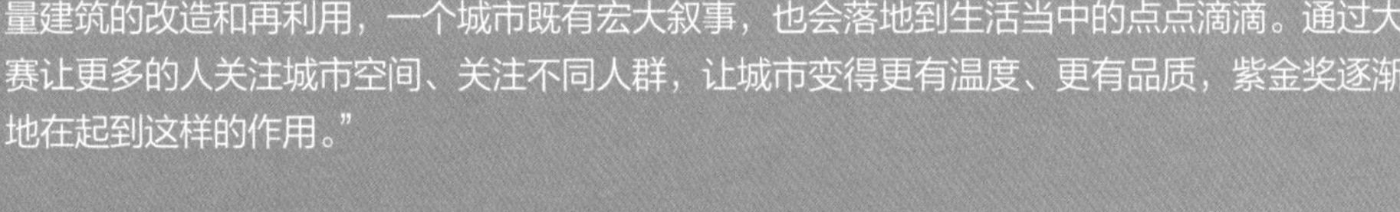

“大赛对于这座城市，对于这个行业，都是一个非常大的文化事件。从新建建筑，到存量建筑的改造和再利用，一个城市既有宏大叙事，也会落地到生活当中的点点滴滴。通过大赛让更多的人关注城市空间、关注不同人群，让城市变得更有温度、更有品质，紫金奖逐渐地在起到这样的作用。”

章 明
Zhang Ming

同济大学建筑与城市规划学院教授
同济大学建筑设计院原作设计工作室主持建筑师

“紫金奖·建筑及环境设计大赛能够激发学生考虑世界的深层次的问题，促进设计与社会无缝对接。设计不仅要有广度，更应有深度。国内很多竞赛，表达比较趋同，过多的拼贴和信息量的堆砌，很难评判设计者对现场的真实体验是什么。倡导少谈些风格，少谈些主义，聚焦发现的社会问题，拿出解决问题的策略。”

魏春雨
Wei Chunyu

湖南大学建筑学院教授
湖南大学设计研究院院长
地方工作室主持建筑师

“我其实挺感动的，江苏在推进建筑及环境设计方面走得很领先，把专业教育推向了社会层面，推向了文化的高度。学生组有很多非常好的创意，已经非常清晰地把狭义的设计专业问题，跟全球现在共同面对的社会现象很紧密地结合起来。希望未来有更多的人看到江苏选拔出来的优秀作品，能够影响世界。”

褚冬竹
Chu Dongzhu

重庆大学建筑城规学院副院长、教授

“从‘宜居’到‘健康’，是一个新的飞跃，要给选题一个大大的赞。疫情之后，我们意识到健康并不仅仅是医学和公共卫生的问题，设计对于健康的影响非常大。关闭在狭小空间里，我们希望呼吸新鲜空气、看到绿色，我们需要交往共享、人与人之间的联系，对于空间的健康品质的体会比任何时候都要深。”

刘　剀
Liu Kai

华中科技大学建筑与城市规划学院教授

“今年的题目更加接近生活的本质，通过设计介入生活的意愿和主动思考的动机在加强，会有一批比较接地气、有想法的小型设计呈现出来。在今后的选题上，紫金奖可以尝试指向更具体的城市问题、生活问题，对参赛选手有更集中的引导，希望看到更多更聚焦的内容。”

杨　明
Yang Ming

华东建筑设计研究总院总建筑师

“主题‘健康家园’与人密切相关，非常贴合我们当下社会所面临的问题。聚焦于‘健康’来看待我们的物质空间的建造、规划、设计，非常有价值，可以从中看到很多有交集的地方。它可以涉及城市的、社区的、公共空间的，也可能是非常微小的空间，会生发出很多创造性的设计。”

支文军
Zhi Wenjun

《时代建筑》杂志主编
同济大学建筑与城市规划学院教授

“大赛的主题越来越深入社会需求的本体，这个感觉非常好。对职业参赛者来说，希望能够在今后多关心一些社会问题，多负起自己的社会责任。希望大赛的触须能够生长到南方，今年我们深圳大学有些三四年级的同学也参与进来了，希望大赛成为全国乃至世界的一个关心社会、关心人文发展的重要奖项。”

王晓东
Wang Xiaodong

深圳大学本原设计研究中心执行主任
深圳大学建筑学院研究员

“‘健康家园’是一个非常有感受性的题目，启发我们思考在后疫情时代建筑及环境设计往什么方向发展。紫金奖是很有文化性、广泛度的奖项，今年学生组有一千多项作品，来自三百多所高校，非常具有代表性。衷心希望紫金奖· 建筑及环境设计大赛越办越好，代表我们国家建筑发展的一个方向。”

陈卫新
Chen Weixin

南京筑内空间设计总设计师
作家

大赛历程

2014 第一届 历史空间的当代创新利用

大赛共吸引 **34** 所高校
195 个设计机构
2100 余人参加
共征集到设计方案 **522** 个
评选出紫金设计奖 **18** 名和其他各类奖项 **111** 项

第一届“紫金奖·建筑及环境设计大赛”围绕“寻找城市记忆、创新历史空间”的主题，以“历史空间的当代创新利用”为竞赛题目，旨在促进历史文化遗产的积极保护、提升江苏省城乡的文化竞争力、深化历史环境的认同感、提高历史环境的规划设计水平。大赛选取江苏省境内各个历史文化名城、历史地段、历史街区、历史街巷、传统村落、历史建筑、具有历史记忆的空间为设计对象，倡导传承传统文化、创造具有历史文化价值的现代空间、探索与历史环境相融合的科学设计理念、新颖的空间形态及合理的技术方法。

大赛鼓励历史建筑与环境再利用、历史环境中的新建筑创作、历史环境中的文化景观设计，注重提升历史空间品质、传承城乡文脉、强化历史环境的可识别性与可利用性，旨在通过多样化的创意设计，促进历史空间的积极保护和创新利用，将历史空间的保护和当代生活紧密相连。

紫金奖
文化创意
设计大赛
ZIJIN AWARD
DESIGN
COMPETITION

2015 | 第二届 我们的街道

大赛共吸引 **45** 所高校

238 个设计机构

4300 余人参加

共征集到设计方案 **674** 个

评选出紫金设计奖 **20** 名和其他各类奖项 **153** 项

第二届“紫金奖·建筑及环境设计大赛”把“我们的街道”作为主题，围绕传统街道文化的传承和保护、历史街道空间的创新和利用、街道空间界面的更新与改造、街道人性化设施的完善与改造、城市街道中消极空间的利用与改造、混合型城市街道中慢行系统和停车系统设计等方面，面向学生、从业者和社会公众征集流畅的、有记忆的、有人情味的、让人满足的、会呼吸的、有故事的、有归属的、会生长的、有风景的、有品位的、轻松的、聪明的街道设计方案。

大赛提倡对传统街道进行抢救性保护和更新利用，同时超越物质功能或形式，将“街道”这一概念纳入到更大的范畴，重新定义并创造符合当代生活需求和文化意义的街道模式。鼓励参赛者突破空间、形态界限，以人文关怀为本，社会责任为纲，积极思考经济转型、科技进步、社会变迁、文化发展等因素对街道的影响。旨在通过对街道空间的重新审视、分析和塑造，创造出充满人文魅力，符合当代生活及未来发展的街道模式。

态种植棚架
果树采摘
交互式信息墙

米围“街”记
——工地围墙再激活策略
losuring the Street by One Meter Wall:
tegies of reactivating the building site wall

2016 | 第三届 悦读 · 空间

大赛共吸引 **196** 所高校
183 个设计机构
3800 余人参加
共征集到设计方案 **886** 个
评选出紫金设计奖 **20** 名和其他各类奖项 **140** 项

第三届“紫金奖· 建筑及环境设计大赛”将“悦读·空间”作为竞赛主题，聚焦于与“阅读”相关文化空间，倡导以“文化”为内核，以“阅读”为主线，以“空间”为载体，让阅读空间变得可读书，亦可谈书、写书、售书，并可兼有教育培训、娱乐休闲、议事座谈及互联网服务如电商收纳、即时通讯、远程医疗等多种功能。大赛鼓励参赛者顺应时代的发展，从专业的角度出发，以全新的视角来审视“阅读”，应对阅读观念、阅读方式、阅读对象的改变，创造出适应当今人们的生活方式，具有多样化、个性化、人性化的新型阅读空间。

为充分发挥大赛的示范作用和影响力，切实将设计理念转换为创意成果，大赛将部分优秀作品予以落地实施。为此，大赛引导参赛者在创新理念及策略的同时，注重方案的通适性及可推广的公共服务价值，强调对基地环境的认识与分析，鼓励积极运用绿色环保、生态节能、标准化、模块化等技术措施服务现实生活。

无
纸
境

2017 第四届 田园乡村

大赛共吸引 **134** 所高校

253 个设计机构

5000 余人参加

共征集到设计方案 **820** 个

评选出紫金设计奖 **20** 名和其他各类奖项 **98** 项

第四届“紫金奖·建筑及环境设计大赛”聚焦乡村，以“田园乡村”为主题，以“真题实做、实用创新”为原则，旨在引发社会对乡村的广泛关注，引导设计师和社会各界人士对乡村建设的探索与思考，形成一批有特色的优秀作品，并于赛事后期通过创意成果的实践落地，塑造一批具有地域特色、传承乡土文化、体现时代特征的乡村实例，推动未来乡村的科学建设与发展。

大赛提倡遵循乡村发展的客观规律，尊重与周边环境的关系，保持原有的空间肌理，合理运用绿色技术、乡土材料、新型建造方式，充分尊重乡村与城市的差异，重视乡村地域特质及乡土特征的挖掘与展现。大赛鼓励以点带面的“触媒式”示范效应，希望通过创意设计，梳理、优化和提升村庄的聚落形态、空间结构、环境品质等，促进现实改善。大赛选题既是对中央关于城乡建设和三农工作相关决策的落实，也是对江苏省委、省政府三农工作和《江苏省特色田园乡村建设行动计划》决策部署的具体贯彻，紧扣热点、贴近现实，得到了社会各界的广泛响应。

田园乡村——乡村“细胞核再生”

2018 第五届 宜居乡村 · 我们的家园

大赛共吸引 **182** 所高校

179 个设计机构

5269 余人参加

共征集到设计方案 **1018** 个

评选出紫金设计奖 **19** 名和其他各类奖项 **123** 项

第五届“紫金奖·建筑及环境设计大赛”以“宜居乡村· 我们的家园”为主题，既是对乡村振兴战略的贯彻落实，也是对设计下乡的引导践行。大赛围绕“新时代、新乡村、新生活”，以现实村庄为题材，对农房、乡村公共建筑及村庄环境等进行创意设计，旨在推动营建立足乡土社会、富有地域特色、承载田园乡愁、体现现代文明的美丽宜居家园，希望通过设计为乡村注入文化元素、发挥创意力量、激活乡村价值，从而满足乡村居民对美好生活的向往。

大赛主张深入乡村，在分析村庄自然环境、文化特色和经济条件的基础上进行创作，尊重村民意愿和现实需求，强调村庄与环境的有机相融，重视乡土材料和地方树种的运用、传统文化和地域特色的表达、时代特征与绿色建设理念的融合，鼓励装配式等新型建造方式的应用，注重太阳能等设施与建筑的一体化设计，倡议针对现实乡村的现状问题，提出创意设计方案。

昔藍

惜藍

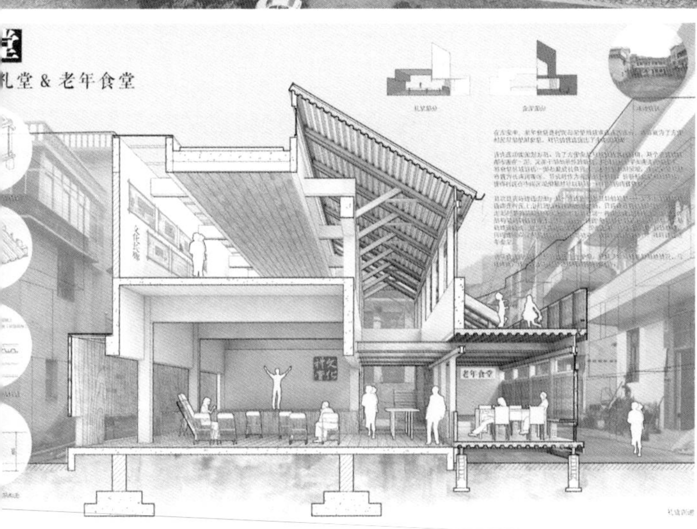

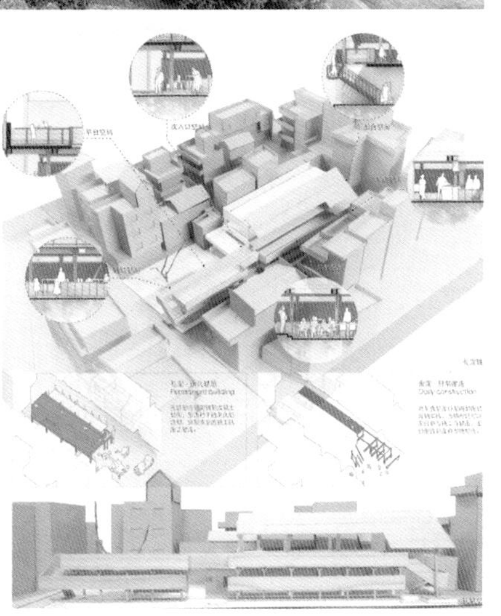

2019 | 第六届 宜居家园 · 美好生活

大赛共吸引 **204** 所高校
237 个设计机构
7694 余人参加
共征集到设计方案 **1475** 个
评选出紫金设计奖 **19** 名和其他各类奖项 **179** 项

第六届“紫金奖·建筑及环境设计大赛”以“宜居家园·美好生活”为主题，立足设计服务生活，围绕现实生活的宜居性改善，以系统提升城市宜居性、顺应人民群众对美好生活的需求为目标，既是对习总书记提出的“努力把城市建设成为人与人、人与自然和谐共处的美丽家园”要求的贯彻，也是对李克强总理政府工作报告中“大力改造提升城镇老旧小区”部署的落实。

大赛聚焦城市美好生活，注重人本视角，倡导在深入生活的基础上，从身边入手、从现实生活入手，针对现实空间“不宜居”“不人性化”的问题与短板，以提升“家园宜居性”为切入点，通过创意设计，改善和提升空间的适用性、宜居性等空间品质。大赛鼓励对既有住区集成改善、小微空间改造、城市街区更新、公共空间品质提升或特色塑造等提出综合设计方案。通过“有温度”“场所感”的设计，提升人居环境品质，促进全龄友好、人文共享、绿色安全的美好家园建设与共治共享，推动设计服务生活、改变生活、提升生活，让城市更加宜居美好，更具包容性和文化性，增加老百姓的幸福感、归属感和对城市的热爱。

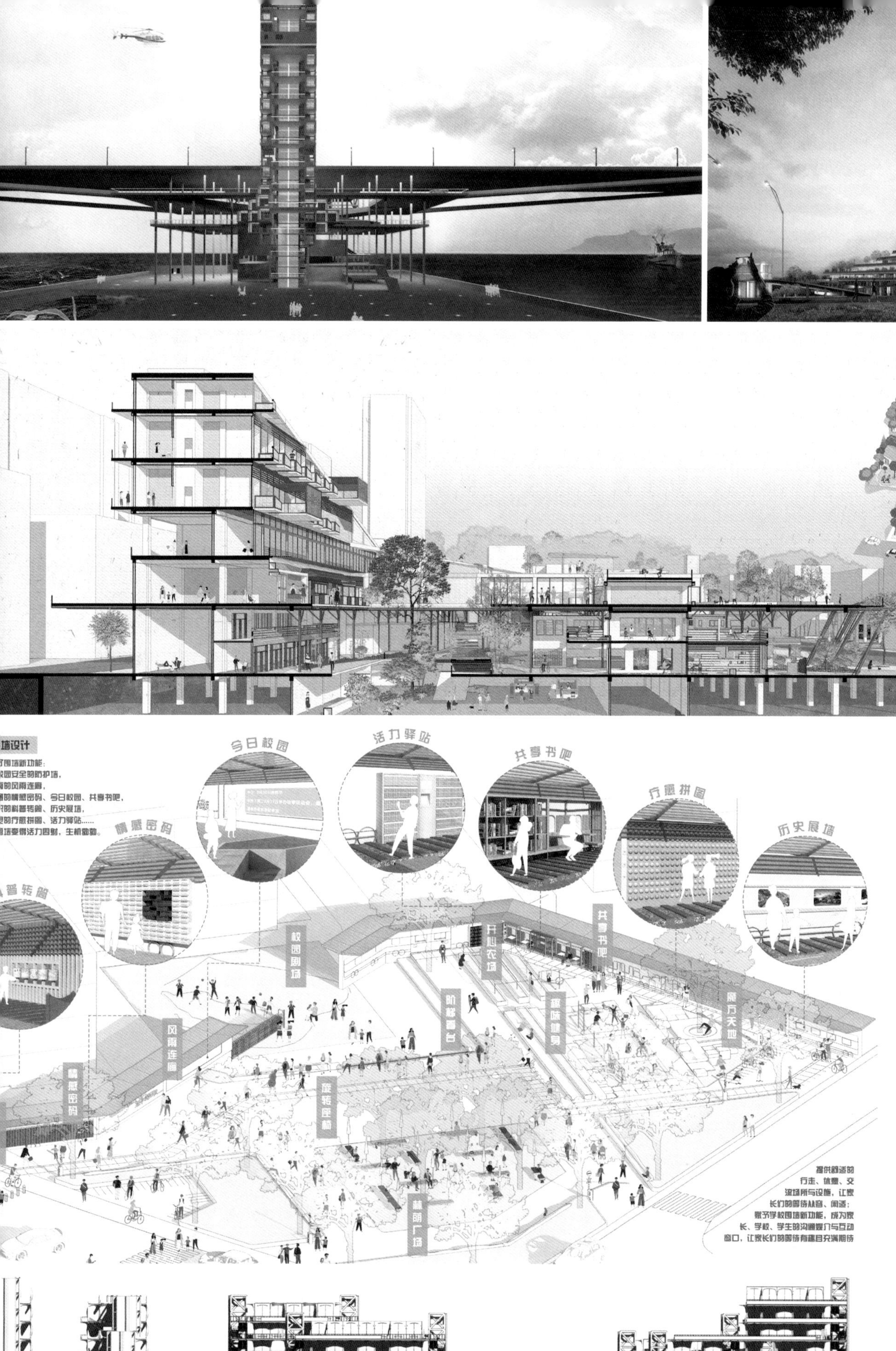
墙设计
予围墙新功能：
校园安全的防护墙，
的风雨连廊，
的情感密码、今日校园、共享书吧，
的科普转盘、历史展墙，
的疗愈拼图、活力驿站……
墙变得活力四射，生机勃勃。
今日校园
活力驿站
共享书吧
疗愈拼图
历史展墙
情感密码
普转盘
校园剧场
开心农场
共享书吧
阶梯看台
健康健身
魔方天地
风雨连廊
情感密码
旋转座椅
林荫广场
提供舒适的
行走、休憩、交
流场所与设施，让家
长们的等待从容、闲适；
赋予学校围墙新功能，成为家
长、学校、学生的沟通媒介与互动
窗口，让家长们的等待有趣且充满期待

2020 第七届 健康家园

大赛共吸引 **320** 所高校

346 个设计机构

6841 余人参加

共征集到设计方案 **1678** 个

评选出紫金设计奖 **18** 名和其他各类奖项 **235** 项

第七届“紫金奖·建筑及环境设计大赛”以“健康家园”为主题，秉持以人为本、呵护健康、服务生活的理念，围绕现实空间的健康、安全和可持续发展，以打造健康宜人建筑和健康城乡空间、满足人民群众对健康和高质量生活环境的向往和追求为目标，既是对党的十九大提出的“实施健康中国战略”决策部署的贯彻落实，也是对突发性公共卫生事件下如何实现有效应对的设计反思和现实响应。

竞赛内容聚焦与健康关联的建筑及环境，以“人居健康”为核心，针对近年来城乡空间与建筑所面临的功能、品质、应急安全防范等不足和问题，通过对既有建筑和空间的创意设计，提升舒适性和健康性；或结合新建项目，设计更加绿色、健康的建筑和空间，提升建筑与空间品质，建设健康家园。

上落交通
方便啦
返嚟大澳
睇下妈咪
未来的大澳
阳光好
灿烂
去找阿敏
聊聊天吧

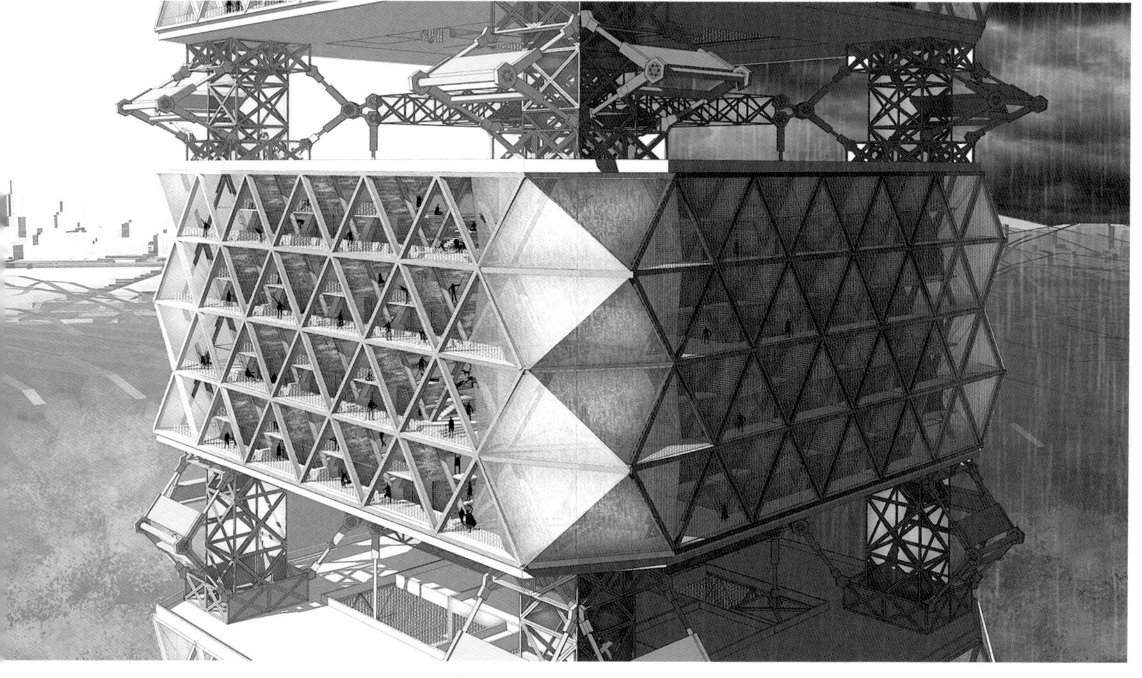

部分落地作品

苏州市浒墅关大桥 / 2014年紫金奖·金奖

南京市溧水区李巷村 / 2018年紫金奖·金奖

扬州市广陵区沙头村 / 2017 年紫金奖·金奖

苏州市相城区冯梦龙村 / 2018 年紫金奖 · 银奖

南京市江宁区佘村 / 2018 年紫金奖·铜奖

部分落地作品

溧阳市别桥镇塘马村 / 2018年紫金奖·铜奖

南京市栖霞区姚坊门宜居街区 / 2019年紫金奖·金奖

南京江北新区人才公寓（1号地块）/ 2019年紫金奖·铜奖

南京市创意农业研究院乡村赋能中心 / 2020年紫金奖·金奖

无锡市惠山新城口袋公园 / 2020年紫金奖·二等奖

专业评审

王建国
2020 建筑及环境设计大赛

2020 建筑及环境设计大赛

第七届紫金奖
2020 建筑及环境设计大赛
第七届紫金奖
2020 建筑及环境设计大赛
健康家园
HEALTHY HOME
绿色健康 品质共享
紫金奖
文化创意设计大赛
ZIJIN AWARD
CULTURAL CREATIVE
DESIGN
COMPETITION

七届紫金奖·建筑及环境设计大赛专业评审会
七届紫金奖·建筑及环境设计大赛专业评审会

综合评审

第七届“紫金奖·建筑及环境设计大赛”总决赛

紫金奖
文化创意
设计大赛
ZIJIN AWARD
CULTURAL CREATIVE
DESIGN
COMPETITION
2020
建筑及环境设计大赛
健康家园

文化创意
设计大赛
DESIGN
COMPETITION
2020
建筑及环境设计大赛
健康家园

紫金奖
文化创意
设计大赛

2020
建筑及环境设计大赛
决赛（综合评审）

健康家园
HEALTHY HOME

紫金奖
文化创意
设计大赛
ZIJIN AWARD
DESIGN
COMPETITION

2020
建筑及环境设计大赛
决赛（综合评审）
健康家园
HEALTHY HOME

选手风采（职业组）

健康家园
HEALTHY HOME
紫金奖
ZIJIN AWARD
文化创意
DESIGN
设计大赛
COMPETITION
综合评审

选手风采（学生组）

2020 建筑及环境设计大赛
决赛（综合评审）
健康家园
HEALTHY HOME

紫金奖
文化创意
设计大赛
ZIJIN AWARD
DESIGN
COMPETITION

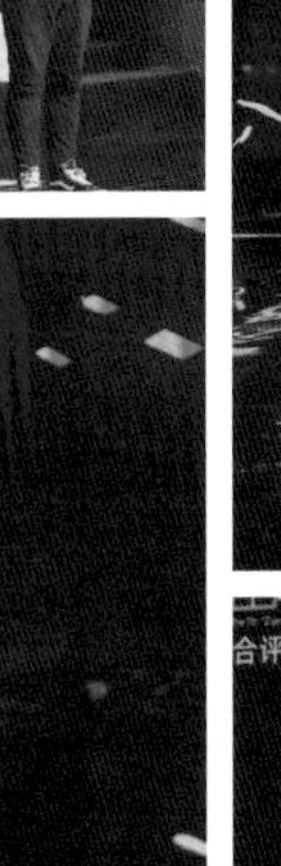
紫金奖
文化创意
设计大赛
ZIJIN AWARD
CULTURAL CREATIVE
DESIGN
COMPETITION

健康家
HEALTHY H
绿色健康 品质

2020 建筑及环境设计大赛
健康家园

合评审）
健康家园
HEALTHY HOM

紫金奖
文化创意
设计大赛
ZIJIN AWARD
CULTURAL CREATIVE
DESIGN
COMPETITION

2020

第七届 紫金奖·
建筑及环境设计大赛

The 7th "Zijin Award" of Architectural Design & Environmental Art Contest

优秀作品集

附 录

获奖名录

学生组获奖名单（89 项）（按作品编号排序）

一等奖（9 项）

序号	作品名称	主创人员	单位 / 学校
01	泥涌间·避风塘——水乡聚落的演化	陈彦霖	安徽建筑大学
02	共享式青年公寓设计	林昊玮	中南林业科技大学
03	微缩城市	石子青	福州大学
04	折屏宴戏——夜宴图情节空间再现	周俊杰 周 欢	南京工程学院
05	从“邻避”到“邻附”	乔润泽 高小涵	东南大学 / 东京工业大学
06	仪式的日常	郑赛博	合肥工业大学
07	生活与生鲜——平疫结合的菜场改造	吴正浩 白 雨 侯扬帆 李孟睿 孙曦梦	东南大学
08	耕耘·迟暮·新生活	陈 阳 黄一夏 李 磊	中国矿业大学
09	分·风·封	杨民阁 罗 丹 万文韬 张晓思 张煜欣	华中农业大学

二等奖（30 项）

序号	作品名称	主创人员	单位 / 学校
10	城市安置区空间的再生设计	吴宇桐 刘得顺	江南大学 / 西南交通大学
11	基于时空变化的共享社区	张瀚文	英国皇家艺术学院
12	社区化的留守儿童校园及活动空间	戴杏文	江南大学
13	文化致尚——城市消极空间可持续	刘歆雨 陈楚莹	江南大学
14	种房子	嵇晨阳 周 笑 周宇弘 赵俊逸 武雪博	南京工业大学
15	健康人居·有机生活·未来社区	范 琦 刘 洋	东北师范大学
16	巷市共生，烟火撩城	乔康生 尚京雨 韩 雨	西安建筑科技大学
17	仓与舱	陆雨瑶 常逸凡 曹志昊 程 悦	南京工业大学
18	乡村· 厕所革命“1+N”设计	初冠龙 吴晓敏 赖柯帆 尤晨淳	东南大学
19	CUBE+老旧社区入口健康模块	黄怿昕 林诗怡 许锦灿 宋安之	东南大学
20	一席之地	张乐尧 苏玮璇 汤 尧	苏州科技大学
21	“疫”墙之隔	邵逸凡 唐文轩 相慧敏	南京工业大学
22	拾萁公社——城市公共院落更新设计	蒋韵仪	东华大学
23	一脉相“船”融乐同享	刘金英 林昕妤	福州大学
24	空中叠院——成都宽窄巷子城市更新	戴维蒙 李宇馨	北京建筑大学
25	栖·廊	孙文鑫 李梅源 周永泽	南京艺术学院

26	基于疫情对未来社区医疗站的构想	季淼淼 崔 斌 吉宇轩 黄江豪	南京工程学院
27	四维门	刘圣品	山东建筑大学
28	街口 SHU 下	孙泠泠 邹清扬 张 晨 程菲儿	苏州科技大学
29	城上长寿苑	孙亚奇 张梦炜 孙一涵	天津大学
30	悬挂的记忆	黄泽禹 武宏玲 赵佰慧	广西艺术学院
31	自然共享——校园健康建筑改造	田 鸽 张廷昊	同济大学、东南大学
32	折皱融趣——山地农耕康养家庭酒店	张鹏跃	昆明理工大学
33	后疫情时态	袁 帅	西安理工大学
34	爷爷的新屋	陈 洋 袁 玥 吴 娱 卜笑天	东南大学
35	互联网＋时代老年游客可达性设计	曹 颖 刘灿灿	南京林业大学
36	后疫情时代——外卖小哥的一天	吴思蓉 赵子婧	北方工业大学
37	屋顶上的小剧场——约会隙间	李静思 任昕毅	华中科技大学
38	循墙记·苏州古城墙沿线城市设计	方奕璇 王轩轩 陈正罡	苏州大学
39	游“木”骋怀	梁 军 王珩珂	四川美术学院

三等奖（50 项）

序号	作品名称	主创人员	单位 / 学校
40	新集体社区——城厢镇全龄社区设计	赵谷橙	河北工业大学
41	共生 民生码头商业广场景观设计	王雯霖 佟 逍 景 琛	中国美术学院
42	可扩展的移动式生态服务舱	徐嘉明	南京艺术学院
43	雪灾天气下城市血脉的救赎	鲁青青	西安建筑科技大学
44	移动家园	刘朴阳 陆仲琪 林陈诗 张师好	苏州科技大学
45	空气博物馆概念方案设计	张 威	北京交通大学海滨学院
46	国棉五厂社区环境景观更新设计	詹献彬	西北农林科技大学
47	活力纽带	刘 俊 陈 锐 项国民	西安建筑科技大学
48	泊空间——包头市搪瓷厂保护更新	王雅妮 鲁 岩	内蒙古科技大学
49	SULUN 2.0 计划	孙庆颖 宋 科	苏州大学
50	等候绿色——炎热地区海绵车站设计	何媛媛 徐 祯 宁楚雷	重庆大学
51	江南文脉	陈哲昀	南京林业大学
52	十里间——历史街区可持续更新设计	蒋璨宇	江南大学
53	超链接之门：开放的城校门户设计	袁文怡雪 史汉祥 赵香君 孔 睿	苏州科技大学
54	后疫情时代下韧性健康社区营造	徐 灿 张明月	华中科技大学
55	生态魔方	李 磊 张胜祥 李 伟 王 彬 刘 豪	合肥工业大学

56	昆城疫巷	李硕星 刘 婷 陈文婷	苏州大学
57	焕生——四维空间下的棕地重塑	黄少坡 宓欣悦	南京林业大学
58	互放光亮，温澜潮生	荀永琮 王小木 韩晶晶	苏州大学
59	融·合	韩四稳 陈昶岑 裴 龙 冯子豪 刘 飞	合肥工业大学
60	梯田时光 防疫背景下的社区探索	王笑涵 朱雪峰 陈 晴	重庆大学
61	限定 24 小时	崔璐莹 冯舒娴	西安建筑科技大学
62	渔舟唱晚	沈太和 孙文鑫 李梅源 郑梦环 吕嘉伦	南京艺术学院
63	绿色守望：湖区淘宝村的健康未来	苏 晴 孙汝阳	天津大学、湖南大学
64	疫抑之解	张晨曦 刘 盼 吴 娜	西安建筑科技大学
65	绿·舟——北京三元桥街角空间重塑	卢映知 郝孟琦 陈宗浩	北京建筑大学
66	春·树——健康校园室外空间再生长	施 思 王紫珍 钟奕瑶	合肥工业大学
67	“时过疫迁”安康双柏村景观设计	项 明 张毅雯 陈 钰	西安建筑科技大学
68	城市绿网——垃圾中转站改造	李 云 池梦婷	苏州科技大学
69	船厂再生	史雯雯 刘 佳	南京林业大学
70	居·助	高颖婕 曾 菁	中国美术学院
71	暮升“木生”——磁器口民宿改造	李婷婷	西安科技大学
72	觅动校园 活跃宿舍	潘启烨 王 波 杨隽妮 王雪松	苏州科技大学
73	夕拾巷弄，又“绿”同德	王梓懿 谢 帆 任仲朕 沈 瑞 王 雨 谢宇剑	南京大学、北京工业大学
74	傍海而居，依渔而耕	李玉婷 刘 璐	北京交通大学、华南理工大学
75	溯矿流光	陈昭熹 韩秉利 刘 张 王 颖 杜 漩 张明祺	中国矿业大学
76	影人影魂——魏家塬皮影村景观改造	陈雨果 王 城 姚云娜 黄梓薇	西安美术学院
77	一站一城：共享· 静谧	张同杰 王燕贞 王德虎 刘传鹏 赵晓迪 宋文静	山东建筑大学
78	疫情方舟——体育馆的 N 种打开方式	徐 静	苏州大学
79	山城社区——基于山地的居住空间	柳代朋 沈一飞 李宁馨 王丝绢逸	重庆大学
80	淌·徜——风车形工作室设计	王若冰	扬州大学
81	光解社区	付 琳 张文正 罗俊杰 朱丽衡 马宁谦	天津大学
82	EcoMarket 模块化菜市场	姚雨昕 周楚昱 郑舒文 江 婷 朱辰宇	清华大学
83	水·田·坊	苗田野 张 千	东南大学
84	多米诺濒危灭绝动物纪念馆设计	王舒静 张 琼	安徽工业大学
85	禾心——乡村临时医疗站	张吉钊 陈修桦 栾明宇 岳开云 韩修平 曹 艳	天津大学、东南大学、中国建筑设计研究院
86	ALL BLUE	马紫坤 张顺顺	西安建筑科技大学
87	步·月台——社区免疫力计划	孔 菲 张艺文 初晓畅	山东建筑大学
88	城市孤岛的突破与纪念	杨雨欣	郑州大学
89	葡萄藤下	张砚雯 秦智琪	山东建筑大学

职业组获奖名单（87 项）（按作品编号排序）

一等奖（10 项）

序号	作品名称	主创人员	单位 / 学校
01	楼上楼下——邻里交往空间的重构	程　浩　王莹洁　葛　强　王元林　程旭勇　李铭政	中蓝连海设计研究院有限公司
02	悦然纸尚	任苗苗	江苏中锐华东建筑设计有限公司
03	围墙 5.0——健康社区神经末梢	高　天　葛佳杰　童　帅　杨天远　王盈媚　钱　峰	悉地（苏州）勘察设计顾问有限公司
04	助力复课的Loft 教室空间设计	张建新　周晓童　殷　杰　马　岩　黄　烯　李嘉豪	扬州大学
05	脚手架革命	李美慧　拓　展　刘政和　李元章　王贤文	东南大学建筑设计研究院有限公司
06	诺亚方舱	李　龙　朱晓冬　尹　浩　陆雨璐	苏州立诚建筑设计院有限公司
07	移动城堡——平疫结合的疗养院设计	罗　吉　郜佩君　吴逸雯　裴　峻　王　宇　王天瑜	东南大学建筑设计研究院有限公司
08	大爷大妈不用抢篮球场啦	李　竹　陈斯予　樊　昊　殷　玥　王嘉峻　杨梓轩	苏州园林设计院有限公司
09	多维共生的模式语言	窦平平　刘彦辰　杨　悦	南京大学建筑规划设计研究院有限公司
10	浮生·共生——海平面问题的思考	刘振宇	中国矿业大学建筑与设计学院建筑与环境设计工作室

二等奖（27 项）

序号	作品名称	主创人员	单位 / 学校
11	疗愈之家——流浪动物公社设计	王承华　姜劲松　吴泽宇　徐立军　陈思敏　黄晓庆	江苏省城市规划设计研究院
12	方·桥	相　南　秦　川　陈晓奕	本构建筑设计（上海）有限公司 南通市给水排水设计院有限公司
13	层庭·趣盒——移动健康“微办公”	张　靓　孙磊磊　陈　啸　刘雨萱　杨馥嘉	苏州大学
14	乡土·享土	马全明　胡肖辉　仝　潜　刘栩如　张馨月　Ossipova Irina	中国矿业大学工程咨询研究院（江苏）有限公司
15	集约与共栖	张　豪　张　楷　陈君燕　王逸卿	启迪设计集团股份有限公司 南京雨盛建筑设计咨询有限公司
16	“无水”而居，与树“共生”	甘继源　汤琛瑜　孙　伟　周　超　崔　明　刘　俊	江苏筑原建筑设计有限公司
17	搭梦空间——乐高式景观	邢　杨　武媚佳　蒋玲玉　孙　峰	中景博道城市规划发展有限公司
18	繁华深处——老城步行架构畅想	武　赟　魏君一　吴　波　魏亮亮　缪屹泓　王永峰	江苏省城市规划设计研究院
19	见缝插针——城市胶囊医疗站	蓝　健　胡　楠　路晓阳　王卫超　唐晓天　沈　跃	南京市建筑设计研究院有限责任公司
20	未雨绸缪——平灾结合的应急场地	孔佩璇　马　驰　朱道焓　路晓阳　蓝　健　陆　昊	南京市建筑设计研究院有限责任公司
21	与生命赛跑	石佳惠　胡震宇	东南大学建筑设计研究院有限公司
22	环屋漫游	路晓阳　蓝　健　李小鸽　田　娣　王一鸣　易鹏进	南京市建筑设计研究院有限责任公司
23	新保安故事——社区入口空间优化	朱思渊　林隆葵　张　妍　周梦绯　张善锋　袁伟鑫	江苏筑原建筑设计有限公司
24	空场	黄新煜　袁启春　周胡超　孙　卫　朱　旻　高　宇	江苏博森建筑设计有限公司

25	SPARKS——旧操场的新生	邢 宇 侯 杰 陈翰文 王雅琪 赵 彬 冒艳楠	江苏省城市规划设计研究院
26	灵巧的房子	刘林强	同圆设计集团有限公司
27	农民工之家——矿坑里的健康庇护所	姚 刚 段忠诚 褚 焱 郑宇鹏 华倩倩 李 俊	中国矿业大学建筑与设计学院
28	生命之舟，跃动健康环游迹	王 畅 裴小明 梅 宇 张效嘉 王 珏 林荣荣	南京长江都市建筑设计股份有限公司
29	电梯卫士	李 龙 朱晓冬 尹 浩 陆雨璐 徐 静	苏州立诚建筑设计院有限公司
30	看不见的防线	田源培 余志鹏 陈柯竹 王 曦 张琛昊 梅清影	中衡卓创国际工程设计有限公司
31	菜场里的家	王 雪 王艳春 天 宇 张家豪 杨 颖 汤淑星	江苏省城市规划设计研究院
32	后疫情时代的魔方公舍	冒艳楠 杨小军 葛文俊 王小康 冯康宁 陈子晨	江苏省城市规划设计研究院 中哲国际工程设计有限公司
33	穿越渡桥，“健”证未来	部佩君 游弘艺 罗 吉 吴逸雯 裴 峻 蒋炜庆	东南大学建筑设计研究院有限公司
34	隔而不离——武汉华南海鲜市场改造	肖 鹏 卫其励 何奇琦	中南建筑设计院股份有限公司
35	掰开的公寓	荣朝晖 缪家栋	中锐华东建筑设计研究有限公司
36	丹凤街空间碎片重塑与夜市共生	王 铠 廖 杰 沈宇辰 王 问 陈铭行 朱凌云	南京大学建筑规划设计研究院有限公司
37	多维·共享社区	周佳冲 吴 晟 郝东旭 王天宇 邢美玲	上海筑森建筑设计事务所有限公司

三等奖（50 项）

序号	作品名称	主创人员	单位 / 学校
38	课后时光——共享旅居设计	薛楚金	汕山建筑设计（上海）事务所
39	铁锈上的新生	齐 辉 周明慧 苏禹宸 韩晓宇 陈红霞	安徽新时代建筑设计有限公司
40	“滨海之家”儿童活动中心设计	郭 剑	大连艺术学院
41	安放之所——城市养老列车	吴 妍 丁恩宇 谢 琳 朱海龙 孙文远 李 威	连云港市建筑设计研究院有限责任公司
42	阿康的七点半	姚 健 封苏林 张骁聪 顾钰萱 徐炜炜 陈楚杰	苏州市建筑工程设计院有限公司
43	卷烟厂的新生——设计师家园	朱 勇 刘治平 傅韶华 柳筱娴 黄亚敏 陶 庆	南京大田建筑景观设计有限公司
44	人喵乌托邦——养猫青年的生活空间	宋晴升 袁鑫昕 余 垚	无锡市建筑设计研究院有限责任公司
45	漂浮的运动公园——城市边角地复活	尹 旺 邓雪晴 姚 慧 王瑞芳 刘耀阳 王 斐	中国矿业大学工程咨询研究院（江苏）有限公司
46	后疫情时代下——菜篮子的空间改造	王小涛 姚建敏 吴 兵 戴正豪 潘 春 潘思圆	宜兴市建筑设计研究院有限责任公司
47	共享地库·老城区“脚下”的公园	王思宁 陈理俊 张宏达 赵 杨 顾浩成 季艾怡	苏州大学金螳螂建筑学院、南通勘察设计有限公司
48	“渔”生有你	聂毅宁 黄金辰 宋 云 严 超 李金婉 徐安利	启迪设计集团股份有限公司
49	耕读庆馀——重塑健康共生乡邻关系	孙磊磊 张 靓 李斓珺	苏州大学、南京大学
50	深巷共聚·其居不离	陈 君 许 迎 徐 程 李宗键 蔡姝怡 徐海清	启迪设计集团股份有限公司
51	城市活体过滤器	曹 越 倪玥瑶 袁振翔	南京市市政设计研究院有限责任公司
52	Yi 方天地	朱文英 田 芃 徐骏成 张玉宾 刘路路 宋睿一	苏州园林设计院有限公司
53	触手可及的 5H 城市疗养花园	张璐 魏君帆 季泓仪 沈骏	苏州园林设计院有限公司

54	街道的生活 生活的街道	钱　闽　杨　柳　詹国庆　高文婧　廖　志	武汉安道普合建筑规划设计咨询有限公司、广东中煦建设工程设计咨询有限公司
55	Sharing U	张　祺　潘　磊　黄　豪　付长赞 王思睿　汪成成	启迪设计集团股份有限公司
56	屋顶的 N 次方——向往的生活	王镜涵	无锡市建筑设计研究院有限责任公司
57	拼·叠——人居健康视角下的车站	夏　倩　吴　梅　秦　昊　石　云 张小伟　钱熠诚	江苏城归设计有限公司
58	老有所依——老旧小区适老社交场所	孙鸿雁　李煦芝　施庆宁　路晓阳 蓝　健　林　哲	南京市建筑设计研究院有限责任公司
59	麦田里的“守望者”	施刘怡　张　田　周　莹　陈秋婧 卢庆银　徐一韬	苏州园科生态建设集团有限公司
60	印痕·影迹——正仪老街更新	胡　尉　徐　贝　费一鸣　王　菲 周晓阳　姚鹏程	启迪设计集团股份有限公司 昆山城市建设投资发展集团有限公司
61	共享口袋摊·街边的小确幸	吴婷婷　丁鹏程　李鹏鹏　钟霁暄	江苏省城镇与乡村规划设计院
62	自的治愈·社区治愈场	顾苗龙　胡清瑜　周逸然　王晓峰 刘天然　徐艺达	启迪设计集团
63	健康距离——无边界社区生活博物	刘　谯　胡　乾	南京拾意空间设计有限公司
64	好，在村口树下集合！	蓝　峰　那明祺　殷梦瑶　赵　晨	中衡设计集团股份有限公司
65	等风来	杨　超　辜立蓉　马图南　潘宇飞 陈　科　相西如	江苏省城市规划设计研究院
66	设计师的“18:00+”	汪　衡　刘　嵘　何永乐　张　濛 艾尚宏　胡明皓	东南大学建筑设计研究院有限公司
67	健康生活·从一个个小的改变开始	谢亚鹏　刘　洁　牛　赓　曾　锋 熊　炜　宋泽坤	江苏省东图城乡规划设计有限公司
68	快闪公园　慢享生活	徐菲叶　Gabriele Tempesta　李晓锋 吴光辉　王艳梅　曹　莹	江苏苏邑设计集团有限公司
69	竹排人家	李　龙　朱晓冬　尹　浩　徐　静　李　卓	苏州立诚建筑设计院有限公司
70	胶囊花园　上班族身边的健康驿站	刘小钊　李　宁　孟　静　彭晓梦 相西如　石　爻	江苏省城市规划设计研究院
71	环·城——健康新环线，活力新南京	王　畅　王　亮　吴晓天　向　雷 毛浩浩　陆　蕾	南京长江都市建筑设计股份有限公司
72	旧城缝“河”线	季如漪　王乐楠　孙梦琪　周　文　赵　彬	江苏省城市规划设计研究院
73	康·管家——BOX	张天明　何其刚　集永辉　杨　康 刘　欢　方　明	江苏龙腾工程设计股份有限公司
74	街道生活图鉴	陆笑明　黄炳辰　董　斌 Gabriele Tempesta　李康奇　仲　雨	江苏苏邑设计集团有限公司
75	平疫转换记——平江街区养老院改造	程　伟　苏　涛　沈心怡　戚　宏 侯晓晓　蒋志伟	启迪设计集团股份有限公司
76	律·动赛场	马　强　袁　波　王　禹　丁　舒 阿迪力·阿布来提　刘明灿	南京兴华建筑设计研究院股份有限公司
77	后疫情时代下的校园“新生活”	仝晓晓　张嘉敏　黄一夏　王　婕 杨　勇　王迎郦	中国矿业大学建筑与设计学院建筑与环境设计工作室
78	气候韧性小区，健康四季同行	杨满场　王雅琪　李月雯　侯　杰 吴宇彤　张　恒	江苏省城市规划设计研究院 华中科技大学建筑与城市规划学院
79	关怀与应变——妇幼医院的爱心花园	郭豫炜　袁锦富　么贵鹏　崔　鑫 陈逸伦　相西如	江苏省城市规划设计研究院
80	穿流亦可息	徐奕然　罗　伟　仲　亮　朱　宁 仇婧妍　王　苑	江苏省城镇化和城乡规划研究中心
81	随心所“渔”	朱　梅　陈　莹　戴　静　李诚燕 徐延峰　刘志军	江苏省建筑设计研究院有限公司
82	昔市·汐市·熙市	刘志军　徐义飞　袁　雷　陈　曦 宋振威　徐延峰	江苏省建筑设计研究院有限公司
83	陇之方寸	仝晓晓　张曦元　赵铭尧	中国矿业大学建筑与设计学院建筑与环境设计工作室
84	顶园记——屋顶空间串联再生计划	郝靖欣　张　帅　杨　光　王浩锋	无锡市建筑设计研究院有限责任公司
85	元气空间——历史街区的针灸式活化	钮晓阅　周珂玮　朱　翔　吴　彦　张丽云　陈以刚	苏州规划设计研究院股份有限公司、苏州枇杷树景观设计有限公司
86	狗眼世界，明眸家园	刘振宇　赵亮亮　章红梅	中国矿业大学建筑与设计学院建筑与环境设计工作室
87	“矿”世而生·新生活	仝晓晓　陈　阳　陶涵瑜	中国矿业大学建筑与设计学院建筑与环境设计工作室

参赛作品名录

旧拾光

追溯——健康乡村景观规划设计

泥涌间·避风塘—水乡聚落的演化

全民健康生活下公园景观设计

城市舞台——共享高层办公楼探索

佛坪县老城区保护与更新发展规划

拾忆——海滨特色民宿空间设计

资源代谢视角下的乡村更新设计

太极韵·疏影阑珊

淡·独立住宅设计方案

营造品质高校·共享健康校园

巍山古城非机动车停车竹棚设计

居家"世界"——未来健康住区

苗乡村民活动中心

湖域滨水空间与公共建筑优化设计

旧钢重筑-东瓦窑旧厂房景观重塑

骄阳似火 生生不溪

茶马古道之滇藏线白沙村景观设计

老人与老城

何以为家

"乐巢"小月湾民宿设计

花语走廊

云上联·万物园

市·戏

寻迹·三国

1906师生共享办公空间

凤凰涅槃-河南省集矿环境提升

"拯救青年"国际青年旅舍设计

一站式肿瘤治疗中心的设计方案

新派川菜馆餐饮空间设计

隐山隐水

严峻生境下乡村人居环境更新计划

濞游之路博南古道活化与保护设计

新集体社区——城厢镇全龄社区设计

归去来兮可持续湿地生态公园

"乐苑"康养中心

共生 民生码头商业广场景观设计

新中式公园——栖隐·留云·风雅

西关孕古韵 荔湾谱新曲

环城"漫"行

水生·水映——西园养老护理院设计

田园未来家居

生活的无限可能

回环绿城道，四序如循环

生命之环

阳光主题休闲书吧

绿色环岛链

"味道"凉茶铺——乡村民居设计

可扩展的移动式生态服务舱

地域特色的职业院校校园景观设计

工坊+街巷+社区+

合浦珠还——文化、健康、家

自动驾驶对城市格局影响

雪灾天气下城市血脉的救赎

城市隐形垃圾站

桃源夏东

有凤来仪

移动家园

基于健康理念下的城市中心区设计

翼翼归鸟——健康低碳人居环境设计

"最绿色"广告策划公司设计

逾越愉阅书吧空间设计

听——江苏海洋大学校园景观设计

黄河湿地适应性共生景观设计

洛林自然主题餐饮空间设计

老马家的五代愿景

BOUNDLESS HEALTH

楼上楼下——邻里交往空间的重构

课后时光——共享旅居设计

方·桥

悦读图书馆

"馨"医院主题公共空间设计

疫情下地铁站检测模块

逸

空气博物馆概念方案设计

长生堂——美发养发体验空间

小世界天空主题图书馆

隐茗居

心灵驿站心理室空间设计

听茗茶餐厅空间设计

BOOK图书馆空间设计

记忆工坊——新零售下餐饮空间设计

恒越赛博主题健身空间设计

茶饮店社交体验空间设计

再回首，朝前走民宿空间设计

鸿鹄之志，寄于鲲鹏

蔓藤·烟波

永泉山居民宿空间设计

悬海多佛古生物主题博物馆体验馆

普通办公楼空间设计

逃离者书吧

墨尚轩食疗餐饮空间设计

涅槃重生——徐州宣武市场扩建项目

借山居 自然主题民宿空间设计

"砾"足生态"印"造未来

空中花园体验馆

茯花——咖啡厅设计

禅居

小房子大设计

七号乌托邦
谁动了中国的自行车
青山国际新城城市设计
温室咖啡厅
鶉园茶馆
国棉五厂社区环境景观更新设计
城市安置区空间的再生设计
寻遇
房上“田”——对新农忙模式的探索
港城之灯
烟岫林居
半城园亭——古城开放式社区构想
伤痕——细菌战遇难同胞纪念馆设计
LIV CLUB娱乐空间设计
峰峰矿区山底村红色遗址景观设计
亲爱的生活
基于时空变化的共享社区
自行车青年公寓建筑及室内设计
社区活动中心兼小型美术馆
台风高频区农田生态系统健康策略
“拾遗再现”——煤气柜的再生
池州宇博生态之民宿设计
几方几圆——阿玛尼品牌概念店
方山取水
“侗家烟火”民族文化园景观设计
辉华办公楼
君子居福地　临湖对宝岩
壹同影视生态办公空间
叠合之间
竹谧——雅莹品牌展示空间设计
结“源”共生·生“森”不息
运动广场sports-park
互动性农场

乡印·度假酒店设计
土生乡情——村民中心建筑设计
宜动乐园
3^3高架模块计划
湖南青山岛旧渔村可持续更新设计
潭星园
新型社区微型消防服务综合体
老吾老——三都乡医养中心空间设计
美丽民宿扁石岭驿站景观建筑设计
都市绿野
齐溪镇景观及建筑改造设计
掠影浮记——海洋生态系统修复设计
承脉交融 博纳石码
逐梦园
鹤发童颜
错·叠·家——极小住宅
“去野”自然体验主题民宿设计
BIG ROOF
状元坊历史街区的第三空间
彼岸云水间的前世今生
旧厂房的改造
城市之眼——韧性生态城市
观海-海上
民权第五届装备制冷博览会
581民宿设计
共享式青年公寓设计
铁锈上的新生
没压力——餐饮空间
共享阳光——憨兜家园景观设计
武汉城边雨洪主题公园改造
国家电网公司景观规划改造
九龙庄园·康复养老公寓项目
老城区的幸福感

寻找梨花巷社区活动中心概念设计
活力纽带
发达面粉大众展厅
“滨海之家”儿童活动中心设计
小木大作·传统木营造研究基地
上海康养田园综合体设计
生态绿地，莲香江头
重烟——南京老烟厂旧工业建筑重生
图文艺术文化展览活动中心
你好，蒙德里安
商丘志愿服务主题公园
筑健·新生代
4D Runway Park
绣之雅韵
“BONE”办公空间改造
滋兰树惠
苗乡文化视角下的景观规划
活力飘带
图书馆改造
鹿邑老君塔旧社区改造
泊空间——包头市搪瓷厂保护更新
波澜——环保“轻奢风”
景德镇国际瓷谷规划设计
红色文化广场
运河聚落·空间
盐城东亿国际大酒店室内设计
银绣忆坊·塑线重生
赤源——赤峰市联排别墅庭院设计
景巷
渝中娱乐活动中心规划设计
乐享栖居 智链生活
北湾新村城市别墅改造设计
安放之所——城市养老列车

弥合自然而然
深度健康
行留之间——文化综合体新尝试
武汉健康城市社区公共空间重构
苏州平江路东花里精品酒店
走出宗教迷宫的北纬30°
城市之心
黑岩村红色文化旅游与民居设计
村愈计——韧性社区的健康计划
洄游
花锦纪实景影棚
“森”之图书馆
揽境－西安金沙国际商业改造
生长的觉姆岛
隐居乡野——共建良性社区
CBD商业景观空间广场设计
山雨时——川菜馆
盈绿安居　迢遥比邻
层叠
无人驾驶——香港未来城市道路
“绿”过境迁
潇湘路北地块体育公园设计
木兰主题民宿
桂林路旧街改造
跳动的心脏
景德镇街巷整治改造提升设计
SULUN 2.0 计划
生命·永续脉络
设计下的健康生活
融汇链通·水岸手环
如影随形华莱坞整体环境提升设计
兴化市旅游服务中心
Unihub——生长的优衣栈

社区化的留守儿童校园及活动空间
斑马线安全光栅保护装置设计
窑望——窑洞公共空间适老化更新
“生态反哺”城市农业移动家具
后疫情时代老旧小区更新设计
“疫”起运动
渔舟唱晚叙三生
闻汛而动一洪灾高发地区生命通道
织补——桥下空间改造方案
一期一会——癌症疗养中心
城市的峡谷 灰空间的绿色生机
流云清线
老城湾·新脉搏
生长计划
生态自持力——疫情下老住区微更新
壹点装饰设计工作室
寻梦勺园——古典园林复原之勺园
集团总部规划设计方案
零·聚·离——健康校园多元化设计
基于生态规划理念的滨河绿地设计
阿婆的防疫手札
A Ring
油坊桥活力发电廊道
光盒——轻食主义餐厅
矿坑重生——产业＋医学
到火星去——五千公里外的桃源
大浦路DN800给水工程
田栖文旅，创享青李
疫情下的公共卫生间重生
一山和主题文化酒店
抱吉尔归
通时合变——乡村免疫系统建构
城市渠化河道近自然化设计

智巷环生——面向未来的建筑系馆
信达·糖罐里——半糖主义社区
Adaptation
星豚湾滨江公园
阿康的七点半
延续的生命线——老年合作社
正义视角下的新型城镇规划
青岛人工智能国际客厅
基于生态修复的河道改造设计
等候绿色——炎热地区海绵车站设计
汶上全民健身公园
小隐于野——古村落民宿设计
哈密中心城区东西河坝景观设计
大宜之城，小颐之居
和顺优品居住区景观设计
满足学前儿童成长需求多功能之家
运用奢侈品元素的混合型西餐厅
形与相共契下的佛教景区景观修复
文化的“庇护所”
江南文脉
畅享安然，诗意颐养
生·趣
记忆重塑——老城住宅类更新设计
城市之肺——游鱼入海
咫尺间
微缩城市
城市阳台——占川河滨水景观设计
乡野拾趣，生生不息
自由呼吸——后疫情心理治愈空间
张宅·粉墨人生
文化致尚——城市消极空间可持续
公共健康视角下的滨水带参与景观
生命健康主题的法治步道景观设计

高校社区联合体育馆

呼吸——梅树里养老度假区景观设计

以自然为师 向未来生长

十里间——历史街区可持续更新设计

福利社区中心

西安幸福林带城市家具设计

城市配角

浊潦来去皆自在

怡水生境

健读生活——围墙的重生

健康之环——蒙洼蓄洪区再生之道

菜场1km^2

“剧落”淮安里运河街区改造设计

聚似火，散作星

无锡城中公园“处方签”计划

理想村

宽厚“里”——重塑老街情韵

一半/HALF

种房子

绿动漫综合体

卷烟厂的新生——设计师家园

健康日志

望闻问切——城市体检下的城市更新

超链接之门：开放的城校门户设计

宜居乡村　绿色家园

悦跑无锡——无锡马拉松体育公园

S、M、L、XL

健康视角下林浦古村的渐进式更新

平疫结合——后疫情下的保卫更新

千园·社区养老服务中心设计

凤城“大舞台”广场

养原子补给站——乡村空间更新设计

城间篱园——屋顶的田园诗歌

健康家

健康人居·有机生活·未来社区

“重启”办公空间设计

Ⅰ级视障人士居住空间设计

木椿——宜老空间改造设计

雾隐焦下.桃花源记

新颜·网红孵化中心——色彩设计

“新生”-模块化概念养老机构

巷市共生，烟火撩城

梦回“1988”

溯源·田居——大庄村景观设计

拾光·聚舍

与你为邻——共享庭院住宅设计

西岳博物馆

老人·家——惠州微适老室内设计

春·舍——留守儿童辅助教育机构

黎族茶餐厅

彩虹愈疗

自闭症儿童居住空间光环境设计

基于地域文化保护传承的创新设计

地摊经济发展下的街道景观构想

暖心——农村养老的住宅空间设计

校园快递柜——白的建筑

声生入境——新媒体园区景观更新

湖北荆州淡水鱼博综合展馆设计

自然与都市的约会

Healing Circle

乌墅皮市上

城市“静心港”

幸福嘉里-幸福家里

静松

余东古镇民居现代适应性改造方案

生态颐养·本草山居

花峪七渡——岔峪村健康家园设计

东隅未逝·桑榆非晚

“陕北情”——特色餐厅设计

无锡运河新村应急避难系统设计

后疫情时代下韧性健康社区营造

南京市外贸仓库公寓改造设计

平江集市

幼儿园，村庄里的“山谷”

“老屋新声”——寺街通剧文化馆设计

一带江水.两岸同欢

生活的2次方——复式住宅空间设计

爷爷的后院

适老化下的苏州古城颐养空间设计

与矿共栖——矿山景观修复与更新

社区·更新·联动

健康+园

彝山彝水的乡村客厅

集青新城 圈聚活力

竹笺林——公共空间书吧设计

顶韵清溪——生态社区规划与设计

人喵乌托邦——养猫青年的生活空间

沁怡老年健康中心

兼具健康与童趣的儿童医院设计

乘航小学、幼儿园装饰工程

山语大厦

废弃车间更新养老建筑

兴化市黑高村滨水景观设计

和平门菜市场设计

社区活力线——新型社区畅想

盐梅市集·食在生活

林中巢绿色建筑

谢家坝至铁佛寺区域提升改造设计

素生馆

生态魔方
悠然屿间，漫迹成蝶
健康家园——共享文化
健康家园——宜居
健康家园——温度、品质
飘舞的彩练——湘赣码头更新设计
海角故乡
凝古筑新
ECHO
Health³——健康里坊设计
旧建筑改造——少儿活动中心设计
清源·原舍 十里青山伴入城
隐秘而伟大——纪念652工程
褪·变·新生 钢城未来畅想
时光的容器——健康校园试点设计
道绝-荣昌
新定义——舞动·绿茵商务景观区
共衍生息
旧宇新生——土楼遗产的活化更新
上东郡南侧绿地景观方案设计
仓与舱
4S店的掌间芭蕾——存量用地再生
健康DNA——天坛外坛规划设计
新·活——新河景观与生态修复设计
红砖记忆——老旧社区服务中心设计
基于乡村的建筑小品设计——长林下
宝应古城民宿之“听荷别院”
城南初中宿舍楼
时间塔灯光艺术装置
社区客厅
盒·透——中餐厅设计
水泥与木材健康家居室内设计
健康家园——提升

健康家园——品质
烧山余烬，废土重生
健康家园——文化精神
丝路翩跹·敦煌壁画展厅空间设计
健康家园——集会
渔家傲
高校附校步行圈儿童友好唤醒更新
健康城市理念下滨水工业区更新
漂浮的运动公园——城市边角地复活
慢漫——大运河镇江段两岸景观更新
间造空间——主题书吧环境设计
后疫情时代下——菜篮子的空间改造
绿洲书屋室内空间设计
扬州嘉都汇商业广场室内装饰设计
昆城疫巷
共享地库·老城区“脚下”的公园
绿意——历史展览馆设计
消失的医院——城市新型医疗网络
梦归田园居古村落的更新与改造
云巢——漫步未来垂直社区
重生——老旧居研所更新改造
焕生——四维空间下的棕地重塑
天格家园
互放光亮，温澜潮生
印象集——办公型产业园区景观设计
心灵家园——宝华鹿山庵改造设计
湿地之都 水韵泗洪
聚·环——住宅平面的再生遐想
安徽滁州康养小镇养老社区地块
层庭·趣盒——移动健康“微办公”
岳西县医院整体搬迁项目规划
“唱”所欲言——既有建筑改造设计
河以为家

京杭大运河耳闸公园景观改造设计
返朴——明理湖水域环境规划设计
泗阳成子湖度假区新庄岛绿化设计
城市连通器——金山工业区改造
热力学绿色建筑原型
“图书综合一体馆”——建筑设计
逆态度——创意空间建筑设计
上海滨江“文脉主义”景观设计
候车亭设计
佤．族——民居客栈区域景观设计
小盈满
绿享未来——舞阳街东河道景观改造
云上交响——元阳乡村民宿设计
《城市的风》系列作品
归圆·田居
凤凰与喜鹊登枝草坪灯
杏·灯落
老街文化路灯
意莲酒店设计方案
经纬交织·复调共生
泰州市吉祥文化元素导视牌
杏椅
乡村·厕所革命“1+N”设计
散学后，乡野间，茶余时
梅花灯——梅园景观灯
弹性空间·空间弹性
律动流沙
红绫公园——湖边健康慢行步道设计
共享——社区生活圈公共空间微更新
腾泽——创意海洋展览馆绿色空间
归源田居
梅耀凤城
新生——疫情下老旧小区景观提升

城市齿轮
健康家园——休闲
盘丝栋——苍穹之下，定制时空
健康家园——马路驿站
枫丹白露（滨江——翡翠城）项目
健康云岫岩职教中心主题景观设计
One Health 企划
溯源三水·吉祥乡村
修复美好记忆——庐山水泥厂更新
融·合
西山古樟园更新改造设计
金沟新型农村社区
桃园幽居 度假民宿酒店方案设计
“活态水利”新沂水利展示馆
场地的回音
健康法院：阳光司法 清风审判
苏州市职业大学实训楼
温哥华城锦华苑居住区设计
裂隙·光
溯“源”
健康枢纽——三元融合
自然之屋
百花村村部设计
文化自信
CUBE+老旧社区入口健康模块
设计引领公共健康生活
在耘间
乳山梵悦住宅项目景观设计
人性互动的花园式森林社区
全地形适应性救灾居住单元
归去来——老山里的田园康养
温故·知新·韦岗工业区更新规划
乡土·享土

“鸢都乡愁，城乡体验”
“循迹”蔡庄旧粮仓景观改造设计
南京山阴路片区街道步行化设计
常州民居建筑形态更新设计
琅岐医院设计——新乡镇医院模式
云城——城市活力邻里空间
防患未荫——低碳园林景观设计
天空之城——城市综合体设计
武汉城市绿地的动态平衡景观设计
辣德鲜旧建筑物改造
山水家园
静謦苑
鲜生
潮起潮落
家门口的魔力森林
金港雅园
山港雅居住宅项目
心灵复愈计划
某办公用房改造
阆苑——个性化的健康人居环境
双拥——城隙之中 绿意相拥
现代主义有机建筑
集约与共栖
徐家院花海建筑群更新设计
藏乐
老有所享·健康社区俱乐部
US17深业上城店
城市中的“自然博物馆”
唐山首佳养老服务中心景观设计
“渔”生有你
香榭丽舍
滨光特色小镇规划设计
耕读庆馀——重塑健康共生乡邻关系

无界家园
生命之“盒”——合盒式建筑
合肥市庐阳区36班小学设计
“无水”而居，与树“共生”
授人以渔·沙沟花粉荡景观设计
双态系统下的“微单元”规划
田园牧歌——康养山庄景观规划设计
千风——生态公墓
戏如人生——戏居空间设计
肥西传媒中心
松间长屋
金寨县红军纪念馆
泰州智堡河运河园景观方案
美豪酒店
旖旎叠园
悦蓉庄
七公主婚纱馆商业空间设计
乡野俱舍泰州陈家村民宿空间设计
来自星星的孩子——自闭症儿童空间
“旋·律”——滨海文化体验中心设计
大漠之诗——西北地貌文化体验中心
井中桥——晴天广场社区景观更新
绿锦织城——BPRT系统设计
海洋雕塑—滨海文化体验中心设计
山野云居
变形记
田园·变奏
璀璨之镜——点亮城市精神计划
旧梦新筑——戏剧文化体验空间设计
共享家园——老人与青年之家设计
CIRCULAR——未来健康家园
梯田时光 防疫背景下的社区探索
绿岛——Hotel

美豪酒店空间设计
深巷共聚·其居不离
幻梦之间：昆曲文化宣传交流空间
独立幽丛——疫情后公共建筑探索
筑源固本　围屋而居
立体公园——社区活动中心
苏州文旅雅集文创办公项目
美豪酒店室内空间设计
墨塘飘香·琅琊巷里
室内设计——酒店
搭梦空间——乐高式景观
城市活体过滤器
梳洗河“看病记”
一席之地
基于BIM的零能耗健康住宅设计
健康食材——农贸市场改造
北望乡愁
生活新概念——疫情下农贸市场改造
关爱之家
南京人才公寓
朔西湖公园景观设计
草木之心　咫尺之隔
再会廊桥
“栖”——主题书店设计
一个货场的“华丽转身”
欣苑民宿建筑设计方案
多重互联——后疫情下的校园建筑
光·景——天井别墅设计
健康社区景观场景化设计
扶今追昔——淮菜地块的新生
园逸——隐遁于都市的新园林设计
繁华深处——老城步行架构畅想
青少年活动中心景观设计

FISS
小健康，大智慧
相隔之美——口袋平台
生生不息——华南海鲜市场重构
铁西卫工河——城市河道改造设计
重生——浒溪公园生态修复设计
客心归乡处——南江村旅游接待中心
牧栖阁·度假酒店
生命永动——能量动力循环的空间
“家”乡村儿童康体景观设计
南京市迈皋桥桥段城市空间设计
Yi方天地
触·自然
健康家园——关怀
触手可及的5H城市疗养花园
无论“盒”处
隐秘的“角落”
误入桃花坞流浪者的健康家园
云南红河撒玛坝梯田生态中心
城市中的健康“通道”
HEALTH·健康社区2025
街道的生活 生活的街道
森林漂浮岛
织·愈——城市畸零地块的心灵乐园
小隐于弄
兴化粮食交易中心办公空间设计
舟山风车民宿建筑及室内设计
大理四季市集快速搭建构筑物设计
山西稷山老宅更新
治愈之境——生态走廊设计
苏州仓米巷郭宅建筑设计
重游·明故宫的交替与更新
未来健康家园·年轻人的新社区

苏州轨交6号线
石塘山海民宿建筑及室内改造设计
黄山太平湖山顶俱乐部设计
公共交流中心
韧性聚落——后疫情下新型共享社区
陶醉美乡·免疫家园
沭阳熙园小区景观绿化设计
“疫”墙之隔
东篱茶居设计
苏州芦荡湖湿地公园应急避难设计
潮汐森林公园规划设计方案
拾蓁公社——城市公共院落更新设计
重塑乡村社交形态——苗寨文化酒店
多需求下的乡村保健体
水岸PLUS
野泊尘新
一脉相“船”融乐同享
林间·舍
未来视角下的装配式“魔方”空间
植遇——旦厝老城乡土植物景观改造
梅江岸——东门农贸市场重塑设计
边缘共生，以he谋新
康居绿养——徽州村落健康环境设计
磁市·水街·智坊
治愈·新生——监狱改造疗愈社区
多元健康场景构想
微观探索，生物活化
城中村共生客厅
Sharing U
疗愈之家——流浪动物公社设计
ZARA品牌女装空间设计
空中叠院——成都宽窄巷子城市更新
儿时的纸飞机

治未病——未病先防健康空间
宁波杭州湾新区规划展览馆
高速集团滨湖时代广场C1办公楼
中华企业浦东新区地块办公项目
富康汇和府生活体验馆方案设计
见缝插针——城市胶囊医疗站
新华金山御府售楼处室内设计项目
合肥滨湖雍和府架空层室内设计
济南医养结合中心项目
乐活康居——沭阳聚贤村更新设计
南京市某绿建中心空调工程设计
维也纳酒店空间设计
屋顶的N次方——向往的生活
云端村落
宸悦鹭洲里
都市“院”景——高层办公楼设计
旧居住区更新改造设计
健康新渔村
渐安有旷土土盆村宜居生活体验馆
垣厂滚生
大家的“家”——乡村活动中心设计
玄武亭
童话乌托邦
健康乐活水廊——桃园
智耦云LOE高新产业园规划设计
遗怡·怡译·宜怡
亲之家
摊有位之上海摊
孟形莫色——英华园教学空间改造
未雨绸缪——平灾结合的应急场地
从养山-氧山 韩山公园景观设计
归去来.栖——乡村建筑更新设计
拼·叠——人居健康视角下的车站

共享唱吧
“河韵”之都市绿色活力线
野意
崇义县“心学”特色小镇规划设计
“舟之岛”
年暮时光
淮安市梁岔镇费庄村规划设计方案
天长市鸿博书苑规划建筑设计方案
SHF 巢居居住区设计
唤醒城忆——寺街局部空间概念设计
医“+”
十户院——新型社区中心
返璞归“仓”
住居衍进——小西湖街区更新设计
基于厕所的贫民窟公共空间改造
基于家理念的门诊楼设计
TOD慢行模式下城市区域设计
青和宝地居室空间设计
栖·廊
长山生态修复景观工程（枫树园）
老城更新——见人见物见生活
丽景万家
限定24小时
思·角落艺术馆
院宅共生——小百花巷民宿设计
俑塑-雕塑艺术馆
“合木”邻里·改陈布新
灰蓝物语——优雅极家
海眠主题民宿设计
渔舟唱晚
建筑出口处的凸面设计
动静之间——多功能校园体育馆
城市书香

情节的延续
暮声·城湾六记——城湾村空间改造
“城市有山林”南京环科所改造
黎族生态民居体验馆
简·致
黎族生态陶艺园
梅花凳
安和苑
白天的城市绿廊，夜晚的人间烟火
禅述
如意雄安水绿东方商业服务综合体
新型城市韧性带——健康之岛
记忆延续——老旧小区改造设计
旧关新生·古村整治与建筑设计
梯田叠院·呼吸绿肺
从2050年看城中村发展
智聚云滇——智慧景观与昆明乌托邦
三明治幼儿园——儿童空间的遐想
基于人居环境的传统村落更新设计
循环理念下的垃圾焚烧厂扩容改造
景观思维下新型学生交流中心设计
续集：对传统集市的改变和重塑
“看山听风”——茶寮冥想空间
绿动圈
“瓷之韵”居住空间设计
艺术·共同生活——街区探究与重塑
吸新吐故——红梅社区健康单元更新
无锡中山路商业空间链接设计
一气化三清
初时苦·末时甜——临江情感茶室
溯源——大运河两岸景观带更新设计
停车之间——老旧小区停车空间重塑
古运河三湾公园码头人文景观提升

氧气院落——南京环科所景观改造
享·遇
书卷 乡村书馆设计
绿色守望：湖区淘宝村的健康未来
老旧小区与老龄化社群共生法
例外服装公司办公空间设计
社区收纳盒
亲和居的故事：喜洲老宅岁月重生
与生命赛跑
疫想：智趣家园
山地小型废矿遗址的重生
花园聚落健康疫宅人居环境设计
乡村康乐馆：展示与村民共享空间
疫抑之解
乡野社区
山脚下的秘密——垂直客厅设计构想
舞！舞！舞！
环屋漫游
集市·平凡烟火气
“老小”活动中心
家的无限值
陌上云“树”
新保安故事——社区入口空间优化
梯廊解困——老旧小区改造2.0
“转轨”青年·我们的社区
请记住我
四合——城市社区共享空间景观设计
平行街市——老菜街的健康再生
布朗族红茶体验中心
南城北忆 脉联今昔
校园客厅
健康家园间的互惠共生系统
唐坊——明德门商业小镇景观设计

健康生活——樊村水库滨水空间设计
健康家园——芳湖田远小镇概念规划
健康人居视角下的集镇环境整治
为你与你——特殊儿童无界融合课堂
健康家园——菱塘回族乡清真村改造
漂流实验室
华为东莞芯片产业园
THE AIR TRACK
重拾矿景——黄柏峪矿山景观修复
空场
基于疫情对未来社区医疗站的构想
伞市平江路历史文化街区城市更新
未来生活二八零
明日街道——健康导向的古城复兴
有时设计办公空间
序列·共生
畅想——青年人的第一个生活社区
宜昌书香府邸酒店
老有所依——老旧小区适老社交场所
雾·星·光 ——社区服务中心
错层式交互办公空间设计
宜兴君悦天禧广场酒店
黄金分割的解构与重组
乡之望
麦田里的“守望者”
丧气熊的治愈之旅
尖峰岭雨林谷酒店改造概念规划
悦然纸尚
三亚游艇旅游中心建筑设计
漫步景观——未来公园的克隆与新生
旧城脉络——龙津市场重塑
未来智慧社区——健康活动中心
拼贴社区——城市住区空间修补设计

在水一方
盒盒美美
垂直口袋公园——漂浮的绿色空间
健康引导下的乡村社区景观更新
绿·舟——北京三元桥街角空间重塑
神奇的盒子——社区康享驿站
FAN SPACE
墨绿简家
如果建筑会说话
www.Ca.Home
大丰骑行大道及沿线环境提升设计
海南生态智慧新城腾讯生态村项目
呼吸的缝隙——空间自净系统探索
交融——川西水系灌溉下的田园人居
五矿万境潇湘样板房项目
SPARKS——旧操场的新生
滨州博兴名士豪庭售楼处及样板间
健康家园——乡村“让幸福更简单”
野餐“慢”生活体验馆
沧·逸
“院子”的回归
印痕·影迹——正仪老街更新
压花床头柔光台灯四季系列
围墙5.0——健康社区神经末梢
边界——城市高架桥下的空间织补
城市绷带——景观与应急空间重塑
港与城的和谐发展
M.BOX——金浦9号
观复——虢国公园景观更新设计
他与家的最后一段距离
叠层景观——城市中的绿叶社区
望沧阁
桃花源记——小型会所建筑设计

折屏宴戏——夜宴图情节空间再现

绿“疫”:社区中心的双重角色

“桥妆花园”计划

耕云种月——触媒视角下的生态小镇

智·集——疫情下对健康家园的探寻

宸曦家园景观园林设计

向阳书社

清宁雅致

三顾

荒地重拾——运河镇江段景观设计

探寻绿野——生态园内书屋设计

方.原

梯田青年公园

塑心·活境

旧城内部“低频效”空间的更新

心灵对话——亲子互动式景观设计

归园文旅 水韵梁庄

光影·木居——寻乌县民宿设计

大地乐章——城市声景景观设计

家·园——安置小区人居空间的重塑

我的后半生

“沣河”日夕佳，飞鸟相与还

守望原乡·古村新居 康乐家园

春·树——健康校园室外空间再生长

Sitopia

江南水绿，衣社轴连

“时过疫迁”安康双柏村景观设计

活力在“线”

从“邻避”到“邻附”

灵巧的房子

老年街区——未来公共空间设计

民国印迹——钟楼建筑装置设计

苏州市通安老镇绿色街区更新设计

空间重启——桥下冗余空间的思考

河湾再生 金陵“绿肺”

“门户”之见

共享口袋摊·街边的小确幸

城绿融合——无边界社区交互空间

另类乌托邦——改造桥洞社区

近郊TOD站点公园城市模式探究

四维门

惜·地域水文·主题公园景观设计

“相”由“心”生：环境生成形态

“疫”尘不染——零接触海鲜市场

君回|嵌入公园的一体社区

傍花随柳

双氧生活模式

迈皋·怀晖桥设计方案

陌栀

绿·绕

屿

久违的安谧——社区环境修复与蜕变

克改手嘎——巍山古城生态厕所

依山归田隐，伴水慢生活

东园

到菜场散个步

农民工之家——矿坑里的健康庇护所

谧

归透朴韵

异客E家

以人为本　佑护健康

自的治愈.社区治愈场

以“山”为主题的餐饮空间设计

幻——花海商城

芯时代——面向未来的居住空间探索

寸草春晖养老院

智慧农贸集市综合体空间设计

校园穿越计划——韧性校园体系设计

街口SHU下

八方电气办公大楼及厂房项目

“孤”单体到“众”空间

工业记忆——太化厂区旧址景观改造

院藏东方

熠椅生辉

健康距离——无边界社区生活博物

照明规划，开启吴中新夜态

生命之树-阿勒锦岛湿地公园景观

都市免疫UP计划

黔货专·快——农特卖场体验设计

避暑潇湘独立住宅建筑设计

“运”遇——遇见运河的积极空间

好，在村口树下集合!

"集·盒”——大东方下的小盒子

忆“园”，宜“院”

魅力中环——城市消极空间再利用

老窖溯源——丰谷酒业厂区改造设计

南京江宁体育主题社区

照明专项规划助力相城夜间新风貌

跳动旋律 色彩童年

南京湖滨路健康街道

散落的绿洲——健康出行补给站

三岛公交枢纽站设计方案

后疫情时代下的乡村健康生活

社区微更新——生长的桥

乐居·乐聚

吾乡传舍——宁淮集聚区景观绿轴

观光塔

心中的那朵白云校史馆改造计划

“折与回”——铜中学教学楼设计

生态层叠——可体验的长江绿肺
乐享方寸间大学校园智能边界设计
酒店设计
街区健康密码——足球小镇街道设计
等风来
绿岛小夜曲
武汉市武钢厂区旧址改造设计
家·邻里·社区
设计师的“18：00+”
街边太阳伞安全防疫用餐装置设计
许昌开普检测研究院珠海基地
拉萨市便民服务中心内装设计项目
温健空间
“技续防疫”的健康云屋
IMMERSION & 退让
海平方
会呼吸的集市
小桥港水游乐园景观设计
人民河河口公园景观方案
助力复课的Loft教室空间设计
基层的声音
历史印记——红坊情怀
破碎·重生北京二七厂旧厂房改造
儒辰康养生活馆室内造景设计
逸禾民宿
白水绕江南
云麓
行在云中
超能量魔盒
“循环”桃花源
九和堂奉贤区中医院
凤声
城市细胞——公交线粒体赋能生活圈

最浪漫的事
解围月台.静脉舱
Diamond市场规划设计方案
融·和
医养结合 颐享生活
南京钟山高尔夫别墅健康生活改造
沉降环形岛
单间也是家
文德三策
生命之舟，跃动健康环游迹
“0”交通社区
生之树
仪式的日常
未来乡村颐养院服务模式计划
跳动的线休闲广场
归息·小区改造计划
城市纽带
宜氧·映月
绿庇——城市绿色的生命体
极地公园
鲸落·万物生
医疗“家”
居住的边界
老旧小区的免费医生
乡镇社区活动中心
银城江宁科亚一期景观设计
助力影院全复工的观影头盔设计
汤茶去
双轮车停放站设计
退休之家
水意流觞
古韵流芳·别墅庭院
璞园——回迁社区中适老公共空间

连结——联街
圆·艺
溯源——桃园县大溪后尾巷活化再造
南通瑞斯花谷
叠院拼图——新旅居时代古城客厅
城市绿网——垃圾中转站改造
大鱼海棠
水岸驿站——小河油库：乡愁记忆
模·方的世界
流浪猫公共设施设计
一滴水的故事——儿童无动力乐园
骑行林间·驿站
星辰
东缃西青
景贤·煦
个体分布式供气口罩防疫系统设计
淮北市翡翠岛居住小区景观设计
重塑 激活——健康校园的片区设计
意识唤醒——叙事性滨水景观设计
健康生活·从一个个小的改变开始
绿色垂直生态社区
淡然
工业文明下的生态社区
寂静之声
城南新居
裂缝——基于红土川遗迹的乡村设计
舒适圈
坎上行·江风穿巷
粮与游——宣恩粮仓工业园区更新
等待一长廊公园
老社区改造
寻脉·蓄真
福建南江村水尾楼土楼群设计规划

多变功能盒
江堰涟漪
私家园林设计
乡缝——矿坑重生
怀远市场改造
消失的电波
屏·画
日月湖——应急避难体育公园
竹林诗居——师真园改造空间设计
“遇”舟唱晚——村民活动中心
重回集体主义的浪漫
蔓绿·田野
守望家园——红山动物园本土区设计
社区医院
伴生——基于簇群模式社区中心设计
LOHAS校园景观微更新改造
阜宁县北沙社区绿色健身空间设计
融绿新生——古镇社群生态空间重塑
康氧陆舍·返璞归真
乡村老人——老有新“家”养天年
阜宁县陈良镇健康空间设计
生生不息概念咖啡馆
云台涅槃——复兴西津渡历史街区
繁华之下
阜宁金沙湖街道人居健康空间设计
栖习地——群英河滨水景观设计
西旸集·熙攘集
“爱·连”——城市到家的疗愈走廊
阜宁县永兴社区健康空间重塑设计
老街文化·新社区生活
宜居宜游颐养
一种学习化社会的可能
乡村七巧板

老小区·新活力
无处安放的快递柜
城南新村社区中心
康养美西
1.5米公园
古城理风貌，旧巷展精神
城市之光·流浪者之家
绿色·健康·小学内庭院景观设计
城迭层叠——武汉市先建村规划设计
未来都市——高架下的空间重塑
快闪公园 慢享生活
春“生”
大龙王巷历史街区保护更新设计
睦之家·动态邻里交往空间
脚手架革命
解忧杂货铺——心理咨询室设计
匿城——石景山销售空间设计方案
诺亚方舱
心灵庇护所
同乡共井——井巷型社区的健康更新
守护健康第一站——社区卫生站设计
竹排人家
海洋空间站——未来可发展的栖息地
老城新居——养虎仓片区城市更新
跨两岸创家园——旧桥景观改造
电梯卫士
胶囊花园 上班族身边的健康驿站
城市浮岛——社区健康共同体
密城疏巷
绿色规控下的大众食堂
移动城堡——平疫结合的疗养院设计
共生家园——城市社区邻里公园设计
健康型实验小学室内设计

环·城——健康新环线，活力新南京
旧城缝“河”线
济南长清城拓·金融财富中心
一“骑”绝尘
昼市夜园
承德南站交通枢纽一体化开发设计
破裂重生——文堂村老街改造方案
域·木东南亚风情民宿
岩壁生长
共享古韵·健康家园
忆南居
浮岛游记
看不见的防线
2049城市漫游
云端夏至
名园依水绿，锦绣翠文城
白云深处
戏如人生·声景疗愈花园设计
清心——餐厅设计
蜂巢医院——后疫情时代医院设计
旧故里——旧建筑改造
对话——楚河汉街服务设施改造
康·管家——BOX
暮于山野——村落激活·康养设计
汇
纽带生城——步行系统打造健康生活
健康“快”车，快乐“漫”行
院园愿——荔湾新都里8号小院改造
重回姑苏——桃花坞大道街区改造
罐头包
基于泰州早茶模块化餐饮空间设计
寻·隐——共享养老民宿
城肆百寮——微型邻里公交站台设计

荒岛花园——海洋主题餐厅
晚归后疫情时代的适老性设计
城市山居——浮生园
运河人居，在水一方
城上长寿苑
基于“轻骑行”的健康滨河廊道
心灵“疫”站——邻里中心设计
球里廊外·拥抱细胞——宿舍区改造
街道生活图鉴
树
平疫转换记——平江街区养老院改造
绿野仙踪·云溪度假村
合肥新华外国语学校（图书馆）
健康型某幼儿园室内设计
环梦奇缘——老工厂的更新重生
微型“方舟”——水上拼浮小镇
生活 与诗——居住空间设计
施桥·韵变
未来已来
海口遵谭镇雨林酒店建筑室内设计
满投 御江云邸销售中心
八坼九点十分甜
城市烟火气，健康新社区
简致
新桥公园景观设计工程
Box House
广东银葵医院综合项目室内设计
清风韵
知“1”——塑造心理健康的治愈场
菜场里的家
家团圆
旧房共生——水泥厂家属社区微改造
后疫情时代的魔方公舍

乐活居研
伊巢——居“家”隔离
船厂再生
律·动赛场
和衷共济——集装箱式临时医院
煤城健康加油站
您的微笑——长江江豚的健康家园
国寿嘉园雅境（二期）项目
骑乐融融——太湖智慧交互慢行道
远·山
智慧农贸批发市场
疫情后健康社区建设实践
徐州市城北休闲公园景观方案设计
回巷三味烟火味·市井味·人情味
老年护理单元疗愈环境设计
悬挂的记忆
老城·内河与植物共享的家园
归园田居——健康生活居住景观设计
健康校·城
南北湖小镇中心庆典空间建筑设计
若雅
H.E.A.L.T.H
观景·景观
“孤岛的渡化”海洋主题创意餐厅
青银乐园
“治愈”首钢工业园区冷却塔改造
后疫情时代健康韧性田园社区规划
融洽有间——旋转式住宅设计
苏州太湖TED餐厅建筑设计
“考禾”日式餐厅设计
心灵家园——蒋刘片区景观改造设计
客来客往
戏座隅猫咪咖啡馆

双流织序—健康绿色校园改造设计
逾越·愉悦——办公区释压空间设计
穿越渡桥，“健”证未来
后疫情时代下的校园“新生活”
重庆璧山大路镇梯坎窑保护与改造
简装街市——装配式社区改造
礼乐义庄——并村后的制度重建
明日方舟
无界
自然共享——校园健康建筑改造
“菜市”十二时辰
武汉洪山广场改造——江城广场
扬州御码头改造景观设计
秦淮河畔·漂浮梯田农场计划
围墙外的“家”
气候韧性小区，健康四季同行
天下——“家”
绿怡·悠享——ECO APT
呼吸
治愈氧吧——一方自在天地
净湖闲暇
城市生命体·“元”细胞迭替
逸道·缘督——社区康养中心设计
新都国际
Salus Space 再就业空间
楚园
活力新“k”洲
风光流转　归园田居
窑身一变
升级幸福的八块拼图
点点滴滴——黎曼曲面上的微生活
光的记录——工作空间
工厂回归城市——“蔬”纽

颐生——健康文化记忆馆改造设计

月亮农场

乌江河桥公园局部改造规划设计

健康校园·ECOM

叠落——山地居住建筑设计

壹生长是客

木三角展馆

心隐.小驻——溱湖精品民宿设计

疫情下自选商场的弹性设计

品鲜·榀岸——渔村码头的健康治理

折皱融趣——山地农耕康养家庭酒店

居·助

人间烟火气

身与白云闲

中医文化展览宣传交流纪念馆

馨林雅苑——新中式别墅设计

滨湖SOHO城市综合体建筑设计

平湖·月影

暮升“木生”——磁器口民宿改造

空巢到蜂巢——暖心房社区设计

健康升级三重奏

重构屋面老旧海鲜市场空间改造

绿与雨与娱

烟雨江南——新中式空间展示

翻山越邻

猫森林——城市公园更新设计

乡·觅

与草原共生——嵌入式度假酒店设计

白云深处有人家

翌日方舟

城岛栖息——综合性健康岛设计

混龄社区——老城之心的重构

关怀与应变——妇幼医院的爱心花园

城中村老旧停车场改造

微信步数10000+

大爷大妈不用抢篮球场啦

沭阳护城河西畔文化公园景观设计

构韵

衡山房度假酒店设计

觅动校园 活跃宿舍

乡村针灸——触媒理论介入乡村营造

倚岸观山

被迫戴上的“外向面具”

隔而不离——武汉华南海鲜市场改造

阳光清华坊家居设计方案

后疫情时态

人群行为活动下的居住景观设计

绿色出行.健康城市——P+R社区

城市的心理调解室

观复——虢国公园景观更新设计

一公里的陪伴——亲情放学路

林间“韵”动

未来·健康·家

2020+X

夕拾巷弄，又“绿”同德

无序中的秩序——古老·人·工业

城市老年人交往需求下的景观设计

傍海而居，依渔而耕

悦·享驿站

临岸水榭

以新换心——老旧小区环境新生

HOMING归巢

宅“家”办公空间设计

莫比乌斯环形态下的健康住宅

九省通衢·华中驿站

溯矿流光

趣动童真

芜湖市老年公寓设计——幽见南山

“印”记 探索社区临终关怀花园

影人影魂——魏家塬皮影村景观改造

爷爷的新屋

没有围墙的城市

“点燃”南京卷烟厂文创园区设计

共享屋顶，空中公园

野宿亩

漫生·健联——市郊型乡村智联模式

多维共生的模式语言

复·愈

“大观”前言，“庙街”后记

行于林间——学生交流中心设计

居鹿庄园景观设计

健康家园——乡村服务中心设计

淡雅

城市合院，家城一体

“疫”立不倒

梨园树影——秦淮曲艺中心设计

初见

MATRIX RUNNER

拾光记忆——承德市旧街区改造设计

茶筑共生：文脉时光与地域生长

生.长——中医馆室内设计方案

慢点走

花园广场——人类健康聚集地

城市之鳃——都市呼吸系统

记忆仓-淮安市石桥油库活化改造

森海文屿——翁丁村文化综合体方案

一站一城：共享·静谧

里仁之美，康哉之歌

流动的生活——年过百岁街市的重生

泗溪桥屋文化中心设计方案
脑海中的橡皮擦
市巷之间——一抹菜园
JUMP JUMP 跳房子
穿流亦可息
游韧有余
孔洞的健康呼吸
折叠城市
忘不了家路 旧社区街道改造
禅栖——茅山古村体验提升与改造
保定西大街街道景观更新改造
云山文化中心公共空间设计
疫情方舟——体育馆的N种打开方式
破茧“唤”绿
“健”“卫”知筑
传统语境下的健康家园景观设计
新时期模块化民宿空间设计
红砖巷里的康养家园
村·根·人——秧兵村空间改造探索
壹日壹始乡村社区健康空间设计
居民区的生活链条
绿趣园——临江24班小学设计
让绿地不单单是草地
中式文艺复兴
健康都市新奏曲
方圆——后疫情时代的校园绿色建筑
水源木舍
上海月湖雕塑公园景观规划设计
场景唤——体验式商业空间设计
互联网+时代老年游客可达性设计
嵌套·集体记忆
侬好，邻居
静和——乡村人居别墅

南叶采采，北根其昌
太原市汾河东岸滨水绿地景观设计
救生“模”方——韧性医院三部曲
山城社区——基于山地的居住空间
游园艺生
叠境之径
情绪呼吸器
渔樵耕读——水库人家绿色发展
人来人往——公共社区设计
健康出行
宜居田园——西塘童话小镇规划设计
重庆物联网城市的智慧景观
遇乐园
随心所“渔”
英国彼得堡后工业滨河社区公园
河道·新生
愈见码头——合肥滨河公园医院设计
淌·徜——风车形工作室设计
第五空间-LED显示屏整装店铺
边界·融合：健康城市公园探索
弥勒东风韵特色小镇景观规划设计
桥下集盒
大乌古镇
疫情背景下健康展览空间方今展厅
健康住宅 宜居家园
掰开的公寓
缝合1988
阳光树屋
柏年树人
安全防疫之“家”
健康“回收站”
迷洄-新桥富江新苑社区会所设计
健康+：装配式超低能耗智慧办公

一隅邂逅 从民房到民宿
隔而不离——地摊空间的健康化设计
健康生活，品质共享
疫·医·宜
风起长街——徽州坊社区更新设计
林渡——上林雾观山民宿项目
四季空间
分等级开放——疫情防控住区设计
罩吸艺术馆
一“块儿”的家
粘·涩空间
雾森广场
归元——城市改造之养老院景观设计
绿瓣
生命之环
律动空间——共享生活，共享健康
小院康乐客厅
丹凤街空间碎片重塑与夜市共生
洛河丝城话三生
昔市·汐市·熙市
新温馨居室空间设计
桃园美利坚
温州鹿城集新未来社区
都市健康舱
归园田居——东青村规划设计
年轮
校园文化景观再设计
城市绿色抗疫细胞
绿色建筑
清隽
屋子·院子·日子
嘉兴南湖甪里未来社区
遇·无间|城市绿地

消失的建筑——第五空间
会呼吸的院子
康逸——乡村健康活动中心
旧建筑改造——迴樾美术馆
田园居——乡村养老社区
行走的菜篮子——漫享社区菜场
直＆曲线——健康家园
细胞之间
重构·激活·嬗变
园里圆外——健康社区泊车公园
疫情后对社区建设的反思
印象——居室空间设计
忙里偷闲——界首市市民中心设计
星桥火树
鳃——重金属污染生态修复设计
潮花·汐食
运河文化与工业美学的碰撞
應·共建高校存量空间的学习生态
云享空间——绣衣服装厂改造项目
基因重组的多维健康历史街区设计
漫步“庭”中
小菜场·大生活
邻里之间
大地无伤——凹山矿坑生态纪念公园
城市梦——公交驿站
稚子归暄　阡陌同来
路过好心情
不孤独的美食家
重启湖南路
夕阳之馆——当下老人的居住需求
今昔为念，生生不息
相城5G云之路——健康新城缘
柔软的光——临终关怀设施设计

后疫情时代——外卖小哥的一天
链接古今，四通八达
重生之留
香·谢里
被遗忘的廊道
陇之方寸
战疫——农贸市场的提升改造
“疫站”——集装空间模式探索
武汉华南海鲜批发市场基址设计
怡老之园
N+100的古镇生活圈
和谐与健康
多维·共享社区
暖秋
“居研康所”——南京所景观更新
运筹“唯握”——口袋医院
食全食美小区入口智能补给站设计
生态共享——锦溪休闲绿地景观
来处.归途健康景观设计
绿洲
老有所“依”
办公楼里的“小课堂”
触摸、抬起、看下——幼儿园再探索
「后疫情时代」城市开放空间计划
昆山合兴路桥下空间景观设计
车马轩
旧社区·新活力
重生——老城区的觉醒
山涧水雾·仙境人间——人间餐厅
垄上行－井冈山稻田课堂设计
共建健康校园，共享邻里空间
顶园记——屋顶空间串联再生计划
生田村规划——人居生态水乡风情

人居型新型智能村落——乐活于乡村
全生命
“随园食单”火锅料理店
童享社区——儿童友好型公共空间
桃花源里
水浮绿亭，樟影人归
胡同治愈术
浮生·闲情——废墟空间元气再生
元气空间——历史街区的针灸式活化
生长的水域——人与滨水的共荣场所
探求精神回归与净化——柏庐公园
过滤——为负能情绪的地铁族舒压
云南楚雄光禄古镇建筑设计方案
未来社区医养生活的一站式体验
健康、绿色、便捷的TOD站点设计
狗眼世界，明眸家园
潮汐——夕阳红广场的活动空间重塑
森呼吸
顺水而为·赤石河一河两岸概念设计
巴塞罗那德国馆温泉公寓
林感
园街
三“生”城市 健康之环
江南新水乡——宜居梦开始的地方
梯填——堂安侗寨生态旅游公厕设计
健康N次方——社区公共空间微更新
“公园·互联网”的乡村民宿设计
悬浮世界——健康室内新空间
社区进化——黄家塘片区改造
生态活力线·图书休闲
和悦
方与圆
叠·记忆

光解社区

灵波· 雅居· 浮梁

“疫中亦暖”——老城社区更新设计

好孕来孕产专研综合医院设计

自然民宿

Re：四重奏

“疏隐”束河纳西族民宿

EcoMarket模块化菜市场

破垒·融界——教育无界空间无界

留住记忆 面向未来

暖溢邻里，情满街角

铜陵博物馆青铜展厅改造设计

距离

“矿”世而生·新生活

通车的房子——车行道健康设计

NO.1涟漪——尚庄自然村改造

新生之光——城市公墓设计

融旧于新东仓门街道空间品质提升

绿色心房——“共享”喜马拉雅之心

健康校园健康生活

超体·无限粮仓

社区温情能量网

水·田·坊

绿色纽带——建筑能量系统循环设计

侨韵海居

窗 岸

追风微境——汉中门广场风环境重构

乐活天桥——漫步健康云社区

浮生·共生——海平面问题的思考

再定义——公厕革命

绿里林间

洱海双廊——水湄情誏

漫步共生——花冲文化馆设计

基于泰州的土壤修复沉浸花园设计

趟鬼市——瓷寻故迹下市场更新设计

一万种可能——未来街道模块式构建

购物公园广场的规划与改造

乐享老年计划Plan

多米诺濒危灭绝动物纪念馆设计

梦旅人——街道公共空间设计

自由生长

生活与生鲜——平疫结合的菜场改造

独者

遇水康桥——漂浮的健康群岛

禾心——乡村临时医疗站

重温与追溯一港式茶餐厅空间设计

作物森林——立体农业城中村景观

“悦读”校园图书馆中庭改造设计

屋顶上的小剧场——约会隙间

豫地移动装配式乡村戏园营地设计

Birds-Land Lab

护目镜——BOX

“罨画”崇州历史街区的有机更新

乡·念民俗博物馆设计

简与绿

壮族三月三文化展厅设计

循墙记·苏州古城墙沿线城市设计

绿色建筑

里弄下的人间烟火

耕耘·迟暮·新生活

ALL BLUE

心安处乃吾家

商品市场街区更新概念方案

步·月台——社区免疫力计划

南京工业大学西苑食堂改造设计

处桉思危——森林火灾的防控与治理

烟台市太平湾码头城市设计

在水之湄——湿地生态展示中心

朝阳计划——城市微空间修补方案

代际乐享

川D·庇护所——模块化乡镇客厅

城市孤岛的突破与纪念

游“木”骋怀

放牛班的春天

运河蝶变 健康网络新家园

从脆弱到强韧——社区雨洪管理设计

葡萄藤下

山居水岸

分·风·封

乡村党群服务中心

重生——河下废弃工厂及周边改造

高校空间枢纽视觉健康景观设计

清河老城区景观健康基站举例设计

大专家企业展厅

苏州金融科技展示中心

建筑外卖——共享式移动建筑

驿扬州——生态民宿设计

基于漕运部院传统图式的空间设计

吴冠中画里的徽派集装箱

卧游

重铁·印象

小王子

Green In The Park

Pungnam Hall 2.0

Bresth

参赛机构名录

湖北美术学院
深圳市建筑设计研究总院有限公司
江苏城归设计有限公司
苏州大学金螳螂建筑学院
华南理工大学建筑设计研究院有限公司
苏州工业园区新艺元规划顾问有限公司
扬州大学
淮安市建筑设计研究院有限公司
苏州合展设计营造股份有限公司
淮阴工学院建筑工程学院
华仁建设集团有限公司
华仁建设集团有限公司(无锡设计分公司)
华仁建设集团有限公司(无锡设计分公司)
华中科技大学建筑与城市规划学院
盐城市建筑设计研究院有限公司
汕头省美景川装饰设计有限公司
上海东大建筑设计(集团)有限公司
黄山学院
江南大学
江苏百思特装饰安装工程有限公司
江苏城工建筑设计研究院有限公司
苏州金鼎建筑装饰工程有限公司
江苏大学
江苏大学京江学院
苏州联创工程设计咨询有限公司
苏州众通规划设计有限公司
中外建工程设计与顾问有限公司
江苏东方建筑设计有限公司(泰州分公司)
江苏昊都建设工程有限公司
南京朗辉光电科技有限公司
江苏浩森建筑设计有限公司
江苏合筑建筑设计股份有限公司
建湖县建筑设计院

启迪数字展示科技(深圳)有限公司
江苏恒龙装饰工程有限公司
江苏华新城市规划市政设计研究院有限公司
江苏筑原建筑设计有限公司
江苏匠工营国规划设计有限公司
江苏美城规划设计院有限公司
江苏美城建筑规划设计院有限公司南京分公司
江苏博亚建筑设计有限公司
江苏合筑建筑设计有限公司
江苏铭城建筑设计院有限公司
唐山学院
苏州大学
天元建设集团有限公司设计研究院
无锡建苑科技发展有限公司
江苏华海建筑设计有限公司
江苏琵琶生态环境建设有限公司
无锡市天宇民防建筑设计研究院有限公司
中国矿业大学建筑与设计学院建筑与环境设计工作室
东南大学建筑设计研究院有限公司
苏州规划设计研究院股份有限公司
悉地(苏州)勘察设计顾问有限公司
江苏山水环境建设集团股份有限公司
江苏省城镇化和城乡规划研究中心
江苏省东图城乡规划设计有限公司
扬州市建筑设计研究院有限公司
江苏省阜宁县建筑设计院有限公司
江苏省科佳工程设计有限公司
江苏省响水县建筑设计院
江苏省宿迁市智马广告传媒
江苏世博设计研究院有限公司
徐州瀚艺建筑设计有限公司
江苏苏北花卉股份有限公司
苏州金螳螂园林绿化景观有限公司

江苏天奇工程设计研究院有限公司
江苏通银实业集团有限公司
江苏纬信工程咨询有限公司
徐州市建筑设计研究院有限责任公司
苏州金螳螂建筑装饰股份有限公司
苏州金螳螂艺术发展有限公司
苏州科技大学设计研究院有限公司
江苏美城建筑规划设计院有限公司
江苏相遇景观工程有限公司
江苏远瀚建筑设计有限公司
江苏中大建筑工程设计有限公司
江苏中锐华东建筑设计研究院
江苏中锐华东建筑设计有限公司
江苏筑森建筑设计有限公司苏州分公司
江苏筑森建筑有限公司
江阴市城乡规划设计院
悉地(苏州)勘察设计顾问有限公司
江阴市城乡规划设计院有限公司
徐州市铜山区建筑设计院
江苏筑森建筑设计有限公司
徐州市源景园林设计有限公司
扬州大学美术与设计学院
扬州市建筑设计研究院有限公司(创作所)
江苏中森建筑设计有限公司
云南艺术学院
金螳螂建筑装饰股份有限公司
中国矿业大学工程咨询研究院(江苏)有限公司
靖江市建筑设计院有限公司
中联合创设计有限公司
久舍营造工作室
昆山金智汇坤建筑科技有限公司
苏州九城都市建筑设计有限公司
中通服咨询设计研究院有限公司

连云港清源科技有限公司
南京理工大学泰州科技学院
联创时代（苏州）设计有限公司
南京市市政设计研究院有限责任公司
中冶华天工程技术有限公司
南京东南大学城市规划设计研究院有限公司
江苏华太汉森建筑装饰有限公司
libra 建筑工作室
南京宏亚建设集团有限公司建筑工程设计院
LIBRA 建筑设计工作室
无锡市政设计研究院有限公司
南京华科建筑设计顾问有限公司
南京佳的建筑设计事务所有限公司
江苏华源建筑设计研究院股份有限公司
杭州久舍营造建筑设计有限公司
南京美丽乡村建筑规划研究有限公司
南京师范大学泰州学院
南京市第二建筑设计院有限公司
上海中森建筑与工程设计顾问有限公司
江苏省城市规划设计研究院
江苏筑森建筑设计有限公司上海分公司
江苏久鼎嘉和工程设计咨询有限公司
南京市园林规划设计有限责任公司
南京市园林规划设计院有限责任公司
MOSAMMA
阜宁县建筑设计院有限公司
Soft Build Workshop 软营设计事务所
江苏凯联建筑设计有限公司
南京园林规划设计院有限责任公司
江苏科宇古典园林建设工程有限公司
艾杰国际建筑规划设计事务所
安徽新时代建筑设计有限公司
宝应天马工业设计有限公司

南京市建筑设计研究院有限责任公司
南京云上环境艺术设计有限公司
南京云停文化发展有限公司
北京集美勘察设计有限公司
连云港市建筑设计研究院有限责任公司
中衡设计集团股份有限公司
南通市建筑设计研究院有限公司
南通市市政工程设计院有限责任公司
南通新城园林绿化工程有限公司
江苏龙腾工程设计股份有限公司
内蒙古工业大学
北京中外建建筑设计有限公司
苏州安省建筑设计有限公司
北京中外建建筑设计有限公司江苏分公司
本构建筑设计（上海）有限公司
常州恐龙园文化旅游规划设计有限公司
启迪设计集团
苏州立诚建筑设计院有限公司
启迪设计集团股份有限公司无锡分公司
山东农业大学
山东省山交空间规划院有限公司
常州市君杰水务科技有限公司
陕西格润沣创生态技术有限公司
常州信息职业技术学院
江苏省第二建筑设计研究院有限责任公司泰州分公司
南京金宸建筑设计有限公司
江苏省方圆建筑设计研究有限公司
南京兴华建筑设计研究院股份有限公司
大地建筑事务所（国际）
南京拾意空间设计有限公司
上海号帛建筑设计有限公司
上海新建设建筑设计有限公司
启迪设计集团股份有限公司

上海筑森建筑设计事务所有限公司
深圳添睿室内设计有限公司
响水县建筑设计院
神美（上海）空间设计有限公司
江苏现代建筑设计有限公司
大连艺术学院
苏州园林设计院有限公司
德邻联合工程设计有限公司
江苏中锐华东建筑设计研究院有限公司
苏州咫间景观建筑设计有限公司
苏州致朗建筑景观设计有限公司
南京艺术学院工业设计学院
四川大学
东南大学建筑学院
泛华建设集团有限公司南京设计分公司
泗洪县城市建设投资经营集团有限公司
中设设计集团股份有限公司
江苏中设集团股份有限公司
金螳螂精装科技（苏州）有限公司
锦宸集团有限公司建筑设计院
苏州创元房地产开发有限公司
靖江市绿化工程有限公司
苏州工业园区本源建筑设计工作室
西安美术学院
丰县建筑设计院
福建江夏学院
广东省建科建筑设计院有限公司
苏州华造建筑设计有限公司
苏州柯利达装饰股份有限公司
苏州科技学院设计研究院有限公司
苏州立诚建筑设计院
苏州市建筑工程设计院有限公司
苏州市民用建筑设计院有限责任公司

江苏省城镇与乡村规划设计院
苏州苏大建筑规划设计有限责任公司
南京长江都市建筑设计股份有限公司
广州市设计院
徐州市风景园林设计院有限公司
合肥工业大学
南京大田建筑景观设计有限公司
苏州溯园六计建筑设计事务所有限公司
南京林业大学
苏州土木文化中城建筑设计有限公司
苏州未相景观规划设计有限公司
自由职业者
苏州园科生态建设集团有限公司
苏州越城建筑设计有限公司
南京艺术学院
合肥工业大学建筑与艺术学院
苏州中海建筑设计有限公司
无锡市建筑设计研究院有限责任公司
江苏省建筑设计研究院有限公司
苏州筑源规划建筑设计有限公司
太仓市弇山园管理处
陶兴昌建筑设计工作室
天元建设集团设计研究院
同圆设计集团有限公司
南京艺术学院设计学院
中国矿业大学建筑与设计学院
未来都市（苏州工业园区）规划建筑设计事务所有限公司
无锡市城市设计院有限责任公司
合肥工业大学设计院（集团）有限公司
南通三月视觉设计工程有限公司
无锡市规划设计研究院
无锡市江南建筑设计研究有限公司
武汉安道普合建筑规划设计咨询有限公司

江苏博森建筑设计有限公司
苏州智地景观设计有限公司
河北传媒学院
中景博道城市规划发展有限公司
东南大学
河南省城乡规划设计研究总院股份有限公司
江苏苏邑设计集团有限公司
南京大学建筑规划设计研究院有限公司
黑龙江省齐齐哈尔大学
奇迹创造（南京）建筑设计有限公司
武汉半月景观设计公司
悉地（苏州）勘探设计顾问有限公司
苏州城发建筑设计院有限公司
悉地国际（CCDI）21设计工作室
上海经纬建筑规划设计研究院股份有限公司
宿迁市城市规划设计研究院有限公司
宿迁泽达职业技术学院
徐州市规划设计院
徐州市民用建筑设计研究院有限责任公司
盐城市大丰建筑设计院有限公司
扬州大学工程设计研究院
扬州市建筑设计研究院有限公司（创作所）
宜兴市建筑设计研究院有限责任公司
浙大宁波理工学院建筑研究所
浙江禾泽都林建筑规划设计有限公司
镇江大家建筑设计有限公司
镇江市地景园林规划设计有限公司
镇江市规划设计研究院
汢山建筑设计（上海）事务所
中城建第十三工程局有限公司
中国建筑上海设计研究院有限公司
中国矿业大学
中国矿业大学建筑与设计学院建筑与环境工作室

中衡卓创国际工程设计有限公司
中交公路规划设计院有限公司
中蓝连海设计研究院有限公司
中南建筑设计院股份有限公司
中锐华东建筑设计研究有限公司
中铁上海设计院集团海门有限公司
中外建工程设计与顾问有限公司安徽分公司
中外建工程设计与顾问有限公司
中冶华天南京工程技术有限公司
中亿丰建设集团股份有限公司
重庆二水园林工程有限责任公司
重庆拙造坊建筑装饰设计有限公司

参赛学校名录

Royal College of Art
安徽工业大学
安徽建筑大学
安徽农业大学
安徽信息工程学院
澳门城市大学
北方工业大学
北方民族大学
北京建筑大学
北京交通大学
北京交通大学海滨学院
北京理工大学
北京林业大学
北京农学院
常州大学
沈阳建筑大学
沈阳农业大学
池州学院
滁州学院
大连工业大学
大连理工大学
德州学院
东北大学
东北林业大学
东北师范大学
东华大学
东南大学
东南大学成贤学院
福建农林大学
福州大学
广东白云学院
广东第二师范学院
广东工业大学
广东培正学院
广东轻工技术职业学院
广东轻工职业技术学校
广东轻工职业技术学院
广东省惠州学院
广东省轻工职业技术学院
广西民族师范学院
广西艺术学院
广州美术学院
贵阳学院
贵州理工学院
桂林电子科技大学
桂林旅游学院
哈尔滨理工大学
海南师范大学
韩山师范学院
杭州师范大学
合肥工业大学
河北传媒学院
河北工程大学
河北工业大学
河北建筑工程学院
河北科技师范学院
河海大学
河南城建学院
河南工业大学
河南牧业经济学院
河南农业大学
荷兰代尔夫特理工大学
湖北大学知行学院
湖南大学
湖南工业大学
湖南工艺美术职业学院
湖南科技大学
华北水利水电大学
华南理工大学
华南农业大学
华中科技大学
华中农业大学
淮北师范大学
淮阴工学院
淮阴工学院建筑工程学院
淮阴师范学院
惠州城市职业学院
吉林师范大学
吉林艺术学院
济南大学
加泰罗尼亚高等建筑研究院
江汉大学
江南大学
江苏城乡建设职业技术学院
江苏城乡建设职业学院
江苏大学
江苏工程职业技术学院
江苏海洋大学
江苏建筑职业技术学院
江苏经贸职业技术学院
江苏师范大学
江西财经大学
江西理工大学
江西师范大学
江西应用科技学院
金陵科技学院
金门大学
昆明理工大学
兰州交通大学

兰州理工大学
黎明职业大学
辽宁师范大学
辽宁石油化工大学
鲁迅美术学院
伦敦大学学院
南昌大学
南华大学
南加州大学
南京城市职业学院
南京大学
南京大学金陵学院
南京港工业大学
南京工程学院
南京工业大学
南京工业大学浦江学院
南京工业职业技术大学
南京航空航天大学
南京理工大学泰州科技学院
南京林业大学
南京农业大学
南京师范大学
南京铁道职业技术学院
南京晓庄学院
南京信息工程大学
南京艺术学院
南宁学院
南通大学
南通开放大学
南通理工学院
南阳师范学院
内蒙古工业大学
内蒙古科技大学

内蒙古师范大学
宁夏大学
攀枝花学院
齐鲁工业大学
青岛黄海学院
青岛理工大学
清华大学
泉州信息工程学院
三江大学
三江学院
厦门大学
山东城市建设职业学院
山东建筑大学
山东科技大学
山东理工大学
山东艺术学院
山西大学
商丘师范学院
上海大学
上海工程技术大学
上海工艺美术职业学院
上海交通大学
上海理工大学
上海师范大学
上海视觉艺术学院
深圳大学
四川大学
四川美术学院
四川轻化工大学
四川师范大学
四川外国语大学重庆南方翻译学院
四川音乐学院
苏州大学

苏州大学大学文正学院
苏州大学金螳螂建筑学院
苏州大学文正学院
苏州高博软件技术职业学院
苏州工业职业技术学院
苏州经贸职业技术学院
苏州科技大学
苏州科技大学天平学院
苏州市职业大学
宿迁学院
宿迁泽达职业技术学院
宿州学院
台湾天主教辅仁大学
太原理工大学
泰州学院
唐山学院
天津大学
天津大学仁爱学院
天津理工大学
同济大学
同济大学浙江学院
文华学院
无锡工艺职业技术学院
无锡商业职业技术学院
五邑大学
武汉传媒学院
武汉大学
武汉科技大学城市学院
武汉理工大学
武汉轻工大学
武汉设计工程学院
西安财经大学
西安工程大学

西安建筑科技大学

西安交通大学

西安科技大学

西安理工大学

西安美术学院

西北大学现代学院

西北农林科技大学

西交利物浦大学

西南财经大学天府学院

西南大学

西南交通大学

西南科技大学

香港大学

新加坡国立大学

新疆大学

烟台大学

延边大学

盐城工学院

扬州大学

意大利博洛尼亚大学

英国皇家艺术学院

云南大学

云南师范大学

云南艺术学院

长安大学

长江大学文理学院

浙大宁波理工学院

浙江大学

浙江工业大学

浙江理工大学

浙江农林大学

镇江高等职业技术学校

镇江高等专科学校

镇江市高等专科学校

郑州大学

郑州轻工业大学

中国地质大学（武汉）

中国矿业大学

中国美术学院

中南大学

中南林业科技大学

中南民族大学

中山大学

重庆大学

重庆大学城市科技学院

重庆工商职业学院

“紫金奖·建筑及环境设计大赛”作为“紫金奖 文化创意设计大赛”的专项赛事之一，历时七年迭代更新，形成了专业性与社会性充分融合的定位和特色，累计参赛三万四千余人次，提交作品七千六百余项，大赛专业性和社会影响力持续提升，成为具有全国影响力的建筑设计赛事品牌，也为推动建筑文化社会普及、提升建设领域设计创新创优水平发挥了积极作用。

第七届“紫金奖·建筑及环境设计大赛”以“健康家园”为主题，以设计创意助力健康宜人建筑和健康城乡空间塑造。本书以第七届大赛紫金奖获奖作品为主体，以图文并茂的形式呈现和分享优秀作品的创意方案和创作历程，同时也收录了所有获奖作品和参赛作品名录。精彩纷呈的参赛作品呈现了设计师对现实空间改善的创意策略，希望能为实践者提供思想启迪，使得更多创意在现实土壤美好绽放。

大赛评选工作得到了中国工程院院士何镜堂、王建国，全国工程勘察设计大师李兴钢、冯正功、张鹏举、韩冬青、李存东，中国建筑学会理事长修龙，中国勘察设计协会副理事长王子牛，江苏省设计大师丁沃沃、马晓东、张彤、张雷、张应鹏、贺风春、冯金龙、查金荣、徐延峰等专家的大力指导和支持。本书编纂工作中，参赛选手和相关单位也给予了积极支持与配合，在此一并表示感谢。限于时间和能力，难免挂一漏万，敬请广大读者批评指正。